공학도를 위한

기초수학 제2판

BASIC MATHEMATICS

제2판

공학도를 위한

기초수학

BASIC MATHEMATICS

유주식 · 한승철 지음

KM 경문사

머리말

공과대학의 거의 모든 학과에서는 전공 기초 과목으로 1학년에서 수학을 가르치고 있다. 그런데 근래에는 공업계열 고등학교를 포함하여 중고등학교 때 수학을 공부할 기회가 적었던 학생들이 공과대학에 많이 진학함에 따라 수업이 어려운 경우가 많다.

이와 같은 점을 고려하여 이 책은 일차방정식, 단항식 계산, 2원 1차 연립방정식 등의 아주 기초적인 내용부터 시작함으로써 수학적 기초가 부족한 학생들도 처음부터 수학을 배운다는 생각으로 공부할 수 있게 하였다. 어느 정도 수식에 대한 개념을 익힌 후에 배우는 삼각함수, 지수와 로그, 미분, 적분 등은 중고등학교 때 수학을 전혀 배우지 않았던 학생들에게는 약간 어렵게 느껴질 수도 있지만 예제와 연습문제를 통하여 충분히 이해할 수 있으리라고 생각한다.

이 책의 구성과 주요 특징은 다음과 같다.

(1) 중학교 과정 수학부터 시작함으로써 수학에 대한 기초가 부족한 학생들도 처음부터 쉽게 배울 수 있게 하였다.
(2) 주요 내용과 이론을 모두 표로써 알기 쉽게 정리하였다.
(3) 예제와 연습문제는 기본 개념 이해에 도움이 되는 기초적인 문제들로 구성하였다.
(4) 연습문제의 해답을 전부 수록하였다.

끝으로 책의 출판에 도움을 주신 도서출판 경문사 관계자 분들께 감사의 마음을 전한다.

2022년 3월
유주식 · 한승철

차례

제10장 지수와 로그

제11장 미분

제12장 적분

제 1 장

일차방정식

1.1 일차방정식 풀이

1.1.1 등식

(1) 등식: 등호(=)를 사용하여 두 수나 식이 같음을 나타내는 식

(2) 좌변: 등식에서 등호의 왼쪽 부분

(3) 우변: 등식에서 등호의 오른 쪽 부분

(4) 양변: 등식에서 좌변과 우변을 통틀어 양변이라고 한다

예 등식 $2x+3=5x-4$에서 $2x+3$은 좌변, $5x-4$는 우변이고, $2x+3$과 $5x-4$를 통틀어 양변이라 한다.

1.1.2 등식의 성질

$A=B$일 때

(1) 등식의 양변에 같은 수를 더하거나 빼도 등식은 성립한다.

$$A+C=B+C$$

$$A-C=B-C$$

(2) 등식의 양변에 같은 수를 곱하여도 등식은 성립한다.

$$A\times C=B\times C$$

(3) 등식의 양변을 0이 아닌 같은 수로 나누어도 등식은 성립한다.

$$\frac{A}{C}=\frac{B}{C}\quad(C\neq 0)$$

예 (1) $x-2=3$이면 $(x-2)+2=3+2\quad\therefore x=5$

$x+4=5$이면 $(x+4)-4=5-4$ $\quad\therefore x=1$

(2) $\frac{1}{2}\times x=3$이면 $(\frac{1}{2}\times x)\times 2=3\times 2$ $\quad\therefore x=3\times 2=6$

(3) $2x=3$이면 $\frac{2x}{2}=\frac{3}{2}$ $\quad\therefore x=\frac{3}{2}$

1.1.3 방정식과 항등식

등식에서 (미지수가 x일 때),

(1) 방정식: 어떤 문자(x)가 특정한 값을 가질 때만 성립하는 등식을 그 문자(x)에 대한 방정식이라 한다. 방정식은 문자의 값에 따라 참, 거짓이 달라진다.

(2) 항등식: 어떤 문자(x)의 값에 관계없이 항상 성립하는 등식을 그 문자(x)에 대한 항등식이라 한다.

❖ 방정식을 성립시키는 x의 값을 그 방정식의 '해' 또는 '근', 해 전체의 집합을 방정식의 '해집합'이라 하고, 방정식의 해집합을 구하는 것을 '방정식을 푼다'고 말한다.

예 (1) 방정식: $2x-4=6$, $4x=2x-5$, $3x-7=0$ 등.

(2) 항등식: $x+2x=3x$, $2(x+3)=2x+6$ 등.

1.1.4 이항

등식의 성질을 이용하여 등식의 한 변에 있는 항을 부호를 바꾸어 다른 변으로 옮기는 것

예 (1) $x-2=4 \rightarrow x=4+2$: 좌변의 -2를 우변으로 이항한다.

(2) $2x+3=7 \rightarrow 2x=7-3$: 좌변의 3을 우변으로 이항한다.

(3) $3x+2=x+4 \rightarrow 3x-x=4-2$: 좌변의 2를 우변으로 이항하고, 우변의 x를 좌변으로 이항한다.

1.1.5 일차방정식

$ax+b=0$ (a, b는 상수, $a\neq 0$)와 같이 미지수가 하나이고, 미지수 x의 최고차항의 차수가 일차인 방정식을 x에 대한 일차방정식이라고 한다.

예 $$2x + a^2 + 3 = 4x + 5 \quad \cdots\cdots ①$$

식 ①은 x에 대한 일차방정식이지만 a에 대해서는 이차방정식이 되므로 여러 개의 문자가 포함된 방정식은 반드시 미지수를 명시해야 한다.

1.1.6 일차방정식의 풀이

미지수가 x일 때,

(1) x를 포함하는 항은 모두 좌변으로, 상수항은 우변으로 이항한 후 양변을 정리하여 $Ax = B$의 꼴로 만든다.

(2) $Ax = B$의 해

① $A \neq 0$이면 $x = \dfrac{B}{A}$

② $A = 0$인 경우, $B = 0$이면 해는 모든 수(부정)

$B \neq 0$이면 해가 없다(불능).

예 방정식 $2(4x-1) = 3(2x+5)$의 풀이.

$$\begin{aligned} 2(4x-1) &= 3(2x+5) \\ 8x - 2 &= 6x + 15 \\ 8x - 6x &= 15 + 2 \\ 2x &= 17 \\ \therefore\ x &= \frac{17}{2} \end{aligned}$$

1.1.7 계수가 소수 또는 분수인 일차방정식의 풀이

(1) 계수가 소수인 경우: 양변에 10, 100, ⋯ 등을 곱하여 계수를 정수로 변환한다.

(2) 계수가 분수인 경우: 양변에 분모의 최소공배수를 곱하여 계수를 정수로 변환한다.

❖ 주어진 식을 그대로 계산해도 되지만 일반적으로 계수를 정수로 변환하여 계산하는 것이 편리하다.

예제 1.1.1 다음 방정식을 풀어라.

(1) $3x-5=-4x+9$ (2) $2(x-5)=-4(x+6)$

풀이 (1)

$$3x-5=-4x+9$$
$$3x+4x=9+5$$
$$7x=14$$
$$\therefore\ x=\frac{14}{7}=2$$

(2) 먼저 괄호를 푼 다음 이항하여 정리한다.

$$2(x-5)=-4(x+6)$$
$$2x-10=-4x-24$$
$$2x+4x=-24+10$$
$$6x=-14$$
$$\therefore\ x=-\frac{14}{6}=-\frac{7}{3}$$

예제 1.1.2 다음 방정식을 풀어라.

(1) $\frac{1}{2}x=\frac{1}{3}x+2$ (2) $0.3x+0.4=0.1x-1.6$

풀이 (1)

$$\frac{1}{2}x=\frac{1}{3}x+2$$

양변에 분모 2와 3의 최소공배수 6을 곱하여 푼다.

$$6\times\left(\frac{1}{2}x\right)=6\times\left(\frac{1}{3}x+2\right)$$
$$3x=2x+12$$
$$\therefore\ x=12$$

(2)

$$0.3x+0.4=0.1x-1.6$$

양변에 10을 곱하여 푼다.

$$10\times(0.3x+0.4)=10\times(0.1x-1.6)$$
$$3x+4=x-16$$
$$2x=-20$$
$$\therefore\ x=-\frac{20}{2}=-10$$

예제 1.1.3 다음 방정식을 풀어라.

$$0.2(6x+4)-\frac{1}{2}x=3$$

풀이 양변에 10을 곱하여 분수와 소수를 정수로 바꾸어 푼다.

$$\begin{aligned}10\times 0.2(6x+4)-\frac{1}{2}x\times 10&=3\times 10\\2(6x+4)-5x&=30\\12x+8-5x&=30\\7x&=22\\\therefore\ x&=\frac{22}{7}\end{aligned}$$

연습문제 1.1

1. 다음 일차방정식을 풀어라.

(1) $3x-5=-2x+10$

(2) $-4x+8=5x+17$

(3) $3(2x-4)=-2(-x+7)$

(4) $2(x-3)-4(x+1)=x-7$

(5) $4(-x+1)-x=x+5$

(6) $2\{2x-3(-x+1)\}=x+4$

2. **[분수]** 다음 일차방정식을 풀어라.

(1) $\frac{x-3}{5}+\frac{x}{2}=2$

(2) $\frac{x-2}{3}-\frac{x}{2}=\frac{x}{6}-1$

(3) $-\frac{2(x+1)}{3}+2x=\frac{x-1}{2}+\frac{(-x-4)}{6}+2$

3. **[소수]** 다음 일차방정식을 풀어라.

(1) $1.2x-2=1.4x-0.6$

(2) $0.2(x+1)=0.4x-0.8$

(3) $1.3(x+1)-0.2(x-5)=0.4(-2x+3)-0.7$

4. **[분수+소수]** 다음 일차방정식을 풀어라.

(1) $\frac{3}{2}(x-4)-\frac{1}{3}(x-2)+0.5x=-x+2$

(2) $0.25x-\frac{1}{4}(2x-6)+1=\frac{3}{2}(1-0.4x)+x$

(3) $\frac{1}{5}(x+2)-0.7(-2x+1)=\frac{3}{2}(-x+1)+0.8x-0.2$

5. 다음 두 일차방정식의 해가 서로 같을 때 상수 k의 값을 구하여라.

$$kx-5=3x+2$$
$$0.3(2x-4)=0.5(x+3)-2$$

6. x에 대한 방정식 $ax=2x+3$을 풀어라. a는 상수이다.

1.2 일차방정식 활용

1.2.1 방정식을 이용한 문제 풀이 순서

(1) 구하고자 하는 양을 정하여 미지수(x, y, $\cdots$)로 놓는다.

(2) 문제에서 주어진 조건에 맞게 방정식(미지수들의 관계식)을 세운다.

(3) 방정식을 풀어 미지수를 구한다.

(4) 구한 해가 문제의 뜻에 맞는지 확인한다.

예제 1.2.1 가로의 길이가 2m이고 세로의 길이가 3m인 직육면체의 부피가 24m^3이면 높이는 얼마인가?

풀이 높이를 $x\,(\text{m})$로 놓으면, 직육면체의 부피는 가로×세로×높이이므로

$$2\times 3\times x = 24$$
$$6x = 24$$
$$\therefore x = \frac{24}{6} = 4\,(\text{m})$$

이다.

예제 1.2.2 연속한 세 홀수의 합이 45일 때 세 수를 구하여라.

풀이 가운데 수를 x로 놓으면, 연속한 세 홀수는

$$x-2,\ x,\ x+2$$

이므로

$$(x-2)+x+(x+2)=45$$

$$3x = 45$$

$$\therefore x = \frac{45}{3} = 15$$

이다. 따라서 구하는 세 홀수는 13, 15, 17이다.

예제 1.2.3 가로의 길이가 세로의 길이보다 3m 더 긴 직사각형의 둘레의 길이가 26m일 때 세로의 길이를 구하여라.

풀이 세로의 길이를 x (m)로 놓으면, 가로의 길이는 $x+3$ (m)이므로

$$2x + 2(x+3) = 26$$

$$4x = 20$$

$$\therefore x = \frac{20}{4} = 5\,(\text{m})$$

이다.

예제 1.2.4 등산을 하는데 올라갈 때는 시속 2km로 걷고, 내려올 때는 올라갈 때보다 3km 더 먼 거리를 시속 4km로 걸어왔다. 총 소요 시간이 6시간이면 올라간 거리는 몇 km인가?

풀이 거리 s (km)를 시속 v (km)로 걸어갈 때 걸리는 시간

$$t = \frac{s}{v}\ (\text{시간})$$

이다. 따라서 올라간 거리를 x (km)로 놓으면, 내려온 거리는 $x+3$ (km)이므로 총 소요 시간

$$\frac{x}{2} + \frac{x+3}{4} = 6$$

$$2x + (x+3) = 24$$

$$3x = 21$$

$$\therefore x = \frac{21}{3} = 7\,(\text{km})$$

즉, 올라간 거리는 7km이다.

❖ 거리 s, 속력 v, 시간 t의 관계는 다음과 같다.

$$s = vt,\quad v = \frac{s}{t},\quad t = \frac{s}{v}$$

예제 1.2.5 지상으로부터 $H=21\text{m}$에서 자유 낙하한 물체가 있다. 역학적 에너지가 보존된다고 할 때 물체의 운동에너지(E_k)가 위치에너지(E_p)의 2배가 되는 지점은 지상으로부터 몇 m인가?

풀이 물체의 질량을 m, 높이를 h, 중력 가속도를 g라고 하면 위치에너지

$$E_p = mgh$$

이다. 따라서 역학적 에너지 보존법칙

$$E_k + E_p = C \ (\text{일정})$$

에 의해

$$E_k + mgh = mgH \ \cdots\cdots ①$$

(← 초기속도= 0이므로 초기상태의 운동에너지= 0이다.)

이고, 여기에서 운동에너지는 위치에너지의 2배이므로

$$E_k = 2mgh \ \cdots\cdots ②$$

이다. 따라서 ②를 ①에 대입하면 다음과 같이 높이(h)가 구해진다.

$$2mgh + mgh = mgH$$

$$3mgh = mgH$$

$$\therefore\ h = \frac{H}{3} = \frac{21}{3} = 7\,(\text{m}) \ \cdots\cdots ③$$

예제 1.2.6 그림과 같이 윗변의 길이가 3이고 높이가 4인 사다리꼴의 넓이가 16일 때 밑변의 길이(x)를 구하여라.(단위를 생략하였음.)

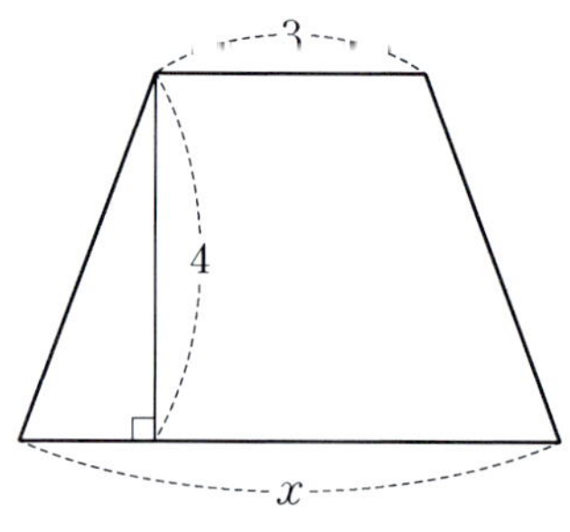

풀이 밑변의 길이를 x라 하면 사다리꼴의 넓이는

$$\frac{1}{2}\times(\text{밑변}+\text{윗변})\times\text{높이}$$

이므로, 주어진 조건에서

$$\begin{aligned}\frac{1}{2}\times(x+3)\times 4 &= 16\\ 2(x+3) &= 16\\ 2x+6 &= 16\\ 2x &= 10\\ \therefore x &= 5\end{aligned}$$

이다.

예제 1.2.7 그림과 같이 가로와 세로의 길이가 각각 6, 3인 직사각형이 있다. 가로와 세로의 길이를 각각 x, 2만큼 늘였을 때 전체 직사각형의 넓이가 32만큼 넓어진다고 한다. 이때 x를 구하여라.(단위를 생략하였음.)

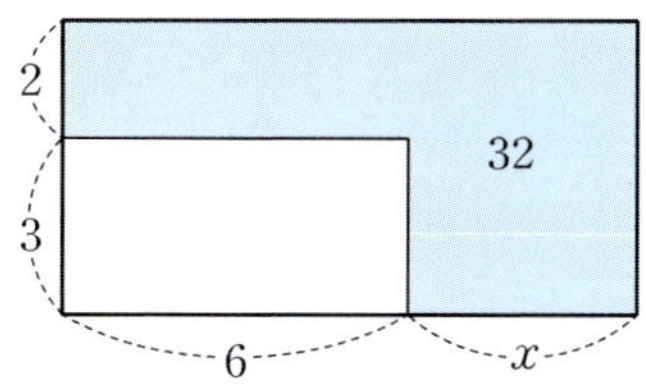

풀이 처음 직사각형의 넓이는 3×6이고, 넓이가 32만큼 넓어졌으므로 변의 길이를 늘였을 때 전체 직사각형의 넓이는

$$3\times 6+32=50$$

이다. 따라서 그림에서 전체 직사각형의 넓이를 비교하면

$$\begin{aligned}(2+3)\times(6+x) &= 50\\ 30+5x &= 50\\ 5x &= 20\\ \therefore x &= \frac{20}{5}=4\end{aligned}$$

이다.

연습문제 1.2

1. 연속한 세 짝수의 합이 42일 때 세 수를 구하여라.

2. 가로의 길이가 세로의 길이보다 7m 더 길고, 둘레의 길이가 30m인 직사각형의 변의 길이를 구하여라.

3. 가로의 길이가 세로의 길이보다 4m 더 긴 직사각형의 둘레의 길이가 40m일 때, 이 직사각형의 넓이를 구하여라.

4. 지점 A에서 B까지 거리를 시속 60km로 가면 시속 70km로 가는 것보다 5분 더 걸린다. 두 지점 사이의 거리를 구하여라.

5. 7%의 소금물 100g에 몇 g의 물을 더 넣으면 5%의 소금물이 되는가?

$$\text{소금물의 농도} = \frac{\text{소금의 양}}{\text{소금물의 양}} \times 100\,(\%)$$

로 정의된다.

6. 8%의 소금물 400g이 있다. 여기에서 몇 g의 물을 증발시키면 10%의 소금물이 되는가?

7. 일의 자리 숫자가 2인 두 자리 자연수가 있다. 이 자연수는 각 자리 숫자의 합의 4배와 같을 때 이 자연수를 구하여라.

8. 일의 자리 숫자가 3인 두 자리 자연수가 있다. 이 자연수는 각 자리 숫자의 합의 7배보다 3만큼 작을 때 이 자연수를 구하여라.

9. 연속한 세 자연수의 합이 가운데 자연수보다 26만큼 크다고 할 때 가장 큰 자연수를 구하여라.

10. 그림과 같이 윗변과 아랫변의 길이가 각각 5, 7인 사다리꼴의 넓이가 30일 때 사다리꼴의 높이(h)를 구하여라.

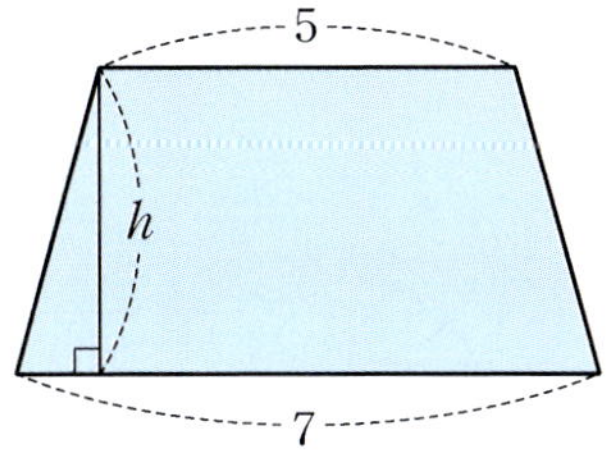

제 2 장

단항식 계산

2.1 지수법칙

2.1.1 지수

(1) 거듭제곱: 같은 수나 문자를 거듭하여 곱한 것

(2) 지수: 거듭제곱에서 거듭하여 곱한 횟수

(3) 밑: 거듭제곱에서 거듭하여 곱한 수나 문자

예 A^4에서 A를 밑, 4를 지수라 한다.

(1) $4 \times 4 \times 4 = 4^3$

$2 \times 2 \times 2 \times 2 \times 3 \times 3 = 2^4 \times 3^2$

(2) $x \times x \times x \times x \times x = x^5$

$x \times x \times x \times y \times y \times y \times y = x^3 \times y^4 = x^3 y^4$

2.1.2 지수법칙

m, n이 자연수일 때 다음 지수법칙이 성립한다.

(1) $a^m \times a^n = a^{m+n}$

(2) $(a^m)^n = a^{mn}$

(3) $a^m \div a^n = \begin{cases} a^{m-n} & (m > n) \\ \dfrac{1}{a^{n-m}} & (m < n) \end{cases}, \ a^0 = 1 \ (a \neq 0)$

(4) $(ab)^m = a^m b^m, \ \left(\dfrac{a}{b}\right)^m = \dfrac{a^m}{b^m} \ (b \neq 0)$

예 (1) $4^3 \times 4^5 = 4^{3+5} = 4^8$

$$x \times x^2 \times x^3 = x^{1+2+3} = x^6$$

(2) $(5^2)^4 = 5^{2\times 4} = 5^8$

$$(x^3)^2 \times (x^4)^3 = (x^{3\times 2}) \times (x^{4\times 3}) = x^6 \times x^{12} = x^{6+12} = x^{18}$$

(3) $4^7 \div 4^5 = 4^{7-5} = 4^2$

$$5^2 \div 5^4 = \frac{1}{5^{4-2}} = \frac{1}{5^2}$$

$$x^5 \div x^3 = x^{5-3} = x^2$$

$$x^3 \div x^7 = \frac{1}{x^{7-3}} = \frac{1}{x^4}$$

(4) $(xy)^3 = x^3y^3$

$$(2xy^2)^3 = 2^3x^3y^{2\times 3} = 8x^3y^6$$

$$\left(\frac{2}{3}\right)^4 = \frac{2^4}{3^4} = \frac{16}{81}$$

$$\left(\frac{x^2}{y^3}\right)^4 = \frac{x^{2\times 4}}{y^{3\times 4}} = \frac{x^8}{y^{12}}$$

예제 2.1.1 [지수법칙 (1)] 다음 식을 간단히 하여라.

(1) $4^2 \times 4^5$　　(2) $(-2)^4 \times (-2)^3$

(3) $x^2 \times x^6$　　(4) $x^2 \times x^3 \times x^5$

풀이 거듭제곱끼리의 곱은 지수끼리 더한다.

(1) $4^2 \times 4^5 = 4^{2+5} = 4^7$

(2) $(-2)^4 \times (-2)^3 = (-2)^{4+3} = (-2)^7$

(3) $x^2 \times x^6 = x^{2+6} = x^8$

(4) $x^2 \times x^3 \times x^5 = x^{2+3+5} = x^{10}$

예제 2.1.2 [지수법칙 (2)] 다음 식을 간단히 하여라.

(1) $(x^2)^4$　　(2) $(x^3)^2 \times (-x)^4$

(3) $(2^3)^5$　　(4) $4^2 \times (4^3)^5$

풀이 거듭제곱의 거듭제곱은 지수끼리 곱한다.

지수가 짝수일 때, $(-a)^{2n} = a^{2n}$ $(n=1,\ 2,\ \cdots)$이다.

(1) $(x^2)^4 = x^{2\times 4} = x^8$

(2) $(x^3)^2 \times (-x)^4 = x^{3\times 2} \times x^4 = x^6 \times x^4 = x^{6+4} = x^{10}$

(3) $(2^3)^5 = 2^{3\times 5} = 2^{15}$

(4) $4^2 \times (4^3)^5 = 4^2 \times 4^{3\times 5} = 4^2 \times 4^{15} = 4^{2+15} = 4^{17}$

예제 2.1.3 [지수법칙 (3)] 다음 식을 간단히 하여라.

(1) $x^8 \div x^3$　　(2) $x^4 \div x^4$

(3) $x^3 \div x^4$　　(4) $x^7 \div x^5 \div x^4$

풀이 (1) $x^8 \div x^3 = x^{8-3} = x^5$

(2) $x^4 \div x^4 = x^{4-4} = x^0 = 1$

(3) $x^3 \div x^4 = \dfrac{1}{x^{4-3}} = \dfrac{1}{x}$

(4) $x^7 \div x^5 \div x^4 = x^{7-5} \div x^4 = x^2 \div x^4 = \dfrac{1}{x^{4-2}} = \dfrac{1}{x^2}$

예제 2.1.4 [지수법칙 (4)] 다음 식을 간단히 하여라.

(1) $(x^2y^4)^3$　　(2) $(2x^3y^2)^4$

(3) $\left(\dfrac{x^2}{y^3}\right)^4$　　(4) $\left(-\dfrac{2y}{3x^2}\right)^3$

풀이 (1) $(x^2y^4)^3 = x^{2\times 3} \times y^{4\times 3} = x^6y^{12}$

(2) $(2x^3y^2)^4 = 2^4x^{3\times 4} \times y^{2\times 4} = 16x^{12}y^8$

(3) $\left(\dfrac{x^2}{y^3}\right)^4 = \dfrac{x^{2\times 4}}{y^{3\times 4}} = \dfrac{x^8}{y^{12}}$

(4) $\left(-\dfrac{2y}{3x^2}\right)^3 = -\dfrac{2^3y^3}{3^3x^{2\times 3}} = -\dfrac{8y^3}{27x^6}$

연습문제 2.1

1. [지수법칙 (1)] 다음 식을 간단히 하여라.

(1) $4^4 \times 4^3 \times 4$　　(2) $a^4 \times b^3 \times a \times b^2$

(3) $(-x)^2 \times (-x)^4$　　(4) $(-x)^2 \times (-y)^3 \times x^5 \times y^4$

2. [지수법칙 (2)] 다음 식을 간단히 하여라.

(1) $(x^2)^4 \times (x^3)^2$　　(2) $(x^3)^2 \times (x^4)^3 \times x^2$

(3) $2^4 \times (2^2)^3 \times (2^3)^2$　　(4) $(3^2)^4 \times 4^4 \times 3^4 \times (4^3)^2$

3. [지수법칙 (3)] 다음 식을 간단히 하여라.

(1) $x^8 \div x^4 \div x^2$　　(2) $x^2 \div x^3 \div x^4$

(3) $(x^3)^5 \div x^4 \div (x^2)^3$　　(4) $8^4 \div 4^2 \div (2^3)^2$

4. [지수법칙 (4)] 다음 식을 간단히 하여라.

(1) $(x^3y^4)^2$　　(2) $(-3x^4y^3)^2$

(3) $\left(-\dfrac{2x^4}{3y^2}\right)^3$　　(4) $\left(-\dfrac{3y^2}{2x^4}\right)^2$

5. $27^x \div 9^3 = 81$일 때 x를 구하여라.

6. $x = 2$일 때 $(x^x)^{x^x} = x^k$가 되는 k의 값을 구하여라.

7. $2^3 \times 2^x = 256$을 만족하는 x를 구하여라.

8. $4^7 + 4^7 + 4^7 + 4^7 = 2^x$일 때 x를 구하여라.

9. $(x^ay^2)^3 = (x^2y^b)^6$일 때 자연수 a, b의 합 $a+b$를 구하여라.

2.2 단항식의 곱셈과 나눗셈

2.2.1 단항식의 곱셈

(1) 곱셈에 대한 교환법칙과 결합법칙을 이용하여 계수는 계수끼리, 문자는 문자끼리 곱하여 계산한다.
(2) 같은 문자끼리 곱할 때는 지수법칙을 이용하여 간단히 정리한다.
(3) 괄호가 있는 단항식의 곱셈은 지수법칙을 이용하여 괄호를 푼 다음 계산한다.

예 (1) $2x \times 4y = (2 \times 4) \times (x \times y) = 8xy$

(2) $(-2x^2y) \times (-3x^3y^2) = (-2) \times (-3) \times (x^2 \times x^3) \times (y \times y^2)$
$= 6 \times (x^{2+3}) \times (y^{1+2}) = 6x^5y^3$

(3) $2x^3y^2 \times (3x^2y^3)^2 = 2x^3y^2 \times (3^2 \times x^4 \times y^6) = (2 \times 9) \times (x^{3+4}) \times (y^{2+6})$
$= 18x^7y^8$

2.2.2 단항식의 나눗셈

(1) 역수를 이용하여 나눗셈을 곱셈으로 고친다.
(2) 괄호가 있는 나눗셈은 지수법칙을 이용하여 괄호를 푼 다음 계산한다.
(3) 곱셈에 대한 교환법칙과 결합법칙을 이용하여 계수는 계수끼리, 문자는 문자끼리 곱하여 계산한다.

예 (1) $8x^4 \div 2 = 8x^4 \times \dfrac{1}{2} = \dfrac{8}{2} \times x^4 = 4x^4$

(2) $12x^4 \div 3x = 12x^4 \times \dfrac{1}{3x} = \dfrac{12}{3} \times \dfrac{x^4}{x} = 4x^3$

(3) $4x^2y^3 \div (2xy^2)^4 = \dfrac{4x^2y^3}{(2xy^2)^4} = \dfrac{4x^2y^3}{2^4x^4y^8} = \dfrac{4}{16} \times \dfrac{x^2}{x^4} \times \dfrac{y^3}{y^8} = \dfrac{1}{4x^2y^5}$

2.2.3 단항식의 곱셈과 나눗셈의 혼합계산

(1) 괄호가 있으면 지수법칙을 이용하여 괄호를 푼 다음 계산한다.

(2) 나눗셈은 역수를 이용하여 곱셈으로 바꾸거나, 나누는 항을 분모로 하여 분수의 꼴로 바꾼다.

(3) 계수는 계수끼리, 문자는 문자끼리 계산한다.

예 (1) $16x^5 \div 2x^3 \times x^2 = 16x^5 \times \dfrac{1}{2x^3} \times x^2 = \dfrac{16}{2} \times x^5 \times \dfrac{1}{x^3} \times x^2$

$= 8x^{5-3+2} = 8x^4$

(2) $3x^4y \div 2x^3y^2 \times (2x^2y^3)^2 = 3x^4y \div 2x^3y^2 \times 4x^4y^6 = 3x^4y \times \dfrac{1}{2x^3y^2} \times 4x^4y^6$

$= \left(3 \times \dfrac{1}{2} \times 4\right) \times \left(x^4 \times \dfrac{1}{x^3} \times x^4\right) \times \left(y \times \dfrac{1}{y^2} \times y^6\right)$

$= 6x^5y^5$

예제 2.2.1 [단항식의 곱셈] 다음 식을 간단히 하여라.

(1) $2x^2y \times (-3x^3y^5)$ (2) $3x^4 \times (2xy^2)^3$

풀이 (1) $2x^2y \times (-3x^3y^5) = 2 \times (-3) \times x^2 \times x^3 \times y \times y^5 = -6x^5y^6$

(2) $3x^4 \times (2xy^2)^3 = 3x^4 \times 8x^3y^6 = 3 \times 8 \times x^4 \times x^3 \times y^6 = 24x^7y^6$

예제 2.2.2 [단항식의 나눗셈] 다음 식을 간단히 하여라.

(1) $24x^2y^3 \div 6x^3y^2$ (2) $18x^4y^3 \div \dfrac{3}{4}x^2y^5$

풀이 (1) $24x^2y^3 \div 6x^3y^2 = 24x^2y^3 \times \dfrac{1}{6x^3y^2} = 24 \times \dfrac{1}{6} \times x^2 \times \dfrac{1}{x^3} \times y^3 \times \dfrac{1}{y^2}$

$= \dfrac{4y}{x}$

$$(2)\ 18x^4y^3 \div \frac{3}{4}x^2y^5 = 18x^4y^3 \times \frac{4}{3x^2y^5} = 18 \times \frac{4}{3} \times x^4 \times \frac{1}{x^2} \times y^3 \times \frac{1}{y^5}$$
$$= \frac{24x^2}{y^2}$$

예제 2.2.3 [단항식의 곱셈과 나눗셈의 혼합계산] 다음 식을 간단히 하여라.

(1) $12x^4y^2 \div 6x^2y \times (5xy^3)$

(2) $(2x^2y^3)^2 \times 3xy^2 \div 6xy^5$

풀이 (1) $12x^4y^2 \div 6x^2y \times 5xy^3 = 12x^4y^2 \times \frac{1}{6x^2y} \times 5xy^3$

$$= \left(12 \times \frac{1}{6} \times 5\right) \times \left(x^4 \times \frac{1}{x^2} \times x\right) \times \left(y^2 \times \frac{1}{y} \times y^3\right)$$
$$= 10x^3y^4$$

(2) $(2x^2y^3)^2 \times 3xy^2 \div 6xy^5 = 4x^4y^6 \times 3xy^2 \times \frac{1}{6xy^5}$

$$= \left(4 \times 3 \times \frac{1}{6}\right) \times \left(x^4 \times x \times \frac{1}{x}\right) \times \left(y^6 \times y^2 \times \frac{1}{y^5}\right)$$
$$= 2x^4y^3$$

예제 2.2.4 그림과 같이 가로의 길이가 $2ab$인 직사각형의 넓이가 $14a^3b^4$일 때 세로의 길이를 구하여라.

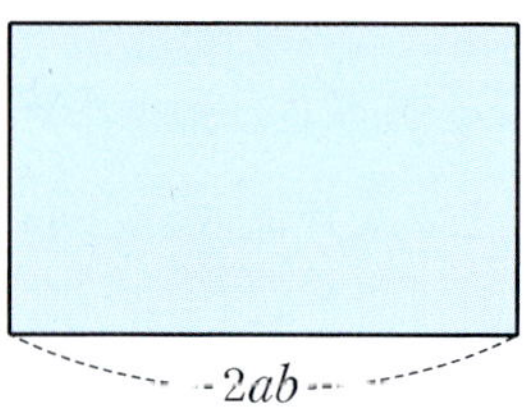

풀이 직사각형의 '넓이=가로×세로'이므로

$$\text{세로} = \text{넓이} \div \text{가로} = 14a^3b^4 \div 2ab = \frac{14a^3b^4}{2ab} = 7a^2b^3$$

예제 2.2.5 밑면 반지름의 길이가 $4a$인 원뿔의 부피가 $32\pi a^3b$일 때 원뿔의 높이를 구하여라.

풀이 밑면 반지름 R, 높이 h인 원뿔의 부피

$$V = \frac{1}{3}\pi R^2 h$$

이다. 따라서

$$\frac{1}{3}\pi \times (4a)^2 \times h = 32\pi a^3 b$$

$$\frac{16}{3}\pi a^2 h = 32\pi a^3 b$$

$$\therefore h = \frac{32\pi a^3 b}{16\pi a^2/3} = 3 \times 2ab = 6ab$$

예제 2.2.6 그림과 같은 삼각형과 직사각형의 넓이가 서로 같을 때 삼각형의 높이를 구하여라.

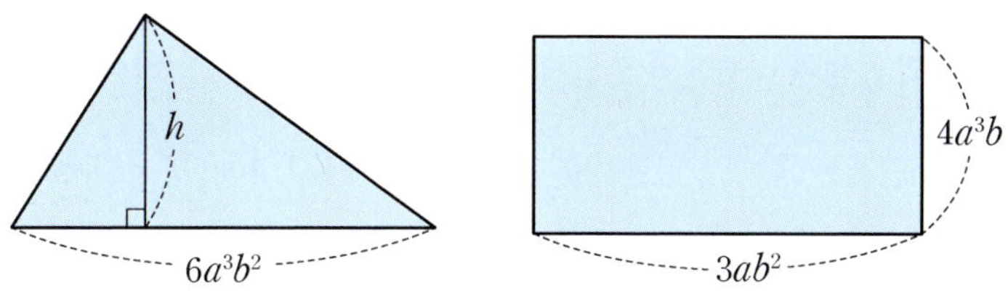

풀이 삼각형의 높이를 h라 하면

$$\frac{1}{2} \times 6a^3b^2 \times h = 3ab^2 \times 4a^3 b$$

$$3a^3b^2 \times h = 12a^4b^3$$

$$\therefore h = \frac{12a^4b^3}{3a^3b^2} = 4ab$$

❖ 밑변의 길이 a, 높이 h인 삼각형의 넓이 $S = \frac{1}{2}ah$이다.

연습문제 2.2

1. [단항식의 곱셈] 다음 식을 간단히 하여라.

(1) $4ab^2 \times (-3a^2b)$　　(2) $(-3b)^3 \times (-2a^3b^2)^2$

(3) $ab^2 \times (-2a^2b)^3$　　(4) $(ab^2)^3 \times (2a^2b)^2 \times ab^3$

2. [단항식의 나눗셈] 다음 식을 간단히 하여라.

(1) $8x^3y^2 \div 6xy$　　(2) $(-2x^2y)^3 \div 4x^2y^2$

(3) $\frac{4}{5}x^3y^4 \div \left(\frac{3}{2}xy^2\right)$　　(4) $12x^3y^2 \div 2x^2y \div (xy)^2$

3. [단항식의 곱셈과 나눗셈의 혼합계산] 다음 식을 간단히 하여라.

(1) $3x^2y^3 \times (-2x^2y)^2 \div 6x^2y^3$　　(2) $15x^2y^3 \div 3xy^2 \times 2x^2y^4$

(3) $(x^2y)^3 \times (2xy^2)^2 \div (3xy)^3$　　(4) $3x^2 \times (-x^2)^3 \div (3x^2)^2$

4. $2^5 = a$일 때 $\frac{1}{8^{15}}$을 a를 사용하여 나타내어라.

5. $3^{x+1} \times 9^x = 81^{x-1}$일 때 x의 값을 구하여라.

6. $8^{2x-3} = \left(\frac{1}{2}\right)^{x+4}$ 일 때 x의 값을 구하여라.

7. $f(x) = a^x$라 할 때 $f(4x+3)$을 $f(x)$와 a로 나타내어라.

8. 밑변이 길이가 $2xy^2$이고 높이가 $3x^2y$인 삼각형의 넓이를 구하여라.

9. 가로와 세로의 길이가 각각 $4x$[cm], $2xy$[cm]인 직육면체의 부피가 $24x^4y^5$[cm^3]일 때 직육면체의 높이를 구하여라.

10. $x + 2y = 3$이고, $a = 2^{2x}$, $b = 2^{4y}$일 때 ab의 값을 구하여라.

제 3 장

다항식 계산

3.1 다항식 계산

3.1.1 다항식의 덧셈과 뺄셈

(1) 동류항끼리 모아서 정리한다.

(2) 괄호가 있으면 분배법칙$[c(x+y)=cx+cy]$을 이용하여 괄호를 푼 다음 동류항끼리 모아서 정리한다.

(3) 여러 가지 괄호가 섞여 있을 때는 소괄호 ( ), 중괄호 { }, 대괄호 [ ]의 순서로 괄호를 풀어 계산한다.

(4) 괄호를 풀 때마다 동류항을 정리한 후 다음 괄호를 푼다.

예 (1) $(2x-3y)+(4x+5y)=2x-3y+4x+5y=(2x+4x)+(-3y+5y)$
$=6x+2y$

(2) $2(x+3y)+3(x+y)=(2x+6y)+(3x+3y)=(2x+3x)+(6y+3y)$
$=5x+9y$

(3) $5x+\{x-2y-(3x+4y)\}=5x+(x-2y-3x-4y)=5x+(-2x-6y)$
$=5x-2x-6y=3x-6y$

3.1.2 단항식과 다항식의 곱셈

(1) 전개: 단항식과 다항식의 곱을 하나의 다항식으로 나타내는 것

(2) 단항식과 다항식의 곱셈: 다음과 같은 분배법칙을 이용하여 단항식을 다항식의 각 항에 곱하여 계산한다.

$$A(B+C)=AB+AC,\ (A+B)C=AC+BC$$

예 (1) $2x(x-3y+5)=2x \cdot x+2x \cdot (-3y)+2x \cdot 5=2x^2-6xy+10x$

(2) $x(-2x+3)-2x(x-4)=x \cdot (-2x)+x \cdot 3-2x \cdot x-2x \cdot (-4)$

$=-2x^2+3x-2x^2+8x=-4x^2+11x$

3.1.3 다항식과 단항식의 나눗셈

(1) 역수를 이용하여 곱셈으로 바꾼 다음 분배법칙을 이용하여 계산한다.

(2) 분수 꼴로 바꾼 다음 분배법칙을 이용한다.

예 (1) $(16x^3+4x^2y^3)\div 2x=(16x^3+4x^2y^3)\times \dfrac{1}{2x}$

$=16x^3\times \dfrac{1}{2x}+4x^2y^3\times \dfrac{1}{2x}=8x^2+2xy^3$

(2) $(16x^3+4x^2y^3)\div 2x=\dfrac{16x^3+4x^2y^3}{2x}=\dfrac{16x^3}{2x}+\dfrac{4x^2y^3}{2x}=8x^2+2xy^3$

3.1.4 덧셈, 뺄셈, 곱셈, 나눗셈이 혼합된 식의 계산

(1) 거듭제곱이 있으면 거듭제곱을 먼저 계산한다.

(2) 괄호가 있으면 괄호를 먼저 풀고 계산한다.

(3) 곱셈과 나눗셈을 먼저 계산하고 덧셈과 뺄셈을 계산한다.

예 (1) $(2x^2-3x^4)\times(-2x)^2=(2x^2-3x^4)\times 4x^2$

$=2x^2 \cdot 4x^2-3x^4 \cdot 4x^2=8x^4-12x^6$

(2) $(10x^3+4x^2)\div 2x-3x(x-4)=\dfrac{10x^3+4x^2}{2x}-3x \cdot x-3x \cdot (-4)$

$=5x^2+2x-3x^2+12x=2x^2+14x$

예제 3.1.1 [다항식의 덧셈과 뺄셈] 다음 식을 간단히 하여라.

(1) $(2x-3y)-(-4x+y)$

(2) $(-4x+3y-2)+(x-2y+5)$

풀이 괄호를 풀고 동류항끼리 계산한다.

(1) $(2x-3y)-(-4x+y)=2x-3y+4x-y=(2x+4x)+(-3y-y)$
$=6x-4y$

(2) $(-4x+3y-2)+(x-2y+5)=-4x+3y-2+x-2y+5$
$=(-4x+x)+(3y-2y)+(-2+5)$
$=-3x+y+3$

예제 3.1.2 [단항식과 다항식의 곱셈과 나눗셈] 다음 식을 전개하여라.

(1) $2x(3x^2-4x+5)$ (2) $(16x^3y^2-4xy^2)\div\frac{2}{3}xy$

풀이 나눗셈은 곱셈으로 고친 후 분배법칙을 이용한다.

(1) $2x(3x^2-4x+5)=2x\cdot 3x^2+2x\cdot(-4x)+2x\cdot 5$
$=6x^3-8x^2+10x$

(2) $(16x^3y^2-4xy^2)\div\frac{2}{3}xy=(16x^3y^2-4xy^2)\times\frac{3}{2xy}$
$=16x^3y^2\times\frac{3}{2xy}-4xy^2\times\frac{3}{2xy}=24x^2y-6y$

예제 3.1.3 [덧셈, 뺄셈, 곱셈, 나눗셈이 혼합된 식] 다음 식을 간단히 하여라.

(1) $(12xy^2-4x^2)\div 2x-3x(-4x+5)$

(2) $(8x^2y-12y^3)\div 4y+3x(x+y)$

풀이 분배법칙을 이용하여 괄호를 푼 후 계산한다.

(1) $(12xy^2-4x^2)\div 2x-3x(-4x+5)$
$=\frac{12xy^2-4x^2}{2x}-3x\cdot(-4x)-3x\cdot 5$
$=6y^2-2x+12x^2-15x-12x^2-17x+6y^2$

(2) $(8x^2y-12y^3)\div 4y+3x(x+y)=\frac{8x^2y-12y^3}{4y}+3x\cdot x+3x\cdot y$
$=2x^2-3y^2+3x^2+3xy$
$=5x^2+3xy-3y^2$

예제 3.1.4 [여러 가지 괄호가 있는 식의 계산] 다음 식을 간단히 하여라.

(1) $2x+y-\{3x-(5x-4y)\}$

(2) $-5x+\{4x-y-(2x-3y-1)\}$

풀이 ( ), { }, [ ]의 순서로 괄호를 푼 후 계산한다.

(1) $2x+y-\{3x-(5x-4y)\}=2x+y-(3x-5x+4y)$

$$=2x+y-(-2x+4y)=2x+y+2x-4y$$

$$=4x-3y$$

(2) $-5x+\{4x-y-(2x-3y-1)\}=-5x+(4x-y-2x+3y+1)$

$$=-5x+(2x+2y+1)$$

$$=-5x+2x+2y+1=-3x+2y+1$$

예제 3.1.5 $(x-2y)$의 3배에서 어떤 식 A의 2배를 더하면 $(7x+4y)$가 된다고 할 때 식 A를 구하여라.

풀이 주어진 조건에서

$$\begin{aligned} 3(x-2y)+2A &= 7x+4y \\ 3x-6y+2A &= 7x+4y \\ 2A &= 7x+4y-(3x-6y) \\ 2A &= 4x+10y \\ \therefore\ A &= 2x+5y \end{aligned}$$

예제 3.1.6 $\dfrac{3x-y}{2x+y}=\dfrac{5}{4}$일 때 $\dfrac{x}{y}$의 값을 구하여라.

풀이 주어진 식의 양변에 $4(2x+y)$를 곱하여 x와 y의 관계를 구한다.

$$\begin{aligned} \frac{3x-y}{2x+y} &= \frac{5}{4} \\ 4(3x-y) &= 5(2x+y) \\ 12x-4y &= 10x+5y \\ 2x &= 9y \\ \therefore\ \frac{x}{y} &= \frac{9}{2} \end{aligned}$$

예제 3.1.7 $\dfrac{1}{a}+\dfrac{1}{b}=2$일 때 $\dfrac{3ab}{a+b}$의 값을 구하여라.

풀이 주어진 식을 변형하면

$$\frac{1}{a}+\frac{1}{b}=2$$

$$\frac{a+b}{ab}=2$$

$$\therefore \frac{ab}{a+b}=\frac{1}{2}$$

이므로 준 식의 값은 다음과 같다.

$$\frac{3ab}{a+b}=3\times\frac{ab}{a+b}=3\times\frac{1}{2}=\frac{3}{2}$$

연습문제 3.1

1. 다음 식을 간단히 하여라.

(1) $(-2x+3y-4)-(-x-y+5)$

(2) $(2x^2-3x-1)-(-x^2-4x+5)$

(3) $-3x(-x^2+2x-4)-x^2(x-1)$

(4) $(9x^2y-6xy^2+3xy)\div\dfrac{3}{2}xy$

(5) $(12xy+6xy^2)\div 3y-2x(3-5y)$

(6) $(8x^2y-6xy^2)\div(2xy)^3\times 4x^2y^3$

(7) $\dfrac{6x-1}{3}-6\left(\dfrac{-x-1}{3}-\dfrac{x-1}{2}\right)$

(8) $-(4x-2)+\dfrac{3}{2}(2x-1)-2(-x+1)+\dfrac{1}{2}$

(9) $(x-y)-4\{-2(x-y)+(-x+y)\}$

(10) $-3[2x-2\{-3(4x-2)+y\}-5(2y-1)]+2(x-y)$

2. $x=2$, $y=5$일 때 $x^2y^3\times(2x^2y^4)\div 10x^3y^6$의 값을 구하여라.

3. $x=a+b$, $y=a-b$일 때 $3x-2y$를 a, b에 관한 식으로 나타내어라.

4. $A=2x+3y$, $B=x-2y$일 때 $2A-\{3B-(A+B)\}$를 x, y에 관한 식으로 나타내어라.

5. $(2x-3y+1)(-4x+5y-6)$을 전개하였을 때 xy항의 계수를 구하여라.

6. $\dfrac{1}{a}+\dfrac{1}{b}=\dfrac{1}{4}$일 때 $\dfrac{a-ab+b}{a+b}$의 값을 구하여라.

7. $(x-y):(x+y)=2:1$일 때 $\dfrac{2x+3y}{x-y}$의 값을 구하여라.

3.2 곱셈공식

3.2.1 곱셈공식

(1) $(x+a)(x+b)=x^2+(a+b)x+ab$

(2) $(ax+b)(cx+d)=acx^2+(ad+bc)x+bd$

(3) $(a+b)^2=a^2+2ab+b^2$

$(a-b)^2=a^2-2ab+b^2$

(4) $(a+b)(a-b)=a^2-b^2$

(5) $(a+b+c)^2=a^2+b^2+c^2+2ab+2bc+2ca$

(6) $(a+b)^3=a^3+3a^2b+3ab^2+b^3$

$(a-b)^3=a^3-3a^2b+3ab^2-b^3$

(7) $(a+b)(a^2-ab+b^2)=a^3+b^3$

$(a-b)(a^2+ab+b^2)=a^3-b^3$

❖ 공식을 이용하면 다항식을 쉽게 전개할 수 있다.

예 [곱셈공식 이용]

(1) $(x-2)(x+5)=x^2+3x-10$

(2) $(2x+3)(4x+5)=8x^2+22x+15$

(3) $(x+2)^2=x^2+4x+4$

(4) $(2x-5)^2=4x^2-20x+25$

(5) $(2x-3y)(2x+3y)=4x^2-9y^2$

(6) $(x+1)^3=x^3+3x^2+3x+1$

(7) $(x+1)(x^2-x+1)=x^3+1$

예제 3.2.1 [분배법칙] 다음 식을 전개하여라.

(1) $(2x-3y)(x+4)$ (2) $(x+2)(3y-4)$

풀이 식을 전개하는데 있어서 기본법칙은 분배법칙이다.

(1) $(2x-3y)(x+4)=2x \cdot x+2x \cdot 4-3y \cdot x-3y \cdot 4$
$$=2x^2+8x-3xy-12y$$

(2) $(x+2)(3y-4)=x \cdot 3y+x \cdot (-4)+2 \cdot 3y+2 \cdot (-4)$
$$=3xy-4x+6y-8$$

예제 3.2.2 [곱셈공식 (1), (2)] 다음 식을 전개하여라.

(1) $(x+2)(x+3)$ (2) $(2x+3)(5x+4)$

풀이 (1) 곱셈공식 $(x+a)(x+b)=x^2+(a+b)x+ab$를 이용한다.

$$(x+2)(x+3)=x^2+(2+3)x+2 \cdot 3=x^2+5x+6$$

(2) 곱셈공식 $(ax+b)(cx+d)=acx^2+(ad+bc)x+bd$를 이용한다.

$$(2x+3)(5x+4)=2 \cdot 5x^2+(2 \cdot 4+3 \cdot 5)x+3 \cdot 4$$
$$=10x^2+23x+12$$

예제 3.2.3 [곱셈공식 (3)] 다음 식을 전개하여라.

(1) $(x+4)^2$ (2) $(2x+3)^2$

풀이 곱셈공식 $(a+b)^2=a^2+2ab+b^2$을 이용한다.

(1) $(x+4)^2=x^2+2 \cdot 4x+4^2=x^2+8x+16$

(2) $(2x+3)^2=(2x)^2+2 \cdot 2x \cdot 3+3^2=4x^2+12x+9$

예제 3.2.4 [곱셈공식 (3)] 다음 식을 전개하여라.

(1) $(x \quad 3y)^2$ (2) $(3x \quad 4y)^2$

풀이 곱셈공식 $(a-b)^2=a^2-2ab+b^2$을 이용한다.

(1) $(x-3y)^2=x^2-2 \cdot x \cdot 3y+(3y)^2=x^2-6xy+9y^2$

(2) $(3x-4y)^2=(3x)^2-2 \cdot 3x \cdot 4y+(4y)^2=9x^2-24xy+16y^2$

예제 3.2.5 [곱셈공식 (4)] 다음 식을 전개하여라.

(1) $(x+3)(x-3)$　　　　(2) $(2x+3y)(2x-3y)$

풀이 곱셈공식 $(a+b)(a-b)=a^2-b^2$을 이용한다.

(1) $(x+3)(x-3)=x^2-3^2=x^2-9$

(2) $(2x+3y)(2x-3y)=(2x)^2-(3y)^2=4x^2-9y^2$

예제 3.2.6 [곱셈공식 이용] $x-\frac{1}{x}=3$일 때 $x^2+\frac{1}{x^2}$의 값을 구하여라.

풀이 곱셈공식 $(a-b)^2=a^2-2ab+b^2$을 이용하면

$$\left(x-\frac{1}{x}\right)^2=x^2-2\cdot x\cdot\frac{1}{x}+\left(\frac{1}{x}\right)^2=x^2-2+\frac{1}{x^2}$$

$$\therefore x^2+\frac{1}{x^2}=\left(x-\frac{1}{x}\right)^2+2=3^2+2=11$$

예제 3.2.7 그림과 같이 가로와 세로의 길이가 각각 $2x$, $3y$인 직사각형에서 색칠한 부분의 넓이를 구하여라.

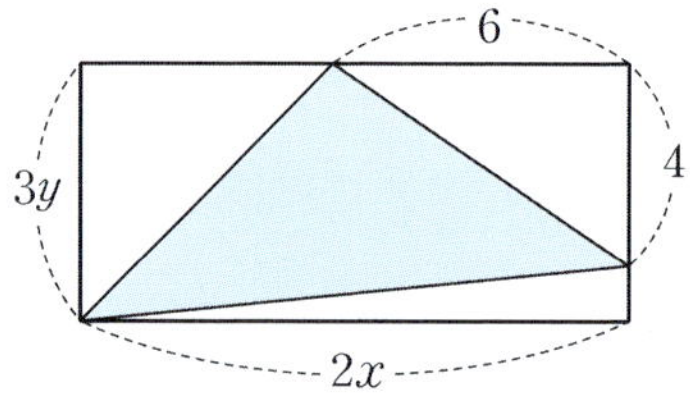

풀이 색칠한 부분의 넓이(S)는 직사각형에서 모서리의 세 직각삼각형의 넓이를 뺀 것과 같다

$$\begin{aligned}S&=2x\times 3y-\frac{1}{2}\times 2x\times(3y-4)-\frac{1}{2}\times 4\times 6-\frac{1}{2}\times 3y\times(2x-6)\\&=6xy-x(3y-4)-12-3y(x-3)\\&=6xy-3xy+4x-12-3xy+9y\\&=4x+9y-12\end{aligned}$$

연습문제 3.2

1. 다음 식을 전개하여 정리하여라.

(1) $(2x-3)(4x+5)$
(2) $(2x-y)(-3x+4y)$
(3) $(x+3)(x-7)$
(4) $(2x-3)(4x+1)$
(5) $(3x+5)^2$
(6) $(4x-3)^2$
(7) $(4x+5y)^2$
(8) $(x-7y)^2$
(9) $\left(3x+\frac{1}{2}\right)^2$
(10) $\left(-2x+\frac{1}{3}\right)^2$
(11) $(3x+7y)(3x-7y)$
(12) $\left(\frac{1}{2}x+\frac{3}{4}\right)\left(\frac{1}{2}x-\frac{3}{4}\right)$

2. $x+\frac{1}{x}=4$일 때 다음 식의 값을 구하여라.

(1) $x^2+\frac{1}{x^2}$
(2) $x^4+\frac{1}{x^4}$

3. $x^2=3$일 때 $\left(x-\frac{1}{x}\right)^2$의 값을 구하여라.

4. 곱셈공식을 이용하여 다음을 계산하여라.

(1) 99^2
(2) 105^2

5. $x+y=-1$, $xy=-5$일 때 x^2+y^2의 값을 구하여라.

6. $x=2-\sqrt{3}$, $y=2+\sqrt{3}$일 때 $x^2+3xy+y^2$의 값을 구하여라.

7. $\left(2x+\frac{1}{4}y\right)^2-\left(2x-\frac{1}{4}y\right)^2$을 전개하여 간단하게 나타내어라.

8. $(2+1)(2^2+1)(2^4+1)=2^8-a$일 때 자연수 a를 구하여라.

제4장

연립방정식

4.1 연립방정식 풀이

4.1.1 연립일차방정식

(1) 두 개 이상의 미지수를 포함하는 방정식을 연립방정식이라 하고, 미지수가 두 개이고 차수가 일차인 방정식을 이원 연립일차방정식이라고 한다.

(2) 이원 연립일차방정식: $\begin{cases} ax + by = c & \cdots\cdots ① \\ a'x + b'y = c' & \cdots\cdots ② \end{cases}$

4.1.2 연립방정식 풀이(Ⅰ): 가감법

(1) 두 방정식에 적당한 수를 곱하여 두 식을 서로 빼거나 더하여 한 미지수를 소거한 후 남은 미지수의 값을 구한다.

(2) 구한 값을 주어진 식 중의 하나에 대입하여 다른 미지수의 값을 구한다.

- 연립방정식에서 두 일차 방정식을 변끼리 서로 더하거나 빼어서 한 미지수를 소거하여 연립방정식의 해를 구하는 방법을 가감법이라 한다.
- 소거: 두 식에서 주어진 관계식을 이용하여 한 미지수를 없애는 것.

예 연립방정식 $\begin{cases} 3x - 2y = 4 & \cdots\cdots ① \\ 4x + 3y = 11 & \cdots\cdots ② \end{cases}$에서 y를 소거하기 위해 $3 \times ① + 2 \times ②$를 하면

$$9x + 8x = 12 + 22$$
$$17x = 34$$
$$\therefore x = 2$$

$x = 2$를 ①에 대입하면

$$3\times2-2y=4$$
$$-2y=-2$$
$$\therefore y=1$$

따라서 연립방정식의 해는 $x=2$, $y=1$이다.

4.1.3 연립방정식 풀이(Ⅱ): 대입법

(1) 한 방정식을 한 미지수(x 혹은 y)에 대하여 푼 후, 그것을 다른 방정식에 대입하여 남은 미지수의 값을 구한다.

(2) 구한 값을 한 미지수에 대하여 푼 식에 대입하여 다른 미지수의 값을 구한다.

예 연립방정식 $\begin{cases}2x+y=3 & \cdots\cdots ① \\ x-2y=4 & \cdots\cdots ②\end{cases}$에서 식 ①에서 $y=3-2x$이므로 이 식을 ②에 대입하면

$$x-2(3-2x)=4$$
$$5x=10$$
$$\therefore x=2$$
$$\therefore y=3-2x=3-2\times2=-1$$

따라서 연립방정식의 해는 $x=2$, $y=-1$ 이다.

예제 4.1.1 연립방정식 $\begin{cases}2x+4y=2 & \cdots\cdots ① \\ 3x-\ \ y=-11 & \cdots\cdots ②\end{cases}$을 가감법으로 풀어라.

풀이 주어진 식에서 y를 소거하기 위해 ①$+4\times$②를 하면

$$2x+12x=2-44$$
$$14x=-42$$
$$\therefore x=-3$$

$x=-3$를 ②에 대입하면

$$3\times(-3)-y=-11$$
$$-y=-2$$
$$\therefore y=2$$

따라서 연립방정식의 해는 $x=-3$, $y=2$ 이다.

예제 4.1.2 연립방정식 $\begin{cases} 2x = 3y & \cdots\cdots ① \\ 4x - y = 10 & \cdots\cdots ② \end{cases}$을 대입법으로 풀어라.

풀이 식 ①에서 $x=\dfrac{3y}{2}$이므로 이 식을 ②에 대입하면

$$4\times\frac{3y}{2}-y=10$$

$$5y=10$$

$$\therefore y=2$$

$$\therefore x=\frac{3y}{2}=\frac{3\times 2}{2}=3$$

따라서 연립방정식의 해는 $x=3$, $y=2$ 이다.

예제 4.1.3 연립방정식 $\begin{cases} 0.4x - 0.1y = 0.8 & \cdots\cdots ① \\ \dfrac{x+3}{2}-\dfrac{y-2}{4}=5 & \cdots\cdots ② \end{cases}$의 해를 구하여라.

풀이 분수나 소수 계수를 갖는 방정식은 적당한 수를 곱하여 계수를 정수로 변환한 후 방정식을 푼다. 식 ①에 10을 곱하고 식 ②에 4를 곱하면 방정식은 다음과 같이 된다.

$$\begin{cases} 4x - y = 8 & \cdots\cdots ①' \\ 2(x+3)-(y-2)=20 & \cdots\cdots ②' \end{cases}$$

이 식을 정리하면

$$\begin{cases} 4x-y=8 & \cdots\cdots ③ \\ 2x-y=12 & \cdots\cdots ④ \end{cases}$$

이다. 여기에서 ③−④를 하면

$$2x=-4$$

$$\therefore x=-2$$

이고, 이 값을 ③에 대입하면

$$4\times(-2)-y=8$$

$$\therefore y=-16$$

이 구해진다.

예제 4.1.4 연립방정식 $\begin{cases} \dfrac{3}{x}+\dfrac{1}{y}=11 & \cdots\cdots ① \\ \dfrac{2}{x}-\dfrac{1}{y}=4 & \cdots\cdots ② \end{cases}$ 의 해를 구하여라.

풀이 $\dfrac{1}{x}=a$, $\dfrac{1}{y}=b$로 치환하면 준 식은

$$\begin{cases} 3a+b=11 & \cdots\cdots ① \\ 2a-b=\ \ 4 & \cdots\cdots ② \end{cases}$$

가 된다. 여기에서 ①+②를 하면

$$5a=15 \qquad \therefore a=3,\ b=2$$

이므로 $x=\dfrac{1}{a}=\dfrac{1}{3}$, $y=\dfrac{1}{b}=\dfrac{1}{2}$이다.

예제 4.1.5 방정식 $2x+y=-x+3y=7$의 해를 구하여라.

풀이

$$\begin{cases} 2x+y\ \ =7 & \cdots\cdots ① \\ -x+3y=7 & \cdots\cdots ② \end{cases}$$

①$+2\times$②를 하면

$$\begin{aligned} (2x+y)+2(-x+3y)&=7+2\times 7 \\ y+2\times 3y&=7+2\times 7 \\ 7y&=21 \\ \therefore y&=3 \end{aligned}$$

이고, 이 값을 ①에 대입하면

$$\begin{aligned} 2x+3&=7 \\ 2x&=4 \\ \therefore x&=2 \end{aligned}$$

❖ $A=B=C$인 방정식 풀이: 다음 세 가지 중 하나를 선택하여 푼다.

$$\begin{cases} A=B \cdots ① \\ B=C \cdots ② \end{cases} \quad \begin{cases} A=B \cdots ① \\ A=C \cdots ② \end{cases} \quad \begin{cases} A=C \cdots ① \\ B=C \cdots ② \end{cases}$$

연습문제 4.1

1. 다음 연립방정식을 풀어라.

(1) $\begin{cases} x-2y=3 \\ 2x+3y=6 \end{cases}$

(2) $\begin{cases} 3x-2y=-2 \\ 3x-4y=2 \end{cases}$

(3) $\begin{cases} x+y=3 \\ 2x-3y=6 \end{cases}$

(4) $\begin{cases} 12+y=2(x-y) \\ 3x+4y=1 \end{cases}$

(5) $\begin{cases} 3x-2y-7=4x+2y+7 \\ 10x+8=-7y \end{cases}$

(6) $\begin{cases} 0.2x+0.1y+\dfrac{1}{2}=0 \\ \dfrac{x}{4}-\dfrac{y}{3}+2=0 \end{cases}$

(7) $\begin{cases} \dfrac{3}{x}-\dfrac{2}{y}=1 \\ \dfrac{5}{x}-\dfrac{2}{y}=2 \end{cases}$

(8) $\begin{cases} \dfrac{x}{2}-y=-\dfrac{1}{2} \\ 0.3x+0.2y=\dfrac{1}{2} \end{cases}$

2. 연립방정식 $2x-y-8=x+2y+5=3$을 풀어라.

3. 연립방정식 $\begin{cases} 3x+2y=1 \\ 2x-y=-4 \end{cases}$의 해가 일차방정식 $kx+2y+3=0$의 해일 때 상수 k의 값을 구하여라.

4. 연립방정식 $\begin{cases} 4x-y=2 \\ 3x+2y=3a \end{cases}$를 만족하는 x와 y의 값의 비가 $1:3$일 때 상수 a의 값을 구하여라.

5. x, y에 대한 연립방정식 $\begin{cases} 2x-y=a \\ x-2y=6-a \end{cases}$의 해의 합이 4일 때 상수 a의 값을 구하여라.

❖ $x+y=4$이다.

6. 연립방정식 $\begin{cases} 2x-3y=2 \\ x-5y=5-a \end{cases}$을 만족하는 x값이 y값의 2배일 때 상수 a의 값을 구하여라.

4.2 연립방정식 활용

4.2.1 연립방정식을 이용한 문제 풀이

(1) 무엇을 미지수로 나타낼 것인가를 정한다.

(2) 문제의 뜻에 맞는 방정식(미지수들의 관계식)을 세운다.

(3) 방정식을 풀어 미지수를 구한다.

(4) 구한 해가 문제의 뜻에 맞는지 확인한다.

예제 4.2.1 현재 형의 나이는 동생 나이보다 5살 많고, 7년 전에 형의 나이는 동생 나이의 2배였다. 현재 형의 나이와 동생 나이를 각각 구하여라.

풀이 현재 형의 나이와 동생 나이를 각각 x, y라 하면

- 현재 나이: $x = y + 5$ ⋯①
- 7년 전 나이: $x - 7 = 2(y - 7)$ ⋯②

연립방정식을 풀면 $x = 17$, $y = 12$이다. 따라서 현재 형의 나이와 동생 나이는 각각 17살, 12살이다.

예제 4.2.2 저금통에 100원짜리 동전과 500원짜리 동전이 들어 있다. 동전의 총 개수는 21개이고, 금액의 총합은 5300원일 때 100원짜리 동전의 개수와 500원짜리 동전의 개수를 각각 구하여라.

풀이 100원짜리 동전의 개수와 500원짜리 동전의 개수를 각각 x, y라 하면

- 동전 개수: $x + y = 21$ ⋯①
- 금액 총합: $100x + 500y = 5300$ ⋯②

이다. 식 ②를 100으로 나눠주면

$$x+5y=53 \quad \cdots ②'$$

이고, 식 ①과 ②′의 연립방정식을 풀면 $x=13$, $y=8$이다. 따라서 100원짜리 동전의 개수와 500원짜리 동전의 개수는 각각 13개, 8개이다.

예제 4.2.3 아랫변의 길이가 윗변의 길이의 2배이고 높이가 4(cm)인 사다리꼴의 넓이가 30(cm^2)일 때 윗변과 아랫변의 길이를 구하여라.

풀이 윗변과 아랫변의 길이를 각각 x(cm), y(cm)라 하면

$$\begin{cases} y = 2x \\ \dfrac{1}{2}(x+y)\times 4 = 30 \end{cases}$$

$$\therefore \begin{cases} y = 2x \\ x+y = 15 \end{cases}$$

연립방정식을 풀면 $x=5$, $y=10$이다. 따라서 윗변과 아랫변의 길이는 각각 5(cm), 10(cm)이다.

❖ (사다리꼴 넓이)$=\dfrac{1}{2}$(윗변+아랫변)$\times$(높이)

예제 4.2.4 각 자리 숫자의 합이 7인 두 자리 자연수가 있다. 일의 자리 숫자와 십의 자리 숫자를 서로 바꾼 수는 처음 수보다 9만큼 크다고 할 때 처음 자연수를 구하여라.

풀이 처음 두 자리의 자연수에서 십의 자리와 일의 자리의 숫자를 각각 x, y라고 하면

$$\begin{cases} x+y=7 \\ 10y+x = 10x+y+9 \end{cases}$$

$$\begin{cases} x+y=7 \\ -9x+9y=9 \end{cases}$$

$$\therefore \begin{cases} x+y=7 \\ -x+y=1 \end{cases}$$

연립방정식을 풀면 $x=3$, $y=4$이다. 따라서 처음 자연수는 34이다.

[수에 관한 문제]

십의 자리 숫자가 x, 일의 자리 숫자가 y인 두 자리 자연수는 $10x+y$이다.

예제 4.2.5 2% 소금물과 6% 소금물을 섞어서 5% 소금물 600g을 만들려고 한다. 이때 필요한 2% 소금물과 6% 소금물의 양을 구하여라.

풀이 2% 소금물과 6% 소금물의 양을 각각 x(g), y(g)라고 하면 전체 소금물의 양

$$x+y=600 \quad \cdots ①$$

이고, 소금의 양은 변함이 없으므로

$$\frac{2}{100}x+\frac{6}{100}y=\frac{5}{100}\times 600$$

$$\therefore x+3y=1500 \quad \cdots ②$$

①, ②를 연립하여 풀면

$$x=150,\ y=450$$

이다. 따라서 필요한 2% 소금물과 6% 소금물의 양은 각각 150(g), 450(g)이다.

[농도에 관한 문제]

(1) (소금물 농도)$=\dfrac{(\text{소금의 양})}{(\text{소금물의 양})}\times 100\ (\%)$

(2) (소금의 양)$=\dfrac{(\text{소금물 농도})}{100}\times$(소금물의 양)

(3) (소금물의 양)=(소금의 양)+(물의 양)

예제 4.2.6 8km/hr의 속력으로 뛰어 가다가 4km/hr의 속력으로 걸어서 2시간 30분 만에 16km의 순환 도로를 한 바퀴 돌았다. 뛰어간 거리와 걸어간 거리는 각각 몇 km인가?

풀이 뛰어간 거리를 x(km), 걸어간 거리를 y(km)라고 하면,

- 전체 거리: $x+y=16 \quad \cdots ①$

• 소요 시간: $\frac{x}{8}+\frac{y}{4}=2+\frac{30}{60}$ ($\because$ 시간$=\frac{\text{거리}}{\text{속력}}$)

$x+2y=20 \quad \cdots ②$

식 ①, ②를 연립하여 풀면

$$x=12\,(\mathrm{km}),\ \ y=4\,(\mathrm{km})$$

이다.

[거리(s), 속력(v), 시간(t)에 관한 문제]

(1) (거리)$=$ (속력)$\times$(시간): $s=vt$

(2) (속력)$=\frac{(\text{거리})}{(\text{시간})}$: $v=\frac{s}{t}$

(3) (시간)$=\frac{(\text{거리})}{(\text{속력})}$: $t=\frac{s}{v}$

연습문제 4.2

1. 볼트 1개와 너트 3개를 사면 1300원이고, 볼트 1개와 너트 1개를 사면 700원이라고 한다. 볼트 1개와 너트 1개의 값을 각각 구하여라.

2. 총 길이가 10km인 등산로가 있다. 처음에는 2km/hr의 속력으로 가다가 다음에는 4km/hr의 속력으로 걸었더니 완주하는 데 총 3시간이 걸렸다. 2km/hr의 속력으로 간 거리와 4km/hr의 속력으로 간 거리를 구하여라.

3. 각 자리의 숫자의 합이 8인 두 자리의 자연수가 있다. 일의 자리의 숫자와 십의 자리의 숫자를 서로 바꾼 수는 처음 수보다 36만큼 크다고 할 때 처음 자연수를 구하여라.

4. 닭과 토끼가 여러 마리 섞여 있다. 머리의 총 수는 27이고, 다리의 총 수는 78이면 닭과 토끼는 각각 몇 마리인가?

5. 둘레의 길이가 36인 직사각형이 있다. 가로 길이는 세로 길이의 2배보다 6이 적다고 할 때 직사각형의 넓이를 구하여라.

6. 5% 소금물과 8% 소금물을 섞어서 6% 소금물 150g을 만들었다. 이때 필요한 5% 소금물과 8% 소금물의 양을 구하여라.

7. 두 자연수의 합이 40이고, 큰 수를 작은 수로 나누면 몫이 5이고 나머지가 4이다. 두 자연수를 구하여라.

8. 둘레의 길이가 16m인 직사각형이 있다. 이 직사각형의 가로 길이를 1m 줄이고 세로 길이를 2배로 늘렸더니 둘레의 길이가 20m가 되었다. 처음 직사각형의 가로 길이를 구하여라.

9. 현재 아버지 나이와 아들 나의의 합은 70이고, 4년 후에는 아버지 나이가 아들 나이의 2배가 된다. 현재 아버지 나이와 아들 나이를 각각 구하여라.

제 5 장

인수분해

5.1 인수분해

5.1.1 인수분해

(1) 인수분해: 하나의 다항식을 두 개 이상의 단항식이나 다항식의 곱으로 나타내는 것을 인수분해라 한다.

(2) 인수: 인수분해를 했을 때 곱해진 각각의 단항식 또는 다항식을 인수라 한다.

❖ 인수분해를 하는 방법은 여러 가지가 있지만 기본 원칙은 공통인수를 찾는 것이다.

5.1.2 공통인수에 의한 인수분해

(1) $ax + ay = a(x+y)$

(2) $a(x+y) + b(x+y) = (a+b)(x+y)$

예 (1) $a + 2ab = a(1+2b)$

(2) $2x^2 + 4x = 2x(x+2)$

(3) $3x^2y + 6xy^2 = 3xy(x+2y)$

(4) $ax + 2x + 3a + 6 = x(a+2) + 3(a+2) = (a+2)(x+3)$

(5) $(x+y)^2 + 2(x+y) = (x+y)(x+y+2)$

(6) $c(a+b) + d(a+b) = (a+b)(c+d)$

5.1.3 인수분해 공식

(1) $a^2 + 2ab + b^2 = (a+b)^2$, $a^2 - 2ab + b^2 = (a-b)^2$

(2) $a^2 - b^2 = (a+b)(a-b)$

(3) $x^2+(a+b)x+ab=(x+a)(x+b)$

(4) $acx^2+(ad+bc)x+bd=(ax+b)(cx+d)$

❖ 특정 형태의 다항식은 인수분해 공식을 이용하면 편리하다.

예 (여기에서 $A \cdot B = A \times B$를 나타낸다.)

(1) $x^2+6x+9=x^2+2 \cdot x \cdot 3+3^2=(x+3)^2$

(2) $4x^2-9y^2=(2x)^2-(3y)^2=(2x+3y)(2x-3y)$

(3) $x^2+5x+6=x^2+(2+3)x+2\times 3=(x+2)(x+3)$

(4) $3x^2+10x+8=1 \cdot 3x^2+(1 \cdot 4+2 \cdot 3)x+2 \cdot 4=(x+2)(3x+4)$

예제 5.1.1 [공통인수 인수분해] 다음 식을 인수분해하여라.

(1) $ax+4a$ (2) $bx-by+bz$

(3) $2x^2+4x$ (4) $2x^2y-4xy^2+5x^2y^2$

풀이 공통인수를 찾아 인수분해한다.

(1) $ax+4a=a(x+4)$

(2) $bx-by+bz=b(x-y+z)$

(3) $2x^2+4x=2x(x+2)$

(4) $2x^2y-4xy^2+5x^2y^2=xy(2x-4y+5xy)$

예제 5.1.2 [인수분해 공식 (1) 이용] 다음 식을 인수분해하여라.

(1) $x^2+10x+25$ (2) $x^2-6xy+9y^2$

(3) $2x^2-16x+32$ (4) $4x^2+12xy+9y^2$

풀이 공식 $a^2+2ab+b^2=(a+b)^2$, $a^2-2ab+b^2=(a-b)^2$을 이용한다.

(1) $x^2+10x+25=(x+5)^2$

(2) $x^2-6xy+9y^2=(x-3y)^2$

(3) $2x^2-16x+32=2(x^2-8x+16)=2(x-4)^2$

(4) $4x^2+12xy+9y^2=(2x+3y)^2$

예제 5.1.3 [인수분해 공식 (2) 이용] 다음 식을 인수분해하여라.

(1) x^2-9　　(2) $4x^2-9y^2$

풀이 공식 $a^2-b^2=(a+b)(a-b)$를 이용한다.

(1) $x^2-9=x^2-3^2=(x+3)(x-3)$

(2) $4x^2-9y^2=(2x)^2-(3y)^2=(2x+3y)(2x-3y)$

예제 5.1.4 [인수분해 공식 (3), (4) 이용] 다음 식을 인수분해하여라.

(1) x^2+5x+6　　(2) x^2-2x-3

(3) $2x^2-5x-3$　　(4) $6x^2+17x+12$

풀이 다음 인수분해공식을 이용한다.

$$x^2+(a+b)x+ab=(x+a)(x+b)$$
$$acx^2+(ad+bc)x+bd=(ax+b)(cx+d)$$

(1) $x^2+5x+6=x^2+(2+3)x+2\cdot 3=(x+2)(x+3)$

(2) $x^2-2x-3=x^2+(-3+1)x+(1)\cdot(-3)=(x+1)(x-3)$

(3) $2x^2-5x-3=(2x+1)(x-3)$

(4) $6x^2+17x+12=(2x+3)(3x+4)$

예제 5.1.5 다음 식을 인수분해하여라.

(1) $a^2(2x-3y)+b^2(3y-2x)$

(2) $x^3y-7x^2y+12xy$

풀이 공통인수를 묶어낸 후 인수분해한다.

(1) $a^2(2x-3y)+b^2(3y-2x)=a^2(2x-3y)-b^2(2x-3y)$
$$=(2x-3y)(a^2-b^2)$$
$$=(2x-3y)(a-b)(a+b)$$

(2) $x^3y-7x^2y+12xy=xy(x^2-7x+12)=xy(x-3)(x-4)$

연습문제 5.1

1. 다음 식을 인수분해하여라.

(1) $3x^2+12xy$

(2) $xy-2x^2y^2+3xy^2$

(3) $x^2-ax-x+a$

(4) $4x^2y-8xy^2$

(5) $x^2-14x+49$

(6) $3x^2+12x+12$

(7) $9x^2-24xy+16y^2$

(8) $\dfrac{x^2}{100}+\dfrac{25}{x^2}+1$

(9) $3x^2-48y^2$

(10) $-x^2+36$

(11) $2x^2-18$

(12) x^4-1

(13) x^2-2x-8

(14) $x^2+7x+12$

(15) $12x^2-4x-21$

(16) $2x^2+xy-6y^2$

2. $(2x+3)^2-(7x+15)$를 인수분해하면 $(4x+a)(x+b)$가 된다고 할 때 $a+b$의 값을 구하여라.

3. $9x^2+(k-4)x+16$이 완전제곱식이 되도록 하는 상수 k의 값을 구하여라.

❖ $(a+b)^2$의 형태를 완전제곱식이라 한다.

4. 다음 식을 인수분해하여라.

(1) $x^2(a-2b)+y^2(2b-a)$

(2) $4x^3y-10x^2y+6xy$

5. 다음 식을 인수분해하여라.

(1) $x^2+2ax+x-2a-2$

(2) $x^2+2y^2+3xy-x-2y$

❖ 여러 개의 문자가 포함된 식: 한 문자에 대하여 정리한 후 인수분해한다.
① 차수가 가장 낮은 문자에 대해 내림차순으로 정리한다.
② 차수가 같을 때는 어느 한 문자에 대하여 내림차순으로 정리한다.

5.2 인수분해 활용

5.2.1 복잡한 식의 인수분해

(1) 공통인수를 이용한 인수분해: 공통인수를 묶어내고 인수분해 공식을 이용한다.

(2) 변수치환을 이용한 인수분해: 식의 같은 부분 또는 식의 일부를 다른 문자로 치환하여 식을 간단히 한 후 인수분해한다.

예 (1) 공통인수를 이용한 인수분해

- $x^2+2xy=x(x+2y)$
- $ax^2+7ax+12a=a(x^2+7x+12)=a(x+3)(x+4)$

(2) 변수치환을 이용한 인수분해

- $a(x+y)+b(x+y)$에서 $x+y=X$로 치환하면
  $a(x+y)+b(x+y)=aX+bX=X(a+b)=(x+y)(a+b)$
- $(a+b)^2+5(a+b)+6$에서 $a+b=X$로 치환하면
  $$(a+b)^2+5(a+b)+6=X^2+5X+6=(X+2)(X+3)$$
  $$=(a+b+2)(a+b+3)$$

5.2.2 항이 4개인 식의 인수분해

적당한 식끼리 묶어서 공통인수를 찾거나 A^2-B^2의 형태로 변형하여 인수분해한다. $A^2-B^2=(A+B)(A-B)$이다.

예 (1) $xy+y+x+1=y(x+1)+(x+1)=(x+1)(y+1)$

(2) $x^2+4x+4-y^2=(x+2)^2-y^2=(x+2+y)(x+2-y)$
$$=(x+y+2)(x-y+2)$$

5.2.3 인수분해 활용

(1) 수의 계산: 인수분해 공식을 이용하여 수를 계산하는 것이 편리한 경우가 있다.

(2) 식의 값 구하기: 주어진 식에 직접 수를 대입하여 계산하는 것보다 인수분해를 한 후 수를 대입하여 계산하는 것이 편리한 경우가 있다.

예 (1) $950^2-50^2=(950+50)(950-50)=1000\times900=900{,}000$

(2) $a=4+\sqrt{5}$ 일 때 $a^2-8a+19$의 값 구하기

$$a^2-8a+19=(a-4)^2+3=(4+\sqrt{5}-4)^2+3=(\sqrt{5})^2+3=8$$

예제 5.2.1 다음 식을 인수분해하여라.

(1) $ab-2b+a-2$　　　(2) $(x-4)^2+9(x-4)+14$

풀이 (1) $ab-2b+a-2=b(a-2)+(a-2)=(a-2)(b+1)$

(2) $x-4=X$로 하면

$$\begin{aligned}(x-4)^2+9(x-4)+14&=X^2+9X+14=(X+2)(X+7)\\&=(x-4+2)(x-4+7)=(x-2)(x+3)\end{aligned}$$

예제 5.2.2 다음 식을 인수분해하여라.

(1) a^2-b^2-4a+4　　　(2) $x^2+9y^2+6xy-25$

풀이 (1) $\begin{aligned}a^2-b^2-4a+4&=(a^2-4a+4)-b^2=(a-2)^2-b^2\\&=(a-2+b)(a-2-b)=(a+b-2)(a-b-2)\end{aligned}$

(2) $\begin{aligned}x^2+9y^2+6xy-25&=(x^2+6xy+9y^2)-25=(x+3y)^2-5^2\\&=(x+3y+5)(x+3y-5)\end{aligned}$

예제 5.2.3 인수분해를 이용하여 다음을 계산하여라.

(1) $65.85^2-34.15^2$　　　(2) $3.14\times55^2-3.14\times45^2$

풀이 (1) $65.85^2-34.15^2=(65.85+34.15)(65.85-34.15)=100\times31.7=3170$

(2) $\begin{aligned}3.14\times55^2-3.14\times45^2&=3.14\times(55^2-45^2)\\&=3.14\times(55+45)(55-45)\\&=3.14\times100\times10=3140\end{aligned}$

예제 5.2.4 $a=2+\sqrt{3}$, $b=2-\sqrt{3}$일 때 a^2b-ab^2의 값을 구하여라.

풀이 인수분해를 한 후 값을 대입하여 계산한다.

$$\begin{aligned} a^2b-ab^2 = ab(a-b) &= (2+\sqrt{3})(2-\sqrt{3})\times\{(2+\sqrt{3})-(2-\sqrt{3})\} \\ &= (4-3)\times(2\sqrt{3}) = 2\sqrt{3} \end{aligned}$$

예제 5.2.5 $x-y=\sqrt{3}$일 때 $x^2-2xy+y^2-4x+4y+5$의 값을 구하여라.

풀이 주어진 식$=(x^2-2xy+y^2)-4(x-y)+5=(x-y)^2-4(x-y)+5$

$$=(\sqrt{3})^2-4\times\sqrt{3}+5=8-4\sqrt{3}$$

예제 5.2.6 인수분해를 이용하여 다음 식을 계산하여라.

(1) $\dfrac{2005^2-1995^2}{205^2-195^2}$

(2) $\left(1-\dfrac{1}{2^2}\right)\left(1-\dfrac{1}{3^2}\right)\times\cdots\times\left(1-\dfrac{1}{9^2}\right)\left(1-\dfrac{1}{10^2}\right)$

풀이 인수분해 공식 $a^2-b^2=(a-b)(a+b)$를 이용한다.

(1) 주어진 식$=\dfrac{(2005+1995)(2005-1995)}{(205+195)(205-195)}=\dfrac{4000\times10}{400\times10}=10$

(2) 주어진 식$=\left(1-\dfrac{1}{2}\right)\left(1+\dfrac{1}{2}\right)\left(1-\dfrac{1}{3}\right)\left(1+\dfrac{1}{3}\right)\times\cdots$

$$\cdots\times\left(1-\frac{1}{9}\right)\left(1+\frac{1}{9}\right)\left(1-\frac{1}{10}\right)\left(1+\frac{1}{10}\right)$$

$$=\frac{1}{2}\times\frac{3}{2}\times\frac{2}{3}\times\frac{4}{3}\times\frac{3}{4}\times\frac{5}{4}\times\cdots\times\frac{8}{9}\times\frac{10}{9}\times\frac{9}{10}\times\frac{11}{10}$$

$$=\frac{1}{2}\times\frac{11}{10}=\frac{11}{20}$$

연습문제 5.2

1. 다음 식을 인수분해하여라.

(1) $ab-2b-a+2$

(2) $ab-ac+b-c$

(3) $a(x-y)+b(y-x)$

(4) x^3+x^2-x-1

(5) $x^2-ax-x+a$

(6) $x^2-xz+xy-yz$

(7) $(x-2y)^2+8(x-2y)+15$

(8) $(2x+3)^2-(x+2)^2$

(9) x^2-9y^2-2x+1

(10) $4x^2+12xy+9y^2-16$

2. $a-b=9$일 때 $a^2+b^2-2ab-4a+4b$의 값을 구하여라.

3. $(2\sqrt{3}-5\sqrt{2})(5\sqrt{2}+2\sqrt{3})$을 간단히 하여라.

4. $x=\sqrt{5}-2$일 때 $(x+3)^2-2(x+3)+1$의 값을 구하여라.

5. $x^2-5x+1=0$일 때 $x^2+x+\dfrac{1}{x}+\dfrac{1}{x^2}$의 값을 구하여라.

6. 인수분해를 이용하여 다음을 계산하여라.

(1) 1005^2-995^2

(2) $\dfrac{2013^2-1}{2012}$

7. 인수분해를 이용하여 다음 식을 계산하여라.

$$\left(1-\frac{1}{2^2}\right)\left(1-\frac{1}{3^2}\right)\times\cdots\times\left(1-\frac{1}{19^2}\right)\left(1-\frac{1}{20^2}\right)$$

8. $3\times5\times17=2^n-1$일 때 자연수 n의 값을 구하여라.

9. $x=2\sqrt{5}$의 소수 부분을 a라 할 때 $a^2+8a+16$의 값을 구하여라.

제 6 장

이차방정식

6.1 실수와 허수

6.1.1 실수의 분류

- 실수
  - 유리수
    - 정수
      - 양의 정수(자연수) : $1, 2, 3, \cdots$
      - 영 (0)
      - 음의 정수 : $-1, -2, -3, \cdots$
    - 정수가 아닌 유리수
      - 유한소수 : $\pm 0.2, \pm 0.25, \cdots$
      - 순환소수 : $\pm 0.\dot{2}, \pm 0.\dot{2}\dot{5}, \cdots$
  - 무리수 : 비순환 무한소수($\pm\sqrt{2}, \pm\pi, \pm e, \cdots$)

(1) 유리수: 정수 $m, n\ (m \neq 0)$을 써서 $\dfrac{n}{m}$인 분수 꼴로 나타낼 수 있는 수

(2) 무리수: 순환하지 않는 무한소수 ($\sqrt{2} = 1.414213\cdots$ $\pi = 3.14159\cdots$)

6.1.2 양의 실수의 제곱근

어떤 수를 제곱하여 $A\,(A \geq 0)$가 될 때, 즉 $x^2 = A$가 되는 수 x를 A의 제곱근이라 한다. 양수 A의 제곱근은 양수$(\sqrt{A})$와 음수$(-\sqrt{A})$의 두 개가 있고, 0의 제곱근은 0이다$(\sqrt{0} = 0)$.

(1) $(\sqrt{A})^2 = A,\ (-\sqrt{A})^2 = A$

(2) $\sqrt{B^2} = |B| = \begin{cases} B & (B \geq 0) \\ -B & (B \leq 0) \end{cases}$

예 (1) $x^2 = 4$이면 $x = \pm 2$

(2) $(\sqrt{3})^2 = 3,\ (-\sqrt{3})^2 = 3$

(3) $\sqrt{5^2} = 5,\ \sqrt{(-5)^2} = -(-5) = 5 \quad (\because -5 < 0)$

6.1.3 제곱근의 곱셈과 나눗셈

$a>0,\ b>0$일 때

(1) $\sqrt{a}\sqrt{b}=\sqrt{ab}$　　(2) $\sqrt{a^2b}=a\sqrt{b}$

(3) $\dfrac{\sqrt{a}}{\sqrt{b}}=\sqrt{\dfrac{a}{b}}$　　(4) $\sqrt{\dfrac{a}{b^2}}=\dfrac{\sqrt{a}}{b}$

예 (1) $\sqrt{2}\times\sqrt{3}=\sqrt{6}$　　(2) $\sqrt{12}=\sqrt{2^2\times3}=2\sqrt{3}$

(3) $\dfrac{\sqrt{10}}{\sqrt{2}}=\sqrt{\dfrac{10}{2}}=\sqrt{5}$　　(4) $\sqrt{\dfrac{3}{4}}=\sqrt{\dfrac{3}{2^2}}=\dfrac{\sqrt{3}}{2}$

6.1.4 분모의 유리화

(1) $\dfrac{a}{\sqrt{b}}=\dfrac{a\sqrt{b}}{(\sqrt{b})^2}=\dfrac{a\sqrt{b}}{b}$

(2) $\dfrac{1}{\sqrt{a}+\sqrt{b}}=\dfrac{(\sqrt{a}-\sqrt{b})}{(\sqrt{a}+\sqrt{b})(\sqrt{a}-\sqrt{b})}=\dfrac{\sqrt{a}-\sqrt{b}}{a-b}$ $(a\neq b)$

(3) $\dfrac{1}{\sqrt{a}-\sqrt{b}}=\dfrac{(\sqrt{a}+\sqrt{b})}{(\sqrt{a}-\sqrt{b})(\sqrt{a}+\sqrt{b})}=\dfrac{\sqrt{a}+\sqrt{b}}{a-b}$

❖ 분모의 유리화: 식의 값이 변하지 않게 하고 분모를 유리수로 고치는 것.

예 (1) $\dfrac{2}{\sqrt{6}}=\dfrac{2\sqrt{6}}{6}=\dfrac{\sqrt{6}}{3}$

(2) $\dfrac{2}{\sqrt{5}+\sqrt{3}}=\dfrac{2(\sqrt{5}-\sqrt{3})}{5-3}=\sqrt{5}-\sqrt{3}$

(3) $\dfrac{4}{\sqrt{7}-1}=\dfrac{4(\sqrt{7}+1)}{7-1}=\dfrac{2(\sqrt{7}+1)}{3}$

6.1.5 허수단위

제곱하여 -1이 되는 수를 생각하여 이것을 기호 i로 나타내기로 한다. 즉, $i^2=-1$로 정의하며, 이때 i를 허수단위(imaginary unit)라 한다.

❖ 자연수 n에 대하여 $i^{4n}=1$, $i^{4n+1}=i$, $i^{4n+2}=-1$, $i^{4n+3}=-i$

6.1.6 음의 실수의 제곱근

(1) $A>0$일 때 $-A$의 제곱근은 $\pm\sqrt{A}\,i$이다.

(2) 음의 실수 $-A$ $(A>0)$에 대해 $\sqrt{-A}=\sqrt{A}\,i$로 정의한다.

(3) $A<0,\ B<0$이면 $\sqrt{A}\sqrt{B}=-\sqrt{AB}$

(4) $A>0,\ B<0$이면 $\dfrac{\sqrt{A}}{\sqrt{B}}=-\sqrt{\dfrac{A}{B}}$

예 (1) $x^2=-4$를 만족하는 $x=\pm\sqrt{4}\,i=\pm 2i$

(2) $\sqrt{-9}=\sqrt{9}\,i=3i,\ -\sqrt{-9}=-\sqrt{9}\,i=-3i$

(3) $\sqrt{-2}\sqrt{-3}=(\sqrt{2}\,i)(\sqrt{3}\,i)=\sqrt{2\times3}\,i^2=-\sqrt{6}$

(4) $\dfrac{\sqrt{3}}{\sqrt{-2}}=\dfrac{\sqrt{3}}{\sqrt{2}\,i}=\sqrt{\dfrac{3}{2}}\times\dfrac{1}{i}=\sqrt{\dfrac{3}{2}}\times\dfrac{i}{i^2}=-\sqrt{\dfrac{3}{2}}\,i=-\sqrt{\dfrac{3}{-2}}$

6.1.7 복소수

$a,\ b$가 실수(real number)일 때 $a+bi$로 나타내어지는 수를 복소수라 한다. 복소수 중에서 $b\neq 0$인 수를 허수(imaginary number)라 하고, $a=0,\ b\neq 0$인 수를 순허수라고 한다.

$$\text{복소수}(a+bi)\begin{cases}\text{실수 } a\ (b=0)\\ \text{허수 } (b\neq 0)\begin{cases}\text{순허수 } bi\ \ (a=0,\ b\neq 0)\\ \text{순허수가 아닌 허수 } (a\neq 0, b\neq 0)\end{cases}\end{cases}$$

(1) X가 실수이면 $X^2\geq 0$

(2) X가 순허수이면 $X^2<0$

예 (1) $2^2=4\ (>0),\ (-2)^2=4\ (>0)$

(2) $(2i)^2=2^2\times i^2=4\times(-1)=-4\ (<0)$

$(-2i)^2=(-2)^2\times i^2=4\times(-1)=-4\ (<0)$

6.1.8 켤레복소수

a, b가 실수일 때 복소수 $z=a+bi$에 대하여 허수부분의 부호를 바꾼 복소수 $a-bi$를 z의 켤레복소수라 하고, $\overline{z}$로 나타낸다.

$$z=a+bi \iff \overline{z}=\overline{a+bi}=a-bi$$

예 (1) $z=-1+i \iff \overline{z}=-1-i$

(2) $z=5i \iff \overline{z}=-5i$

(3) $z=8 \iff \overline{z}=8$

6.1.9 복소수의 상등

a, b, c, d가 실수일 때 $a+bi=c+di \iff a=c,\ b=d$

예 $2+ai=-b+3i$이면 $a=3,\ b=-2$

6.1.10 복소수의 사칙연산

a, b, c, d가 실수일 때

(1) 덧셈: $(a+bi)+(c+di)=(a+c)+(b+d)i$

(2) 뺄셈: $(a+bi)-(c+di)=(a-c)+(b-d)i$

(3) 곱셈: $(a+bi)\times(c+di)=(ac-bd)+(ad+bc)i$

(4) 나눗셈: $\dfrac{(a+bi)}{(c+di)}=\dfrac{ac+bd}{c^2+d^2}+\dfrac{-ad+bc}{c^2+d^2}i$ (단, $c+di\neq 0$)

예 (1) $(4+3i)+(-2+5i)=2+8i$

(2) $(3+5i)-(1-2i)=2+7i$

(3) $(1+2i)(3-4i)=3-4i+6i-8i^2=11+2i$

(4) $\dfrac{2+3i}{1-2i}=\dfrac{(2+3i)(1+2i)}{(1-2i)(1+2i)}=\dfrac{2+4i+3i+6i^2}{1+2^2}=-\dfrac{4}{5}+\dfrac{7i}{5}$

$$\frac{1}{\sqrt{3}+\sqrt{2}\,i}=\frac{(\sqrt{3}-\sqrt{2}\,i)}{(\sqrt{3}+\sqrt{2}\,i)(\sqrt{3}-\sqrt{2}\,i)}=\frac{(\sqrt{3}-\sqrt{2}\,i)}{3+2}$$
$$=\frac{1}{5}(\sqrt{3}-\sqrt{2}\,i)$$

예제 6.1.1 다음을 계산하여라.

(1) $\sqrt{(-2)^4}-\sqrt{16}$　　　　(2) $\sqrt{0.1}\times\sqrt{0.4}\times\sqrt{25}$

풀이 (1) $\sqrt{(-2)^4}-\sqrt{16}=\sqrt{4^2}-\sqrt{4^2}=4-4=0$

(2) $\sqrt{0.1}\times\sqrt{0.4}\times\sqrt{25}=\sqrt{\frac{1}{10}}\times\sqrt{\frac{4}{10}}\times\sqrt{5^2}$
$$=\frac{1}{\sqrt{10}}\times\frac{2}{\sqrt{10}}\times 5=\frac{10}{10}=1$$

예제 6.1.2 $x=\sqrt{2}-1$일 때 $2x^4+4x^3+4x+5$의 값을 구하여라.

풀이 $x=\sqrt{2}-1$에서 $x+1=\sqrt{2}$이므로

$$(x+1)^2=(\sqrt{2})^2$$

$\therefore x^2+2x=1$

$\therefore 2x^4+4x^3+4x+5=2x^2(x^2+2x)+4x+5$
$$=2x^2+4x+5=2(x^2+2x)+5=2+5=7$$

예제 6.1.3 다음을 계산하여라.

(1) $\dfrac{1-\sqrt{-4}}{1+\sqrt{-4}}$　　　　(2) $1+i^2+i^3+i^4+i^5+i^6$

풀이 (1) $\dfrac{1-\sqrt{-4}}{1+\sqrt{-4}}=\dfrac{1-\sqrt{4}\,i}{1+\sqrt{4}\,i}=\dfrac{1-2i}{1+2i}=\dfrac{(1-2i)(1-2i)}{(1+2i)(1-2i)}=\dfrac{(1-2i)^2}{1^2+2^2}$
$$=\frac{-3-4i}{5}$$

(2) $1+i^2+i^3+i^4+i^5+i^6=1-1-i+1+i-1=0$

예제 6.1.4 다음 식을 만족하는 실수 x, y의 값을 구하여라.

(1) $2+x+3i=4-(y-7)i$

(2) $(x-y)+(-2x+y+3)i=0$

풀이 $a,\ b,\ x,\ y$가 실수일 때 $a+bi=x+yi$이면 $x=a,\ y=b$이다.

(1) $2+x+3i=4-(y-7)i$

- 실수부: $2+x=4 \quad \therefore x=2$
- 허수부: $3=-(y-7) \quad \therefore y=4$

(2) $(x-y)+(-2x+y+3)i=0$

- 실수부: $x-y=0 \ \cdots$①
- 허수부: $-2x+y+3=0 \ \cdots$②

식 ①, ②를 연립해서 풀면 $x=y=3$

예제 6.1.5 $z=\dfrac{1-i}{\sqrt{2}}$일 때, $z^6+z^4=a+bi$가 되는 실수 $a,\ b$의 값을 구하여라.

풀이 $z^2=\left(\dfrac{1-i}{\sqrt{2}}\right)^2=\dfrac{-2i}{2}=-i$이므로

$$z^4=(-i)^2=-1$$

$$z^6=z^4\times z^2=(-1)\times(-i)=i$$

$$\therefore z^6+z^4=-1+i$$

$$\therefore a=-1,\ b=1$$

연습문제 6.1

1. 다음을 간단히 하여라. (단, a는 실수이다.)

(1) $\sqrt{(3-\sqrt{10})^2}$ (2) $\sqrt{(-5)^2}$

(3) $\sqrt{(a^2+3a+3)^2}$ (4) $\sqrt{(-2+\sqrt{2})^2}$

2. 다음을 계산하여라.

(1) $\dfrac{1}{\sqrt{3}}-\sqrt{3}(-1+\sqrt{3})-\dfrac{1}{9}\sqrt{27}+\sqrt{12}$

(2) $\sqrt{18}-6\sqrt{\dfrac{2}{9}}-5\sqrt{0.02}$

3. 다음 각 수의 분모를 유리화하여 나타내어라.

(1) $\dfrac{5}{-\sqrt{7}+\sqrt{2}}$ (2) $\dfrac{4}{4-\sqrt{10}}$

4. 다음을 계산하여라.

(1) $2(-3+4i)-(1-i)+3(-2-3i)$

(2) $2-i-(1-2i)-(-3+i)$

(3) $2(1+i)(1-2i)+(1+i)(-2-i)$

(4) $(-1+i)(2-i)-(3-\sqrt{2}i)(3+\sqrt{2}i)$

(5) $(1+2i)^2(1-2i)^2$

(6) $\dfrac{2+3i}{-1+2i}+\dfrac{2-3i}{-1-2i}$

5. $a\sqrt{3}+\sqrt{8}+b(\sqrt{27}+\sqrt{2})=\sqrt{3}+\sqrt{2}$일 때 유리수 a, b의 값을 구하여라.

6. $\alpha=2+3i$, $\beta=1-3i$일 때 $\alpha^2\beta+\alpha\beta^2$을 계산하여라.

7. $(\sqrt{2}+i)(\sqrt{2}-i)(a+bi)=6-9i$를 만족하는 실수 a, b의 값을 구하여라.

8. $\dfrac{a}{2+i}+\dfrac{b}{2-i}=2-3i$일 때 실수 a, b의 값을 구하여라.

9. $z=\dfrac{1+i}{\sqrt{2}}$일 때, $z^8+z^6=a+bi$가 되는 실수 a, b의 값을 구하여라.

10. $a=\dfrac{1}{\sqrt{2}}$일 때 $\dfrac{\sqrt{1+a}}{\sqrt{1-a}}+\dfrac{\sqrt{1-a}}{\sqrt{1+a}}$의 값을 구하여라.

11. $\sqrt{-2}\sqrt{-2}+\sqrt{-3}\sqrt{27}-\dfrac{\sqrt{27}}{\sqrt{-3}}$을 $a+bi$의 꼴로 나타내어라.

12. $(3-i)a+(1+3i)b=-2+4i$를 만족하는 실수 a, b의 값을 구하여라.

13. $\alpha=1+\sqrt{2}\,i$, $\beta=1-\sqrt{2}\,i$일 때 $\alpha^2+\beta^2$의 값을 구하여라.

14. $\left(\dfrac{1+i}{\sqrt{2}}\right)^{10}+\left(\dfrac{1-i}{\sqrt{2}}\right)^{10}$을 간단히 하여라.

15. $\dfrac{3}{i^3}+\dfrac{6}{i^6}+\dfrac{9}{i^9}=a+bi$를 만족하는 실수 a, b의 값을 구하여라.

❖ $i^2=-1$, $i^3=-i$, $i^4=1$이다.

16. 다음 식을 만족하는 z를 구하여라.

(1) $z^2=-7$

(2) $z^2=-\dfrac{4}{9}$

17. $z=\dfrac{1}{1-i}$일 때 $2z^2-2z+1$의 값을 구하여라.

18. $z=\dfrac{1+i}{\sqrt{2}}$일 때, $z^6+2z^4=x+iy$가 되는 실수 x, y의 값을 구하여라.

19. $x=1+i$일 때 x^3-2x^2+2x+3의 값을 구하여라.

❖ $(x-1)^2=i^2=-1$

6.2 이차방정식

6.2.1 이차방정식

미지수 x의 최고차항이 2차인 방정식 $ax^2+bx+c=0$ ($a\neq 0$, a, b, c는 상수)를 x에 대한 이차방정식이라 한다.

6.2.2 인수분해에 의한 풀이 방법

x에 대한 이차방정식이 $(ax-b)(cx-d)=0$ (단, $a\neq 0$, $c\neq 0$)로 인수분해되면 방정식의 근은 $x=\dfrac{b}{a}$ 또는 $x=\dfrac{d}{c}$

예 $2x^2-7x+6=(2x-3)(x-2)$

$\therefore$ 방정식 $2x^2-7x+6=0$의 근은 $x=\dfrac{3}{2}$ 또는 $x=2$

6.2.3 제곱근을 이용한 풀이 방법

(1) $x^2=q$이면 $x=\pm\sqrt{q}$

(2) $(x+p)^2=q$이면 $x=-p\pm\sqrt{q}$

예 (1) $x^2-4=0$, $x^2=4$ $\quad\therefore x=\pm\sqrt{4}=\pm 2$

(2) $x^2+9=0$, $x^2=-9$ $\quad\therefore x=\pm\sqrt{-9}=\pm\sqrt{9}\,i=\pm 3i$

(3) $x^2-4x-2=0$

$$x^2 - 4x + 4 = 2 + 4$$

$$\therefore (x-2)^2 = 6 \quad \therefore x = 2 \pm \sqrt{6}$$

(4) $x^2 - 2x + 3 = 0$

$$x^2 - 2x + 1 = -2$$

$$\therefore (x-1)^2 = -2 \quad \therefore x = 1 \pm \sqrt{-2} = 1 \pm \sqrt{2}\,i$$

6.2.4 근의 공식에 의한 풀이 방법

$ax^2 + bx + c = 0$ $(a \neq 0)$의 근은 $x = \dfrac{-b \pm \sqrt{b^2 - 4ac}}{2a}$

$Ax^2 + 2Bx + C = 0$ $(A \neq 0)$의 근은 $x = \dfrac{-B \pm \sqrt{B^2 - AC}}{A}$

증명 (1) $ax^2 + bx + c = 0$ $(a \neq 0)$

$$ax^2 + bx + c = a\left\{x^2 + \frac{b}{a}x + \left(\frac{b}{2a}\right)^2 - \left(\frac{b}{2a}\right)^2\right\} + c$$

$$= a\left(x + \frac{b}{2a}\right)^2 - \frac{b^2 - 4ac}{4a} = 0$$

$$\therefore\ a\left(x + \frac{b}{2a}\right)^2 = \frac{b^2 - 4ac}{4a}$$

$$\therefore\ \left(x + \frac{b}{2a}\right) = \pm\frac{\sqrt{b^2 - 4ac}}{2a}$$

$$\therefore\ x = -\frac{b}{2a} \pm \frac{\sqrt{b^2 - 4ac}}{2a} = \frac{-b \pm \sqrt{b^2 - 4ac}}{2a}$$

(2) $Ax^2 + 2Bx + C = 0$ $(A \neq 0)$의 근은 위 식의 a, b, c에 A, $2B$, C를 각각 대입하면 유도된다.

예 (1) $x^2 - 5x + 2 = 0$의 근

$$x = \frac{-(-5) \pm \sqrt{(-5)^2 - 4 \times 1 \times 2}}{2 \times 1} = \frac{5 \pm \sqrt{17}}{2}$$

(2) $x^2 + 4x - 3 = 0$의 근

$$x=\frac{-(2)\pm\sqrt{2^2-1\times(-3)}}{1}=-2\pm\sqrt{7}$$

(3) $x^2-x+1=0$의 근

$$x=\frac{-(-1)\pm\sqrt{(-1)^2-4\times1\times1}}{2}=\frac{1\pm\sqrt{-3}}{2}=\frac{1\pm\sqrt{3}i}{2}$$

예제 6.2.1 [인수분해] 다음 이차방정식을 풀어라.

(1) $x^2-4x-21=0$　　(2) $2x^2-3x-5=0$

(3) $4x^2-9=0$　　(4) $x^2+12x+36=0$

풀이 (1) $x^2-4x-21=(x-7)(x+3)=0$

$\therefore x=7,\ -3$

(2) $2x^2-3x-5=(2x-5)(x+1)=0$

$\therefore x=\frac{5}{2},\ -1$

(3) $4x^2-9=(2x+3)(2x-3)=0$

$\therefore x=-\frac{3}{2},\ \frac{3}{2}$

(4) $x^2+12x+36=(x+6)^2=0$

$\therefore x=-6$

예제 6.2.2 [인수분해] 다음 이차방정식을 풀어라.

$$(x-5)^2-(x-5)-12=0$$

풀이 $(x-5)$를 한 문자로 보고 인수분해한다.

$$\begin{aligned}(x-5)^2-(x-5)-12&=\{(x-5)+3\}\{(x-5)-4\}\\&=(x-2)(x-9)=0\\ \therefore x&=2,\ 9\end{aligned}$$

예제 6.2.3 [근의 공식] 다음 이차방정식을 풀어라.

(1) $x^2+5x+3=0$　　(2) $2x^2-4x-3=0$

풀이 (1) 근의 공식에 $a=1$, $b=5$, $c=3$을 대입한다.

$$x=\frac{-5\pm\sqrt{5^2-4\times1\times3}}{2\times1}=\frac{-5\pm\sqrt{13}}{2}$$

(2) 근의 공식에 $A=2$, $B=-2$, $C=-3$을 대입한다.

$$x=\frac{-(-2)\pm\sqrt{(-2)^2-2\times(-3)}}{2}=\frac{2\pm\sqrt{10}}{2}$$

또는, 근의 공식에 $a=2$, $b=-4$, $c=-3$을 대입하면

$$x=\frac{-(-4)\pm\sqrt{(-4)^2-4\times2\times(-3)}}{2\times2}=\frac{4\pm\sqrt{40}}{4}=\frac{4\pm2\sqrt{10}}{4}$$

$$=\frac{2\pm\sqrt{10}}{2}$$

예제 6.2.4 $x^2-\sqrt{5}x+1=0$의 한 근이 α일 때 $\alpha^2+\dfrac{1}{\alpha^2}$의 값을 구하여라.

풀이 α는 방정식 $x^2-\sqrt{5}x+1=0$의 근이므로

$$\alpha^2-\sqrt{5}\alpha+1=0$$

이고이 식의 양변을 α로 나누면

$$\alpha-\sqrt{5}+\frac{1}{\alpha}=0$$

$$\therefore \alpha+\frac{1}{\alpha}=\sqrt{5}$$

이다. 따라서 준 식의 값은 다음과 같다.

$$\alpha^2+\frac{1}{\alpha^2}=\left(\alpha+\frac{1}{\alpha}\right)^2-2=(\sqrt{5})^2-2=3$$

연습문제 6.2

1. 다음 이차방정식을 풀어라.

(1) $x^2-11x+24=0$

(2) $x^2+14x+49=0$

(3) $2x^2-7x-15=0$

(4) $12x^2+28x-5=0$

(5) $4x^2-25=0$

(6) $\frac{3}{4}x^2-\frac{5}{2}x+1=0$

(7) $\frac{1}{2}x^2-0.4x-\frac{1}{5}=0$

(8) $(x+4)^2-7(x+4)+12=0$

(9) $2x^2-3x-4=0$

(10) $x^2-10x+2=0$

2. 이차방정식 $2x^2-6x+1=0$의 두 근이 $\frac{A\pm\sqrt{B}}{2}$라고 할 때 $A+B$의 값을 구하여라.

3. 이차방정식 $2x^2+5=0$의 근을 구하여라.

4. 이차방정식 $2x^2-13x+k=0$의 한 근이 5일 때 상수 k의 값을 구하여라.

5. 이차방정식 $4(x-3)^2-5=0$을 풀어라.

6. 이차방정식 $2x^2+8x-1=0$을 $(x+A)^2=B$로 나타낼 때 $A+2B$의 값을 구하여라.

7. $x^2-\sqrt{3}x-1=0$의 한 근이 α일 때 $\alpha^2+\frac{1}{\alpha^2}$의 값을 구하여라.

8. x에 대한 이차방정식 $x^2-ax+2a+1=0$의 한 근이 1일 때 다른 한 근을 구하여라.

9. 방정식 $\sqrt{x^2+2x+1}=|2x+5|$을 만족하는 x를 구하여라.

❖ 양변을 제곱하여 이차방정식을 만든다.

10. 이차방정식 $ix^2 - 5x - 6i = 0$을 풀어라. $i = \sqrt{-1}$ 이다.

❖ 양변에 $-i$를 곱하여 x^2의 계수를 실수로 만든다.

6.3 이차방정식 활용

6.3.1 판별식(Ⅰ)

계수 a, b, c가 실수인 이차방정식 $ax^2+bx+c=0$에서 $D=b^2-4ac$라고 하면 D에 따라 다음과 같은 근을 갖는다.

(1) $D>0 \Leftrightarrow$ 서로 다른 두 실근

(2) $D=0 \Leftrightarrow$ 중근(서로 같은 두 실근)

(3) $D<0 \Leftrightarrow$ 서로 다른 두 허근

6.3.2 판별식(Ⅱ)

$Ax^2+2Bx+C=0$이면 $\dfrac{D}{4}=B^2-AC$를 사용하면 편리하다.

(1) $D/4>0 \Leftrightarrow$ 서로 다른 두 실근

(2) $D/4=0 \Leftrightarrow$ 중근(서로 같은 두 실근)

(3) $D/4<0 \Leftrightarrow$ 서로 다른 두 허근

설명 근의 공식에서 $x=\dfrac{-b\pm\sqrt{b^2-4ac}}{2a}$이므로 근호 안의 값 $D=b^2-4ac$의 부호에 따라 서로 다른 실근, 중근, 또는 허근을 갖는다.

예 (1) $2x^2-3x-1=0$

$$D=(-3)^2-4\times2\times(-1)=17>0$$

$\therefore$ 서로 다른 두 실근

(2) $x^2+6x+9=0$

$$D = 6^2 - 4 \times 1 \times 9 = 0 \ (\text{또는 } D/4 = 3^2 - 1 \times 9 = 0)$$

$\therefore$ 중근

(3) $x^2 - 2x + 3 = 0$

$$D = 2^2 - 4 \times 1 \times 3 = -8 < 0 \ (\text{또는 } D/4 = 1^2 - 1 \times 3 < 0)$$

$\therefore$ 서로 다른 두 허근

6.3.3 근과 계수와의 관계

이차방정식 $ax^2 + bx + c = 0 \ (a \neq 0)$의 두 근을 α, β라 하면,

$$\alpha + \beta = -\frac{b}{a}, \ \alpha\beta = \frac{c}{a}$$

이고, α, β가 실수일 때 $|\alpha - \beta| = \dfrac{\sqrt{b^2 - 4ac}}{|a|}$이다.

증명 (1) $ax^2 + bx + c = 0 \ (a \neq 0)$의 두 근이 α, β이므로

$$\begin{aligned} ax^2 + bx + c &= a(x-\alpha)(x-\beta) = a\{x^2 - (\alpha+\beta)x + \alpha\beta\} \\ &= ax^2 - a(\alpha+\beta)x + a(\alpha\beta) \end{aligned}$$

양변의 계수를 비교하면

$$b = -a(\alpha + \beta), \ c = a(\alpha\beta)$$

$$\therefore \alpha + \beta = -\frac{b}{a}, \ \alpha\beta = \frac{c}{a}$$

(2) 근의 공식에서 두 근은 각각 $\alpha = \dfrac{-b + \sqrt{b^2 - 4ac}}{2a}$,

$\beta = \dfrac{-b - \sqrt{b^2 - 4ac}}{2a}$이므로 $|\alpha - \beta| = \dfrac{\sqrt{b^2 - 4ac}}{|a|}$

예 $2x^2 - 7x + 6 = 0$의 두 근을 α, β라 하면,

두 근의 합 $\alpha + \beta = -\dfrac{(-7)}{2} = \dfrac{7}{2}$, 두 근의 곱 $\alpha\beta = \dfrac{6}{2} = 3$,

두 근의 차 $|\alpha-\beta|=\dfrac{\sqrt{(-7)^2-4\times2\times6}}{|2|}=\dfrac{1}{2}$

6.3.4 이차방정식의 근이 무리수일 때와 허수일 때의 근의 성질

x에 대한 이차방정식 $ax^2+bx+c=0\ (a\neq0)$에서

(1) 근이 무리수일 때: 계수 a, b, c가 유리수인 경우, 한 근이 $p+q\sqrt{k}$이면 다른 한 근은 $p-q\sqrt{k}$이다(단, p, q는 유리수, $q\neq0$, $\sqrt{k}$는 무리수).

(2) 근이 허수일 때: 계수 a, b, c가 실수인 경우, 한 근이 $p+qi$이면 다른 한 근은 $p-qi$이다(단, p, q는 실수, $q\neq0$).

설명 근의 공식에서 $x=\dfrac{-b\pm\sqrt{b^2-4ac}}{2a}=-\dfrac{b}{2a}\pm\dfrac{\sqrt{b^2-4ac}}{2a}$

$\sqrt{b^2-4ac}$가 무리수인 경우에는 두 근 $p\pm q\sqrt{k}$, $\sqrt{b^2-4ac}$가 허수인 경우에는 두 근 $p\pm qi$를 갖는다.

예 (1) $x^2-4x+1=0$의 두 근은 $2+\sqrt{3}$, $2-\sqrt{3}$

(2) $x^2-2x+5=0$의 두 근은 $1+2i$, $1-2i$

6.3.5 이차방정식의 활용

방정식을 이용하여 문제를 푸는 일반적인 과정은 다음과 같다.

(1) 문제의 뜻을 파악하고 구하려 하는 것을 x로 놓는다.

(2) 주어진 조건을 이용하여 이차방정식을 세운다.

(3) 방정식을 푼다.

(4) 구한 해 중에서 문제의 뜻에 맞는 것을 선택한다.

예 밑변의 길이가 높이보다 3cm 더 긴 삼각형의 넓이가 $14\,\text{cm}^2$일 때 밑변의 길이를 구하는 과정은 다음과 같다.

- 밑변의 길이를 x(cm)라 하면 높이는 $x-3$(cm)이다. 따라서 삼각형의 넓이는

  $\dfrac{1}{2}\times$밑변$\times$높이

이므로 다음과 같은 x에 대한 이차방정식이 얻어진다.

$$\frac{1}{2}x(x-3)=14$$

$$\therefore x^2-3x-28=0$$

이 방정식을 풀면

$$x^2-3x-28=(x-7)(x+4)=0$$

$$\therefore x=7,\ -4$$

인데 변의 길이 $x>0$이므로 x의 값은 7이 된다. 따라서 구하는 밑변의 길이는 7 cm 이다.

예제 6.3.1 [판별식 D] 이차방정식 $2x^2+3x+2-k=0$이 중근을 가질 때 상수 k의 값과 근을 구하여라.

풀이 $a=2,\ b=3,\ c=2-k$이므로

$$D=b^2-4ac=3^2-4\times2\times(2-k)=0$$

$$-7+8k=0$$

$$\therefore k=\frac{7}{8}$$

이 값을 주어진 방정식에 대입하면

$$2x^2+3x+2-\frac{7}{8}=2x^2+3x+\frac{9}{8}=2\left(x^2+\frac{3}{2}x+\frac{9}{16}\right)=2\left(x+\frac{3}{4}\right)^2=0$$

$$\therefore x=-\frac{3}{4}$$

이다.

예제 6.3.2 [판별식 $D/4$] 이차방정식 $x^2+12x+4+k=0$이 중근을 가질 때 상수 k의 값과 근을 구하여라.

풀이 $A=1,\ B=6,\ C=4+k$이므로

$$D/4=B^2-AC=6^2-1\times(4+k)=0$$

$$32-k=0$$

$$\therefore k=32$$

이 값을 주어진 방정식에 대입하면

$$x^2+12x+4+32=(x+6)^2=0$$
$$\therefore x=-6$$

이다.

예제 6.3.3 **[근과 계수와의 관계]** 이차방정식 $2x^2-7x+k+4=0$ (k는 상수)의 한 근이 4일 때 상수 k의 값과 다른 한 근을 구하여라.

풀이 $a=2,\ b=-7,\ c=k+4$이고, 한 근 $\alpha=4$이다. 다른 한 근을 β로 하면

$$\alpha+\beta=-\frac{b}{a}$$
$$4+\beta=-\frac{(-7)}{2}$$
$$\therefore \beta=\frac{7}{2}-4=-\frac{1}{2}$$

따라서 다른 한 근은 $\beta=-\frac{1}{2}$이고

$$\alpha\beta=\frac{c}{a}$$
$$4\times\left(-\frac{1}{2}\right)=\frac{k+4}{2}$$
$$-2=\frac{k+4}{2}$$
$$\therefore k=-8$$

이다.

예제 6.3.4 **[근과 계수와의 관계]** 이차방정식 $x^2-4x-3=0$의 두 근을 $\alpha,\ \beta$라고 할 때 다음 식의 값을 구하여라.

(1) $\frac{1}{\alpha}+\frac{1}{\beta}$ (2) $\alpha^2+\beta^2$

풀이 근과 계수와의 관계에서 $\alpha+\beta=4,\ \alpha\beta=-3$이다.

(1) $\frac{1}{\alpha}+\frac{1}{\beta}=\frac{\alpha+\beta}{\alpha\beta}=\frac{4}{-3}=-\frac{4}{3}$

(2) $\alpha^2+\beta^2=(\alpha+\beta)^2-2\alpha\beta=4^2-2\times(-3)=22$

예제 6.3.5 **[근과 계수와의 관계]** 이차방정식 $x^2+mx+n=0$의 두 근이 $x=2\pm\sqrt{7}$일 때 상수 m, n의 값을 구하여라.

풀이 $a=1$, $b=m$, $c=n$이고, 근 $\alpha=2+\sqrt{7}$, $\beta=2-\sqrt{7}$이다. 근과 계수와의 관계에서

$$\alpha+\beta=-\frac{b}{a}$$

$$(2+\sqrt{7})+(2-\sqrt{7})=-\frac{m}{1}$$

$$\therefore m=-4$$

이고,

$$\alpha\beta=\frac{c}{a}$$

$$(2+\sqrt{7})(2-\sqrt{7})=\frac{n}{1}$$

$$2^2-(\sqrt{7})^2=n$$

$$\therefore n=-3$$

이다.

예제 6.3.6 계수가 실수인 이차방정식 $x^2+ax+b=0$의 한 근이 $2-3i$일 때 a, b의 값을 구하여라.

풀이 계수가 실수이고 한 근 $\alpha=2-3i$이므로 다른 한 근

$$\beta=2+3i$$

이다. 근과 계수와의 관계에서

$$\alpha+\beta=4=-a$$

$$\alpha\beta=(2-3i)(2+3i)=(2^2+3^2)=13=b$$

$$\therefore a=-4,\ b=13$$

이다.

예제 6.3.7 이차방정식 $x^2+ax+b=0$의 한 근이 $3-\sqrt{3}$일 때 유리수 a, b의 값을 구하여라.

풀이 계수가 유리수인 이차방정식이므로 한 근 $\alpha=3-\sqrt{3}$이면 다른 한 근

$$\beta=3+\sqrt{3}$$

이다. 따라서 근과 계수와의 관계에서

$$\alpha+\beta=6=-a$$
$$\alpha\beta=6=b$$
$$\therefore a=-6,\ b=6$$

이다.

예제 6.3.8 연속하는 두 자연수의 제곱의 합이 41일 때 두 자연수를 구하여라.

풀이 연속하는 두 자연수를 $x,\ x+1$이라 하면

$$x^2+(x+1)^2=41$$
$$x^2+(x^2+2x+1)-41=0$$
$$2x^2+2x-40=0$$
$$x^2+x-20=0$$
$$(x-4)(x+5)=0$$
$$\therefore x=4,\ -5$$

그런데 x는 자연수이므로 $x>0$이고, 구하는 값은 $x=4$이다. 따라서 구하는 두 자연수는 4와 5이다.

예제 6.3.9 그림과 같이 가로와 세로가 각각 4m, 2m인 직사각형 모양의 정원이 있다. 이 정원의 가로와 세로를 같은 길이만큼 늘여서 넓이가 $63\,\text{m}^2$이 되게 할 때 늘여야 할 길이를 구하여라.

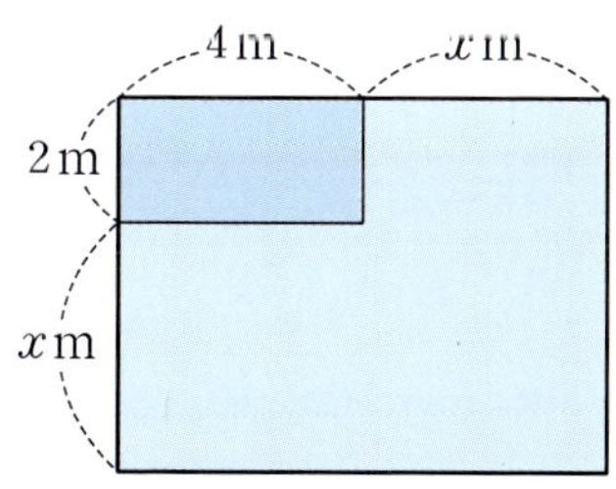

풀이 늘이는 길이를 x(m)라 하면 정원의 변의 길이는 $x+2$(m), $x+4$(m)이 된다. 따라서 넓이가 $63\,\text{m}^2$이므로 다음과 같은 이차방정식이 얻어진다.

$$(x+2)(x+4)=63$$
$$\therefore x^2+6x-55=0$$

이 방정식을 풀면

$$x^2+6x-55=(x+11)(x-5)=0$$
$$\therefore x=-11,\ 5$$

인데 여기에서 $x>0$이므로 구하는 값은 $x=5$이다. 따라서 늘여야 할 길이는 5(m)이다.

연습문제 6.3

1. 이차방정식 $x^2+kx+(2k+5)=0$이 중근을 가질 때 상수 k의 값을 구하여라.

2. 이차방정식 $x^2+4x-1=0$의 두 근이 $\alpha, \beta(\alpha>\beta)$일 때 근과 계수와의 관계를 이용하여 $\alpha-\beta$의 값을 구하여라.

3. $x^2-3x+1=0$의 두 근을 α, β라고 할 때, 다음 식의 값을 구하여라.

(1) $\alpha^2+\beta^2$

(2) $\alpha^4+\beta^4$

4. 이차방정식 $x^2+ax+b=0$의 한 근이 $2+\sqrt{3}$일 때 유리수 a, b의 값을 구하여라.

5. 이차방정식 $x^2+ax+b=0$의 한 근이 $\dfrac{2-\sqrt{2}i}{2}$일 때 실수 a, b의 값을 구하여라.

6. 이차방정식 $x^2-7x+1=0$의 두 근을 α, β라고 할 때, $\dfrac{1}{\alpha}+\dfrac{1}{\beta}$의 값을 구하여라.

7. 연속하는 두 자연수의 각각의 제곱의 합이 85일 때 두 자연수를 구하여라.

8. 밑변의 길이가 높이보다 4cm 더 긴 직사각형의 넓이가 $21\,\text{cm}^2$일 때 밑변의 길이를 구하여라.

9. 아랫변과 윗변의 길이가 높이보다 각각 3m, 1m 더 긴 사다리꼴의 넓이가 8m^2일 때 사다리꼴의 높이를 구하여라.

10. x에 대한 이차방정식 $x^2-4ax+4a^2-b^2=0$을 풀어라.

11. 한 변의 길이가 x(m)인 정사각형의 가로와 세로의 길이를 각각 2(m), 4(m) 늘린 직사각형의 넓이가 처음 정사각형의 넓이의 3배일 때 x를 구하여라.

12. x에 대한 이차방정식 $x^2-4x+a=0$의 두 근이 b, 5일 때 상수 a, b의 곱 ab의 값을 구하여라.

13. 가로와 세로 길이가 각각 5cm, 7cm인 직사각형 모양의 종이가 있다. 이 종이의 가로 길이를 $x$cm 늘리고, 세로 길이를 $x$cm 줄였더니 종이 넓이가 27cm^{2}이 되었다. x값을 구하여라.

14. 정사각형의 가로 길이를 2cm 늘리고, 세로 길이를 6cm 늘려서 만들어지는 직사각형의 넓이가 처음 정사각형 넓이의 2배가 될 때, 처음 정사각형의 한 변의 길이를 구하여라.

15. 그림과 같이 두 변의 길이가 각각 7m, 9m인 직사각형 모양의 땅에 폭이 일정한 길을 만들었다. 길을 제외한 부분의 넓이가 35m^{2}일 때 길의 폭을 구하여라.

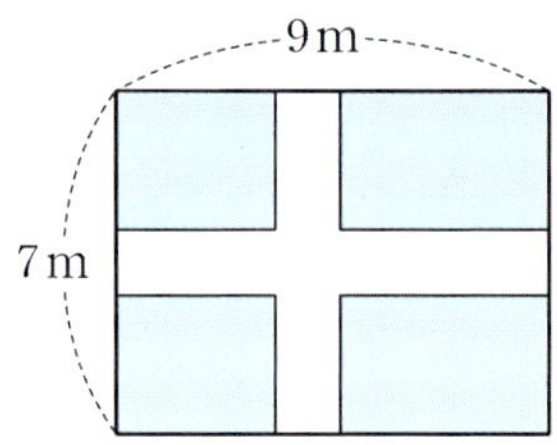

16. 직각이등변삼각형의 밑변과 높이를 각각 3cm, 2cm 늘려서 만들어지는 직각삼각형의 넓이가 처음 넓이의 2배가 된다. 처음 직각이등변삼각형의 넓이를 구하여라.

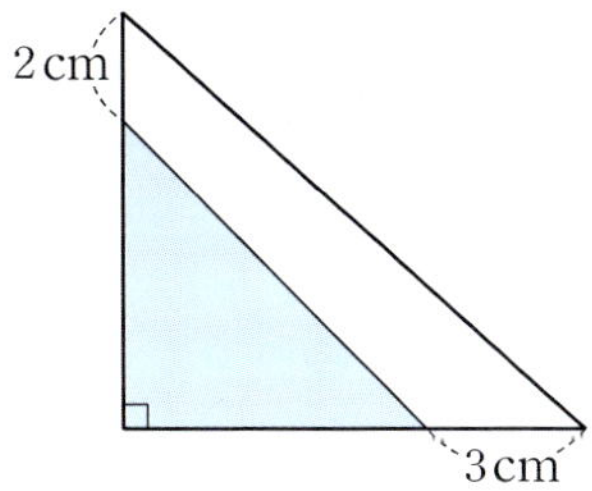

17. 지름이 10인 원에 내접하고 둘레 길이가 28인 직사각형의 두 변 중 짧은 변의 길이를 구하여라.

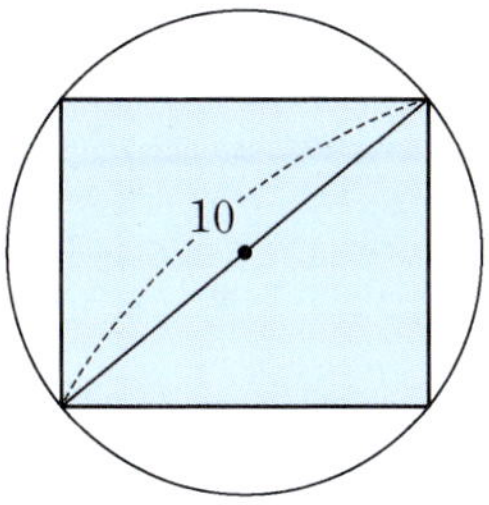

❖ 두 변의 길이를 x, y라 하면 둘레 길이는 $2(x+y)=28$이다.

제 7 장

부등식

7.1 일차부등식

7.1.1 부등식

(1) 부등식: 부등호($<$, $>$, $\leq$, $\geq$)를 사용하여 수 또는 식의 대소 관계를 나타낸 것을 부등식이라 한다.

(2) 좌변, 우변, 양변: 부등식에서 부등호의 왼쪽 부분을 좌변, 오른쪽 부분을 우변, 좌변과 우변을 통틀어 양변이라고 한다.

예 부등식: $x \geq 2$, $x+2 > 2x+1$, $x^2-3x+1 \leq 0$

7.1.2 부등식의 성질

(1) 부등식의 양변에 같은 수를 더하거나 양변에서 같은 수를 빼어도 부등호의 방향은 바뀌지 않는다.

$$a > b\text{이면 } a+c > b+c,\ a-c > b-c$$

(2) 부등식의 양변에 같은 양수를 곱하거나 양변을 같은 양수로 나누어도 부등호의 방향이 바뀌지 않는다.

$$a > b\text{일 때 } c > 0\text{이면 } ac > bc,\ \frac{a}{c} > \frac{b}{c}$$

(3) 부등식의 양변에 같은 음수를 곱하거나 양변을 같은 음수로 나누는 경우에는 부등호의 방향이 바뀐다.

$$a > b\text{일 때 } c < 0\text{이면 } ac < bc,\ \frac{a}{c} < \frac{b}{c}$$

예 (1) $a > b$이면 $a+2 > b+2$, $a-2 > b-2$

(2) $a > b$이면 $2a > 2b$, $\frac{a}{2} > \frac{b}{2}$

(3) $a > b$이면 $-2a < -2b$, $-\frac{a}{2} < -\frac{b}{2}$

7.1.3 일차부등식의 풀이

미지수가 x일 때,

(1) x를 포함하는 항은 모두 좌변으로, 상수항은 우변으로 이항한 후 양변을 정리하여 $Ax > B$(또는 $Ax \geq B$, $Ax < B$, $Ax \leq B$)의 꼴로 만든다.

(2) 부등식 $Ax > B$의 해

① $A > 0$일 때: $x > \frac{B}{A}$

② $A < 0$일 때: $x < \frac{B}{A}$

③ $A = 0$일 때: $B \geq 0$이면 해가 없다.

$B < 0$이면 x는 모든 실수.

❖ 일반적으로 x를 포함하는 항을 좌변으로 이항하여 정리하지만 상황에 따라 이들 항을 우변으로 이항하여 풀어도 된다.

예제 7.1.1 다음 부등식을 풀어라.

$$2(x-3)-3(x+2) < x+4$$

풀이 괄호를 먼저 푼 후 x 항은 좌변으로, 상수항은 우변으로 이항하여 푼다.

$$\begin{aligned} 2(x-3)-3(x+2) &< x+4 \\ 2x-6-3x-6 &< x+4 \\ 2x-3x-x &< 4+6+6 \\ -2x &< 16 \\ \therefore x &> \frac{16}{-2} = -8 \end{aligned}$$

즉, 주어진 부등식을 만족하는 x의 범위는 $x > -8$이다.

❖ 등식과 달리 부등식에서는 음수를 나누거나 곱할 때는 부등호의 방향이 바뀐다는 것에 주의한다.

예제 7.1.2 다음 부등식을 풀어라.

$$\frac{2}{3}(x-1)+\frac{1}{6}(x-2)>\frac{1}{2}x-3$$

풀이 양변에 분모 2, 3, 6의 최소공배수 6을 곱하면

$$4(x-1)+(x-2)>3x-18$$

괄호를 풀고 x 항은 좌변으로, 상수항은 우변으로 이항하여 푼다.

$$\begin{aligned} 4x-4+x-2 &> 3x-18 \\ 4x+x-3x &> -18+4+2 \\ 2x &> -12 \\ \therefore x &> \frac{-12}{2}=-6 \end{aligned}$$

즉, 주어진 부등식을 만족하는 x의 범위는 $x>-6$이다.

예제 7.1.3 상수 $k<2$일 때 $(k-2)x>3k-6$의 해를 구하여라.

풀이 주어진 부등식은

$$(k-2)x>3(k-2)$$

로 쓸 수 있다. 여기에서 $k<2$이므로

$$k-2<0$$

이고, 부등식의 양변을 $k-2$로 나누면 부등호의 방향이 바뀐다. 따라서 부등식을 만족하는 x의 범위는 다음과 같다.

$$x<\frac{3(k-2)}{k-2}=3$$

$$\therefore x<3$$

예제 7.1.4 x에 대한 다음 부등식의 해를 구하여라. 단, a는 상수이다.

(1) $ax-1>x+2$ (2) $ax+1\geq x+a$

풀이 (1) 이항하여 정리하면 $(a-1)x>3$

① $a>1$이면 $x>\frac{3}{a-1}$

② $a=1$이면 해가 없다. ($\because 0\times x>3$인 x는 없다.)

③ $a<1$이면 $x<\dfrac{3}{a-1}$

(2) 이항하여 정리하면 $(a-1)x \ge a-1$

① $a>1$이면 $x\ge 1$

② $a=1$이면 x는 모든 실수 ($\because$ 모든 x에 대하여 $0\times x=0$)

③ $a<1$이면 $x\le 1$

예제 7.1.5 다음 연립 부등식을 풀어라.

(1) $\begin{cases} 2x+5 \ge 1 & \cdots ① \\ -3x-4 \le -6x+5 & \cdots ② \end{cases}$ (2) $\begin{cases} 3x+1 \ge x+5 & \cdots ① \\ 2x-3 > x+1 & \cdots ② \end{cases}$

풀이 연립부등식은 각각의 부등식의 해를 구한 후 공통부분을 구하면 된다.

(1) ①에서

$$2x \ge 1-5$$
$$2x \ge -4$$
$$\therefore x \ge -2$$

이고, ②에서

$$-3x+6x \le 5+4$$
$$3x \le 9$$
$$\therefore x \le 3$$

이다. 각각의 부등식의 해를 수직선 위에 나타내면 그림과 같다. 그림에서 두 부등식을 모두 만족하는 x의 범위는

$$-2 \le x \le 3$$

이다.

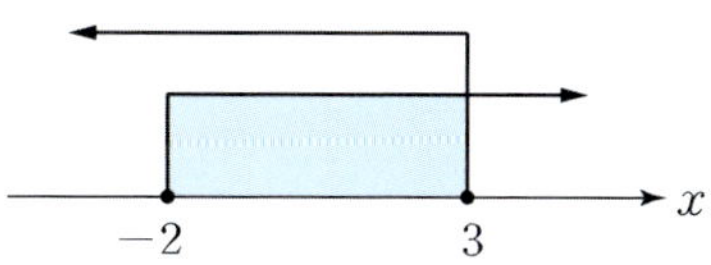

(2) ①에서

$$3x-x \ge 5-1$$
$$2x \ge 4$$

$$\therefore x \geq 2$$

이고, ②에서

$$2x - x > 1 + 3$$

$$\therefore x > 4$$

이다. 각각의 부등식의 해를 수직선 위에 나타내면 그림과 같다. 그림에서 두 부등식을 모두 만족하는 x의 범위는

$$x > 4$$

이다.

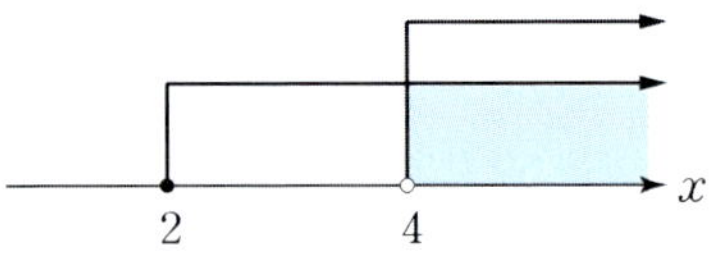

❖ 연립부등식에서 공통부분은 수직선을 이용하여 쉽게 구할 수 있다.

예제 7.1.6 **[부등식 활용]** 연속하는 세 홀수의 합이 26보다 크고 32보다 작을 때 세 홀수를 구하여라.

풀이 세 홀수를 각각 $m-2$, m, $m+2$ (m은 홀수)라 하면 주어진 조건에서

$$26 < (m-2) + m + (m+2) < 32$$

$$26 < 3m < 32$$

$$\therefore 8.66\cdots < m < 10.66\cdots$$

$$\therefore m = 9, 10$$

여기에서 m은 홀수이므로 구하는 값은 $m=9$이다. 따라서 세 홀수는 7, 9, 11이다.

연습문제 7.1

1. 다음 부등식을 풀어라.

(1) $x-1 \geq -x+3$

(2) $2(2x-1) \leq 1-(x+3)$

(3) $2x-4(x-3) \leq -6$

(4) $\frac{2}{3}x-\frac{3}{2} \leq -\frac{1}{6}+\frac{1}{6}x$

(5) $\frac{2x+1}{3}-\frac{x-1}{4} > 1$

(6) $0.2(x-0.8) \geq x+0.4$

(7) $\frac{x+1}{2}-\frac{1-2x}{3} > \frac{2x+1}{4}$

(8) $0.5(x-1) \geq \frac{1}{4}x+0.8$

2. 부등식 $x+a > 2(x-1)$의 해가 $x < 3$일 때 상수 a의 값을 구하여라.

3. 두 부등식 $2x-(x-5) < 4x+2$, $4x+k > 3-2(x-1)$의 해가 같을 때 상수 k의 값을 구하여라.

4. $k < 1$일 때 부등식 $2k(x+3)-3 < 2x+3$을 풀어라.

5. $b^2=1$일 때 $(a-3)x > b$의 해가 $x < \frac{1}{4}$인 경우 상수 a의 값을 구하여라.

6. 다음 연립 부등식을 풀어라.

(1) $\begin{cases} -3x+9 \geq 5x+1 \\ 2x-1 \leq 4x+7 \end{cases}$

(2) $\begin{cases} 2x+3 \geq 4x-5 \\ 4x-2 > 6x+8 \end{cases}$

7. $b > a > 0$일 때 부등식 $ax-2 > bx+3$을 풀어라.

8. 연속하는 세 짝수의 합이 38보다 크고 46보다 작을 때 세 짝수를 구하여라.

9. 등산을 하려 한다. 올라갈 때는 시속 2km, 같은 거리를 내려올 때는 시속 3km로 걸어서 총 등산 시간이 2시간 30분 이내가 되게 할 때, 최대 몇 km까지 올라갔다 내려올 수 있는가?

7.2 이차부등식

7.2.1 이차부등식의 풀이

이차부등식 $ax^2+bx+c>0$ $(a>0)$, $ax^2+bx+c<0$ $(a>0)$의 해

(1) $D=b^2-4ac>0$인 경우 두 실근을 α, β $(\alpha<\beta)$라 하면

① $(x-\alpha)(x-\beta)>0$이면 $x<\alpha$, $x>\beta$

② $(x-\alpha)(x-\beta)<0$이면 $\alpha<x<\beta$

(2) $D=b^2-4ac=0$인 경우 중근을 α라 하면

① $ax^2+bx+c>0$이면 $x\neq\alpha$인 모든 실수

② $ax^2+bx+c<0$이면 해가 없다.

(3) $D=b^2-4ac<0$인 경우

① $ax^2+bx+c>0$이면 해는 모든 실수

② $ax^2+bx+c<0$이면 해가 없다.

❖ 이차항의 계수가 음인 경우($a<0$) 양변에 -1을 곱하여 이차항의 계수를 양으로 만들어 주면 이후의 풀이 과정은 위와 같다.

예제 7.2.1 다음 이차부등식을 풀어라.

(1) $x^2-3x+2>0$ (2) $x^2-2x-3<0$

(3) $x^2-2x+1>0$ (4) $x^2+2x+2<0$

풀이 (1) $x^2-3x+2=(x-1)(x-2)>0$ $\therefore$ $x<1$ 또는 $x>2$

(2) $x^2-2x-3=(x+1)(x-3)<0$ $\therefore$ $-1<x<3$

(3) $x^2-2x+1=(x-1)^2>0$ $\therefore$ $x\neq1$인 모든 실수

(4) $x^2+2x+2=(x+1)^2+1$, 모든 실수 x에 대하여 $(x+1)^2+1>0$이므로 $x^2+2x+2<0$을 만족하는 실수는 없다.

❖ $(x-\alpha)(x-\beta)<0$이면 x는 작은 값과 큰 값 사이에 있다. (작은 값$<x<$큰 값)
$(x-\alpha)(x-\beta)>0$이면 x는 큰 값보다 커거나 작은 값보다 작다. ($x>$큰 값, $x<$작은 값)

예제 7.2.2 x에 대한 이차부등식 $x^2+ax+b<0$의 해가 $2<x<3$일 때 상수 a, b를 구하여라.

풀이 $x^2+ax+b<0$의 해가 $2<x<3$이므로

$$x^2+ax+b=(x-2)(x-3)=x^2-5x+6$$
$$\therefore\ a=-5,\ b=6$$

예제 7.2.3 모든 실수 x에 대하여 $x^2+kx+3>0$가 성립하도록 상수 k의 범위를 구하여라.

풀이 $x^2+kx+3=0$가 허근을 가져야 하므로 (즉, $y=x^2+kx+3$의 그래프가 x축과 만나지 않아야 한다.)

$$D=k^2-12<0$$
$$(k-2\sqrt{3})(k+2\sqrt{3})<0$$
$$\therefore\ -2\sqrt{3}<k<2\sqrt{3}$$

예제 7.2.4 x에 대한 이차부등식 $x^2-(k+2)x+2k<0$의 해를 구하여라. 단, k는 상수이다.

풀이 준 식은 $x^2-(k+2)x+2k=(x-2)(x-k)<0$이다.

① $k>2$이면 $2<x<k$

② $k=2$이면 $(x-2)^2\geq 0$이므로 해가 없다.

③ $k<2$이면 $k<x<2$

예제 7.2.5 이차부등식 $x^2-2x-5<0$을 만족하는 정수 x의 개수를 구하여라.

풀이 근의 공식에서 $x^2-2x-5=0$의 해를 구하면

$$\alpha=1-\sqrt{6},\ \beta=1+\sqrt{6}$$

이므로 부등식 $x^2-2x-5<0$을 만족하는 x의 범위는

$$1-\sqrt{6}<x<1+\sqrt{6}$$

이다. 여기에서 $2<\sqrt{6}<3$이므로

$$-1.\times\times<x<3.\times\times$$

따라서 부등식을 만족하는 정수는 $-1, 0, 1, 2, 3$의 5개다.

예제 7.2.6 x에 대한 이차방정식 $x^2-2kx-k(k-1)=0$이 허근을 갖도록 하는 실수 k의 범위를 구하여라.

풀이 주어진 이차방정식이 허근을 가지려면 판별식

$$D/4=k^2+k(k-1)<0$$
$$2k^2-k<0$$
$$k(2k-1)<0$$
$$\therefore 0<k<\frac{1}{2}$$

예제 7.2.7 x에 대한 이차부등식 $f(x)<0$의 해가 $2<x<5$일 때, 부등식 $f(2x-1)<0$을 만족하는 x의 범위를 구하여라.

풀이 이차부등식 $f(x)<0$의 해가 $2<x<5$이므로

$$f(x)=a(x-2)(x-5),\ a>0$$

이고,

$$f(2x-1)=a(2x-1-2)(2x-1-5)=2a(2x-3)(x-3)$$

이다. 따라서 $f(2x-1)<0$을 만족하는 x의 범위는 다음과 같다.

$$2a(2x-3)(x-3)<0$$
$$\therefore \frac{3}{2}<x<3$$

예제 7.2.8 이차부등식 $ax^2+bx+3<0$의 해가 $\frac{1}{2}<x<3$일 때, 상수 a, b의 값을 구하여라.

풀이 부등식 $ax^2+bx+3<0$의 해가 $\frac{1}{2}<x<3$이므로 $a>0$이고,

$$ax^2+bx+3=a\left(x-\frac{1}{2}\right)(x-3)=ax^2-\frac{7}{2}ax+\frac{3}{2}a$$

이다. 여기에서 양변의 계수를 비교하면

$$b=-\frac{7}{2}a,\ 3=\frac{3}{2}a$$

이므로 $a=2$, $b=-7$이다.

연습문제 7.2

1. 다음 이차부등식을 풀어라.

(1) $x^2-4>0$ (2) $x^2-6x+8 \le 0$

(3) $x^2+4x+4 \le 0$ (4) $x^2+2x+1<0$

2. 이차부등식 $-x^2+x+6>0$의 해가 $\alpha<x<\beta$일 때 α, β의 값을 구하여라.

3. 이차부등식 $x^2+ax+b<0$의 해가 $1-\sqrt{2}<x<1+\sqrt{2}$일 때 a, b의 값을 구하여라.

4. x에 대한 이차부등식 $-x^2+(k+3)x-3k<0$의 해를 구하여라.

5. 모든 실수 x에 대하여 $-2x^2+kx-2 \le 0$가 성립하도록 상수 k의 범위를 구하여라.

6. 이차부등식 $x^2+2x-4<0$을 만족하는 정수 x를 구하여라.

7. x에 대한 이차방정식 $x^2+2kx-k(k-3)=0$이 실근을 갖도록 하는 실수 k의 범위를 구하여라.

8. x에 대한 이차부등식 $f(x)<0$의 해가 $3<x<7$일 때, 부등식 $f(2x+1)<0$을 만족하는 x의 범위를 구하여라.

9. 이차방정식 $3x^2+4kx+3=0$이 허근을 가지게 되는 정수 k를 구하여라.

10. 이차부등식 $ax^2+5x+b>0$의 해가 $-\frac{1}{3}<x<\frac{1}{2}$일 때, 상수 a, b의 값을 구하여라.

7.3 절대부등식

7.3.1 절대부등식

(1) 산술평균, 기하평균, 조화평균의 대소 관계: 임의의 양수 a, b에 대하여

$$\frac{a+b}{2} \geq \sqrt{ab} \geq \frac{2ab}{a+b} \text{ (단, 등호는 } a=b\text{일 때 성립)}$$

(2) 코시-슈바르츠 부등식: 모든 실수 a, b, x, y에 대하여

$$(a^2+b^2)(x^2+y^2) \geq (ax+by)^2 \text{ (단, 등호는 } ay=bx\text{일 때 성립)}$$

(3) 삼각 부등식: 모든 실수 a, b에 대하여

$$|a|+|b| \geq |a+b|$$

설명 $x^2+1>0$, $(x+1)^2+1>0$ 등과 같이 모든 실수 x에 대하여 성립하는 부등식을 절대부등식이라 한다.
임의의 양수 a, b에 대하여 $\frac{a+b}{2}$를 두 수의 산술평균, $\sqrt{ab}$를 기하평균, $\frac{2ab}{a+b}$를 조화평균이라 한다.

증명 (1) $\frac{a+b}{2} - \sqrt{ab} = \frac{a+b-2\sqrt{ab}}{2} = \frac{(\sqrt{a})^2+(\sqrt{b})^2-2\sqrt{a}\sqrt{b}}{2}$

$$= \frac{(\sqrt{a}-\sqrt{b})^2}{2} \geq 0$$

$$\therefore \frac{a+b}{2} \geq \sqrt{ab} \quad \cdots\cdots ①$$

$$\sqrt{ab} - \frac{2ab}{a+b} = \frac{\sqrt{ab}(a+b)-2ab}{a+b} = \frac{\sqrt{ab}(a+b-2\sqrt{ab})}{a+b}$$

$$= \frac{\sqrt{ab}(\sqrt{a}-\sqrt{b})^2}{a+b} \geq 0$$

$$\therefore \sqrt{ab} \geq \frac{2ab}{a+b} \quad \cdots\cdots ②$$

①, ②로부터 $\dfrac{a+b}{2} \geq \sqrt{ab} \geq \dfrac{2ab}{a+b}$ (단, 등호는 $a=b$일 때 성립).

(2) $(a^2+b^2)(x^2+y^2)-(ax+by)^2$

$$= a^2x^2+a^2y^2+b^2x^2+b^2y^2-(a^2x^2+2abxy+b^2y^2)$$

$$= a^2y^2+b^2x^2-2(ay)(bx)=(ay-bx)^2 \geq 0$$

$$\therefore (a^2+b^2)(x^2+y^2) \geq (ax+by)^2$$

(단, 등호는 $ay=bx$일 때 성립한다.)

(3) $(|a|+|b|)^2-|a+b|^2=a^2+2|a||b|+b^2-(a^2+2ab+b^2)$

$$= 2(|a||b|-ab) \geq 0$$

$$\therefore (|a|+|b|)^2 \geq |a+b|^2$$

따라서 $|a|+|b| \geq 0$, $|a+b| \geq 0$이므로 $|a|+|b| \geq |a+b|$

예제 7.3.1 부등식 $(a+b)^2 \geq 4ab$ 을 증명하여라.

풀이 $(a+b)^2-4ab=(a^2+2ab+b^2)-4ab=a^2-2ab+b^2=(a-b)^2 \geq 0$

$\therefore (a+b)^2 \geq 4ab$ (단, 등호는 $a=b$일 때 성립한다.)

예제 7.3.2 부등식 $\sqrt{a-b} > \sqrt{a}-\sqrt{b}$ 을 증명하여라. 단, $a>b>0$이다.

풀이 $a>b>0$이므로 양변을 제곱하여 계산하면

$$(\sqrt{a-b})^2-(\sqrt{a}-\sqrt{b})^2=(a-b)-(a-2\sqrt{ab}+b)=2\sqrt{ab}-2b$$

$$= 2\sqrt{b}(\sqrt{a}-\sqrt{b}) > 0$$

$$\therefore (\sqrt{a-b})^2-(\sqrt{a}-\sqrt{b})^2 > 0$$

$$\therefore (\sqrt{a-b})^2 > (\sqrt{a}-\sqrt{b})^2$$

여기에서 $\sqrt{a-b} > 0$, $\sqrt{a}-\sqrt{b} > 0$이므로

$$\sqrt{a-b} > \sqrt{a}-\sqrt{b}$$

예제 7.3.3 $a>0$, $b>0$일 때 $\frac{9b}{a}+\frac{a}{b}$의 최솟값을 구하여라.

풀이 산술평균과 기하평균의 관계에서

$$\frac{9b}{a}+\frac{a}{b}\geq 2\sqrt{\left(\frac{9b}{a}\right)\times\left(\frac{a}{b}\right)}=2\sqrt{9}=6$$

$$\therefore \frac{9b}{a}=\frac{a}{b}\text{일 때 }\frac{9b}{a}+\frac{a}{b}\text{는 최솟값 6을 갖는다.}$$

예제 7.3.4 함수 $y=4^x+4^{-x}$의 최솟값을 구하여라.

풀이 $4^x>0$이므로 산술평균과 기하평균의 관계에서

$$4^x+4^{-x}\geq 2\sqrt{4^x\times 4^{-x}}=2\sqrt{4^{x-x}}=2\sqrt{4^0}=2$$

$$\therefore y=4^x+4^{-x}\text{의 최솟값은 2이다.}$$

이때 $4^x=4^{-x}$이다. 즉, $x=0$일 때 y는 최솟값 2를 갖는다.

예제 7.3.5 함수 $a>0$, $b>0$이고 $a+b=16$일 때 ab의 최댓값을 구하여라.

풀이 산술평균과 기하평균의 관계에서

$$\frac{a+b}{2}\geq\sqrt{ab}$$

$$\frac{16}{2}\geq\sqrt{ab}$$

$$8\geq\sqrt{ab}$$

$$\therefore 64\geq ab$$

따라서 ab의 최댓값은 64이다.

예제 7.3.6 $a>-2$일 때 $a+\frac{9}{a+2}$의 최솟값을 구하여라.

풀이 주어진 식$=a+\frac{9}{a+2}=(a+2)+\frac{9}{a+2}-2$

이다. 여기에서 $a+2>0$이므로 산술평균과 기하평균의 관계에서

$$(a+2)+\frac{9}{a+2}\geq 2\sqrt{(a+2)\times\frac{9}{a+2}}=2\sqrt{9}=2\times 3=6$$

$$\therefore a+\frac{9}{a+2} \text{의 최솟값은 } 6-2=4 \text{이다.}$$

최솟값을 가질 때 $a+2=\dfrac{9}{a+2}$이므로

$$(a+2)^2=9$$
$$a+2=\pm 3$$
$$\therefore a=1 \ (\because a>-2)$$

예제 7.3.7 빗변의 길이가 10인 직각삼각형의 넓이의 최댓값을 구하여라.

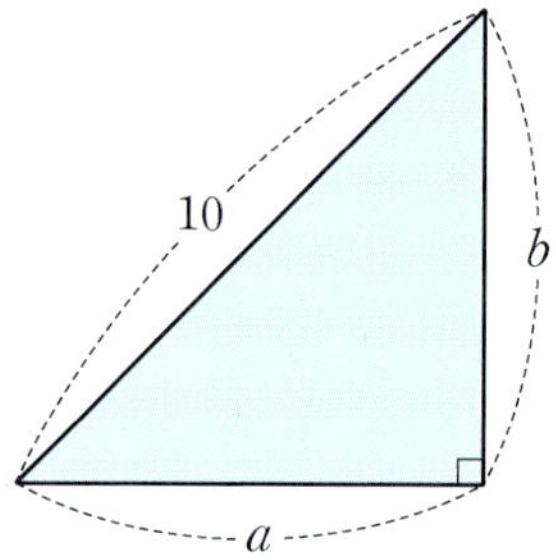

풀이 그림과 같이 직각삼각형의 밑변과 높이를 각각 a, b라고 하면 피타고라스 정리에 의해

$$a^2+b^2=10^2=100$$

이다. 여기에서 변의 길이 $a>0$, $b>0$이므로 산술평균과 기하평균의 관계에서

$$a^2+b^2 \geq 2\sqrt{a^2\times b^2}=2ab$$
$$100 \geq 2ab$$
$$\therefore 50 \geq ab$$

즉, ab의 최댓값은 50이다. 따라서 직각삼각형의 넓이

$$S=\frac{1}{2}ab$$

이므로 넓이의 최댓값 $S_{max}=\dfrac{1}{2}\times 50=25$이다.

예제 7.3.8 실수 x, y에 대하여 $x^2+y^2=2$일 때 $3x+y$의 최댓값과 최솟값을 구하여라.

풀이 코시-슈바르츠 부등식에서

$$(3^2+1^2)(x^2+y^2) \geq (3x+y)^2$$

이다. 여기에서 $x^2+y^2=2$이므로

$$(3^2+1^2)\times 2 \geq (3x+y)^2$$

$$\therefore (3x+y)^2 \leq 20$$

$$\therefore -2\sqrt{5} \leq 3x+y \leq 2\sqrt{5}$$

따라서 $3x+y$의 최댓값은 $2\sqrt{5}$, 최솟값은 $-2\sqrt{5}$이다.

연습문제 7.3

1. $a>0$, $b>0$일 때 부등식 $\sqrt{2(a+b)} \geq \sqrt{a}+\sqrt{b}$을 증명하여라.

2. 함수 $y=3^x+3^{-x}$의 최솟값을 구하여라.

3. $a>0$, $b>0$이고 $a+b=10$일 때 ab의 최댓값을 구하여라.

4. 빗변의 길이가 6인 직각삼각형의 넓이의 최댓값을 구하여라.

5. $a>0$, $b>0$일 때 다음 식의 최솟값을 구하여라.

(1) $a+\dfrac{1}{a}$

(2) $4a+\dfrac{9}{a}$

(3) $(a+b)\left(\dfrac{1}{a}+\dfrac{1}{b}\right)$

(4) $\left(a+\dfrac{1}{b}\right)\left(b+\dfrac{4}{a}\right)$

6. $a>2$일 때 $a+\dfrac{1}{a-2}$의 최솟값을 구하여라.

7. $x>0$일 때 $x+\dfrac{1}{x}+\dfrac{3x}{x^2+1}$의 최솟값을 구하여라.

8. 실수 x, y에 대하여 $x^2+y^2=9$일 때 $3x+4y$의 값의 범위를 구하여라.

9. a, b, c가 양수일 때 $\dfrac{b+c}{a}+\dfrac{c+a}{b}+\dfrac{a+b}{c}$의 최솟값을 구하여라.

10. 함수 $y=4^{x+1}+2^{-2(x-1)}$의 최솟값을 구하여라.

11. $a>0$, $b>0$일 때 $(3a+b)\left(\dfrac{3}{a}+\dfrac{4}{b}\right)$의 최솟값을 구하여라.

제 8 장

함수와 그래프

8.1 일차함수와 이차함수

8.1.1 일차함수와 이차함수

일차함수와 이차함수의 일반식은 각각

$$y = ax + b,\ y = ax^2 + bx + c \quad (a \neq 0)$$

로 쓸 수 있다. $f(x) = c$ (c는 상수)인 상수함수는 $n = 0$인 0차의 다항함수로 볼 수 있다.

8.1.2 일차함수 $y = ax + b$의 그래프의 성질

① 기울기가 a, y절편이 b인 직선

② $a > 0$이면 x값이 증가함에 따라 y값도 증가하는 함수

③ $a < 0$이면 x값이 증가함에 따라 y값은 감소하는 함수

④ $a = 0$이면 $y = b$인 상수함수이고 x축에 평행한 직선

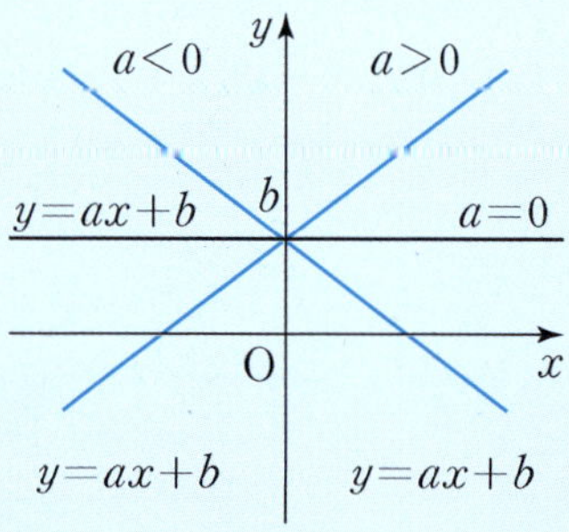

8.1.3 직선의 방정식

(1) 기울기가 a이고 y절편이 b인 직선: $y=ax+b$

(2) x절편이 a이고 y절편이 b인 직선: $\frac{x}{a}+\frac{y}{b}=1 \ (ab \neq 0)$

(3) 기울기가 a이고 점 (x_1, y_1)을 지나는 직선: $y=a(x-x_1)+y_1$

(4) 두 점 (x_1, y_1), (x_2, y_2)을 지나는 직선

① $x_1 \neq x_2$일 때 $y=\frac{y_2-y_1}{x_2-x_1}(x-x_1)+y_1$

② $x_1=x_2$일 때 $x=x_1$ (또는 $x=x_2$)

설명 직선의 일반 방정식은 $y=ax+b$이고 직선 위의 두 점을 잇는 선분의 기울기가 일정하다는 것을 알면 직선의 방정식을 모두 구할 수 있다. 두 점 (x_1, y_1), (x_2, y_2)을 지나는 직선인 경우, 직선 위의 임의의 점을 (x, y)라고 하면 두 점 (x_1, y_1), (x_2, y_2)을 잇는 선분의 기울기는

$$\frac{y_2-y_1}{x_2-x_1} \quad (x_1 \neq x_2)$$

이고 두 점 (x_1, y_1), (x, y)를 잇는 선분의 기울기는

$$\frac{y-y_1}{x-x_1}$$

이므로

$$\frac{y-y_1}{x-x_1}=\frac{y_2-y_1}{x_2-x_1}$$

이다. 이 식으로부터 직선의 방정식

$$y=\frac{y_2-y_1}{x_2-x_1}(x-x_1)+y_1$$

이 구해진다.

예 (1) 기울기가 2이고 y절편이 1인 직선: $y=2x+1$

(2) x절편이 -2이고 y절편이 2인 직선: $\frac{x}{-2}+\frac{y}{2}=1$에서 $y=x+2$

(3) 기울기가 2이고 점 $(1,2)$를 지나는 직선: $y=2(x-1)+2=2x$

(4) 두 점 $(1, 2)$, $(3, 4)$를 지나는 직선:

$$y=\frac{y_2-y_1}{x_2-x_1}(x-x_1)+y_1=\frac{4-2}{3-1}(x-1)+2=x+1$$

예제 8.1.1 다음 직선의 방정식을 구하고 두 직선과 x축이 이루는 삼각형의 면적을 구하여라.

(1) x절편이 -1, y절편이 2인 직선

(2) 기울기가 -1이고 점 $(1, 1)$을 지나는 직선

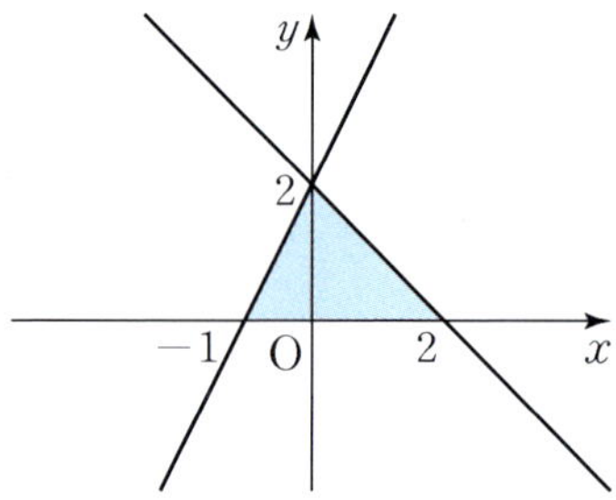

풀이 (1) $\frac{x}{-1}+\frac{y}{2}=1$에서 직선의 방정식은 $y=2x+2$이다.

(2) 직선의 방정식은 $y=-1\times(x-1)+1=-x+2$

그래프에서 삼각형의 면적$=\frac{1}{2}ah=\frac{1}{2}\{2-(-1)\}\times 2=3$

8.1.4 이차함수의 그래프

(1) $y=ax^2$의 그래프:

① 꼭짓점: 원점 $(0, 0)$

② 대칭축: $x=0$

③ $a>0$이면 아래로 볼록(∪)

$a<0$이면 위로 볼록(∩)

④ $|a|$가 클수록 폭이 좁다.

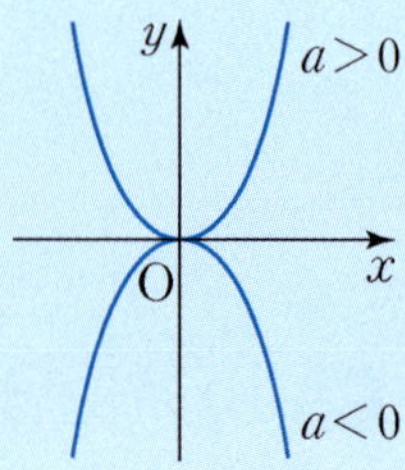

(2) $y=a(x-m)^2+n$의 그래프: $y=ax^2$의 그래프를 x축의 방향으로 m만큼, y축의 방향으로 n만큼 평행이동한 그래프

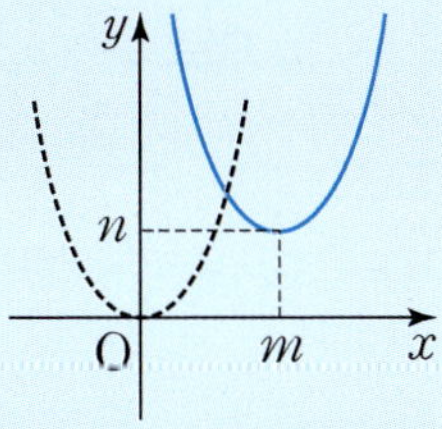

① 꼭짓점: (m, n)

② 대칭축: $x=m$

(3) $y=ax^2+bx+c$의 그래프

$$y=ax^2+bx+c=a\left(x+\frac{b}{2a}\right)^2+\frac{-b^2+4ac}{4a}$$

① 꼭짓점: $\left(-\frac{b}{2a}, \frac{-b^2+4ac}{4a}\right)$

② 대칭축: $x=-\frac{b}{2a}$

예 $y=2x^2+4x+5$의 꼭짓점, 대칭축:

$$y=2x^2+4x+5=2(x^2+2x+1-1)+5=2(x+1)^2-2+5$$
$$=2(x+1)^2+3$$

$\therefore$ 꼭짓점 $(-1, 3)$, 대칭축 $x=-1$

예제 8.1.2 이차함수 $y=x^2-4x+3$의 꼭짓점, 대칭축, x절편, y절편을 구하고 그래프를 그려라.

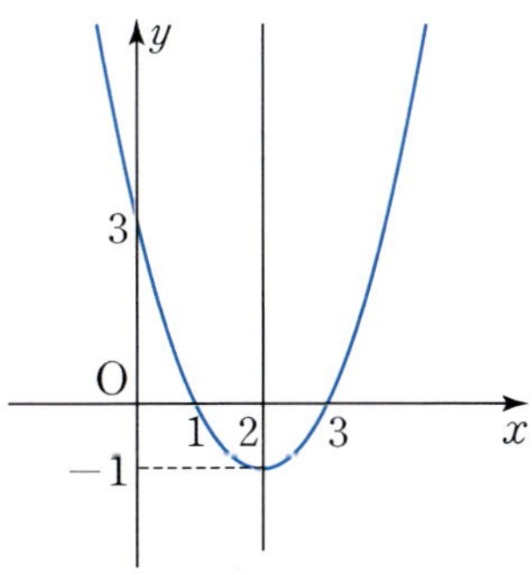

풀이 주어진 함수는

$$y=x^2-4x+3=(x-2)^2-1$$

이므로 꼭짓점은 $(2,\ -1)$, 대칭축은 $x=2$이다. x절편은 $y=0$일 때의 x좌표이므로

$$x^2-4x+3=0$$
$$(x-1)(x-3)=0$$
$$\therefore x=1,\ 3$$

이고, $x=0$을 주어진 함수에 대입하면 y절편은 $y=3$이다.

8.1.5 그래프의 평행이동

$y=f(x)$의 그래프를 x축 방향으로 m만큼, y축 방향으로 n만큼 평행이동한 그래프의 방정식은 $y-n=f(x-m)$이다.

예제 8.1.3 이차함수 $y=x^2+2x+3$의 그래프를 x축 방향으로 2, y축 방향으로 3만큼 평행이동한 이차함수의 방정식을 구하여라.

풀이 주어진 함수에 x 대신 $x-2$, y 대신 $y-3$을 대입하면 다음과 같이 평행이동한 함수의 방정식이 얻어진다.

$$y-3=(x-2)^2+2(x-2)+3$$
$$\therefore y=x^2-2x+6$$

예제 8.1.4 $0\le x\le 3$에서 $y=x^2-2x+2$의 최댓값과 최솟값을 구하여라.

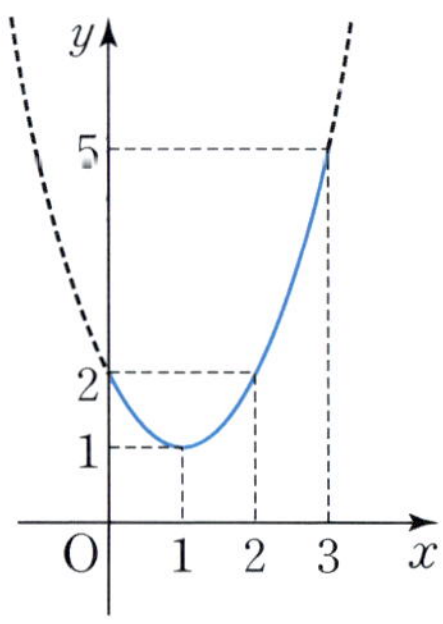

풀이 주어진 함수는

$$y=x^2-2x+2=(x-1)^2+1$$

이므로 꼭짓점의 좌표는 $(1, 1)$이다. 꼭짓점의 x좌표가 $0 \le x \le 3$에 포함되므로 최솟값은 1이다. 그리고 구간의 끝 점에서의 값은

$$x = 0 \text{일 때 } y = 2$$
$$x = 3 \text{일 때 } y = 5$$

이므로 최솟값과 최댓값은 다음과 같다.

$$x = 1 \text{일 때 최솟값 } y = 1$$
$$x = 3 \text{일 때 최댓값 } y = 5$$

예제 8.1.5 $y = x^2 + kx + 1$의 그래프가 다음 조건을 만족하도록 상수 k의 값의 범위를 구하여라.

(1) x축과 서로 다른 두 점에서 만난다.

(2) x축에 접한다.

(3) x축과 만나지 않는다.

풀이 x축은 $y = 0$이므로 그래프가 x축과 만나는 점의 x좌표는 $x^2 + kx + 1 = 0$의 근이 된다.

(1) $D = k^2 - 4 = (k-2)(k+2) > 0$에서 $k < -2$ 또는 $k > 2$

(2) $D = 0$에서 $k = -2,\ 2$

(3) $D < 0$에서 $-2 < k < 2$

예제 8.1.6 포물선 $y = x^2 + 2x + 1$과 직선 $y = -x + k$가 서로 다른 두 점에서 만날 때 상수 k의 값의 범위를 구하여라.

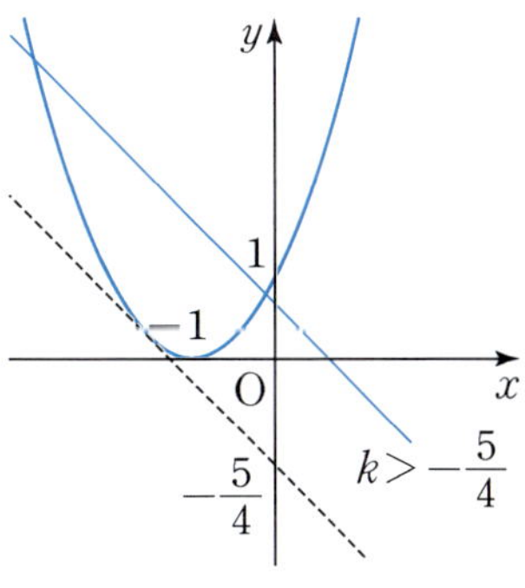

풀이 교점의 x좌표는 두 식을 연립하여 풀면

$$x^2+2x+1=-x+k$$
$$\therefore x^2+3x+1-k=0 \quad \cdots (*)$$

의 근이다. 서로 다른 두 점에서 만나기 위해서는 식 $(*)$가 두 개의 서로 다른 실근을 가져야 한다. 따라서 판별식을 이용하면 다음과 같이 상수 k의 범위가 구해진다.

$$D=9-4(1-k)>0$$
$$\therefore k>-\frac{5}{4}$$

예제 8.1.7 이차함수 $y=f(x)$의 그래프가 그림과 같을 때 $f(x+3)=0$의 근을 구하여라.

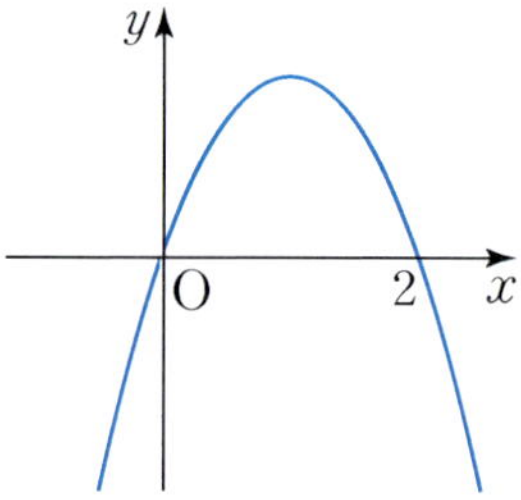

풀이 $y=f(x)$의 그래프가 x축과 만나는 점의 x좌표가 0, 2이므로 $f(x)=0$의 두 근이 $x=0, 2$이다. 따라서

$$f(x)=ax(x-2) \quad (a \neq 0\text{인 상수})$$

이므로

$$f(x+3)=a(x+3)(x+3-2)=a(x+3)(x+1)$$

이 된다. 따라서 $f(x+3)=0$의 두 근은 -3, -1이다.

연습문제 8.1

1. 다음 직선의 방정식을 구하고 그래프를 그려라.

(1) 기울기가 -2이고 y절편이 1인 직선

(2) x절편이 2이고 y절편이 3인 직선

(3) 기울기가 2이고 점 $(2, 3)$을 지나는 직선

(4) 두 점 $(-2, 1)$, $(3, 6)$을 지나는 직선

2. 다음 이차함수의 꼭짓점과 대칭축을 구하고 그래프를 그려라.(x축, y축과 만나는 그래프는 교점의 좌표를 표시할 것.)

(1) $y=x^2-4$

(2) $y=-x^2+9$

(3) $y=x^2-3x+3$

(4) $y=-x^2+4x-5$

3. 일차함수 $y=ax+4$의 그래프와 x축, y축으로 둘러싸인 부분의 넓이가 4일 때 상수 a의 값을 구하여라.

4. 세 점 $(-1, 4)$, $(0, 1)$, $(a, -5)$가 일직선 위에 있을 때 a의 값을 구하여라.

5. 일차함수 $y=2x+3$의 그래프를 y축 방향으로 n만큼 평행이동하면 점 $(-2, 3)$을 지난다. n의 값을 구하여라.

6. 일차함수 $y=ax+2$의 그래프는 $y=3x+1$의 그래프와 평행하고 점 $(1, b)$를 지난다. a, b의 값을 구하여라.

7. $y=ax^2$의 그래프가 점 $(-2, 16)$과 점 $(3, b)$를 지날 때 a, b의 값을 구하여라.

8. 이차함수 $y=-2x^2$의 그래프와 x축에 대하여 대칭인 그래프가 점 $(-3, k)$를 지날 때 k의 값을 구하여라.

9. 다음 이차함수의 최댓값과 최솟값을 구하여라.

(1) $y=-x^2+2x+3 \ (0 \le x \le 3)$

(2) $y=x^2+2x+2 \ (-3 \le x \le 0)$

10. 이차함수 $y=x^2+bx+c$의 그래프를 x축 방향으로 1, y축 방향으로 2만큼 평행이동한 식이 $y=x^2+4x+2$일 때 상수 b, c의 값을 구하여라.

11. 포물선 $y=-x^2+2x+2$와 직선 $y=kx+3$이 서로 다른 두 점에서 만날 때 k의 값의 범위를 구하여라.

12. 포물선 $y=x^2+2x$와 직선 $y=kx-2$과 만나지 않도록 k의 값의 범위를 구하여라.

13. $y=ax^2$의 그래프를 x축 방향으로 m, y축 방향으로 n만큼 평행이동한 그래프의 방정식이 $y=-2(x-3)^2+4$일 때 $a+m+n$의 값을 구하여라.

14. 이차함수 $y=x^2-2x-3$의 그래프가 x축과 만나는 점을 A, B라 하고 꼭짓점의 좌표를 C라 할 때, 세 점을 연결하여 만들어지는 $\triangle ABC$의 넓이를 구하여라.

15. $y=-x^2+8$의 그래프와 $y=ax^2+bx+2$의 교점을 지나는 직선의 방정식이 $y=-x+6$일 때 상수 a, b의 값을 구하여라.

16. 이차함수 $y=-x^2+2(1-a)x+3$이 $x=2$에서 최댓값을 가질 때 그 최댓값을 구하여라. 단, a는 상수이다.

17. 지면에서 $v=40\text{m/s}$의 속도로 연직 위로 쏘아올린 물체의 t초 후의 높이(h)는 $h=-5t^2+40t(\text{m})$이다. 이 물체가 올라갈 수 있는 최고 높이를 구하여라.

18. 다음과 같이 주어지는 함수 $M(x)$의 최댓값을 구하여라. 상수 $w>0$, $L>0$이다.

$$M(x)=\frac{3wL}{8}x-\frac{w}{2}x^2 \ (0 \le x \le L/2)$$

8.2 유리함수와 무리함수

8.2.1 분수함수와 유리함수

(1) 분수함수: 함수 $y=f(x)$에서 $f(x)$가 x에 대한 분수식으로 나타내어진 함수를 분수함수라 한다.

(2) 유리함수: 다항함수와 분수함수를 통틀어 유리함수라 한다.

예 분수함수: $y=\dfrac{4}{2x+3}$, $y=\dfrac{x-4}{-3x+5}$

8.2.2 $y=\dfrac{k}{x}$ $(k\neq 0)$의 그래프

(1) 정의역과 치역은 0을 제외한 실수 전체의 집합이다.

(2) 점근선은 x축$(y=0)$과 y축$(x=0)$이다.

(3) 원점$(0, 0)$에 대하여 대칭인 직각쌍곡선이다.

(4) $k>0$이면 그래프는 제1사분면과 제3사분면에 있고, $k<0$이면 그래프는 제2사분면과 제4사분면에 있다.

(5) $|k|$의 값이 클수록 그래프는 원점에서 멀어진다.

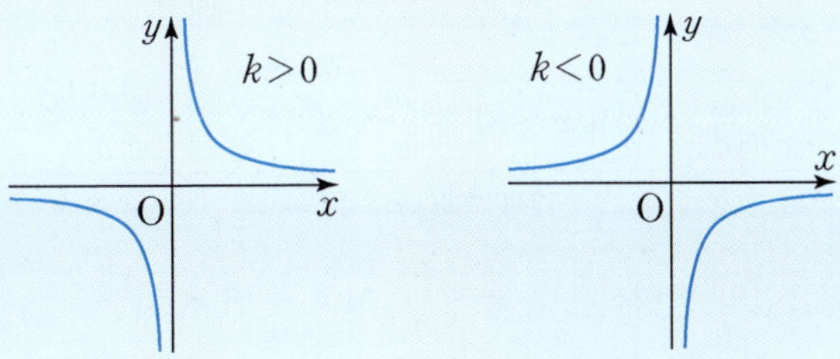

❖ 곡선 $y=f(x)$ 위의 점이 원점에서 멀어질수록 일정한 직선에 한없이 가까워질 때이 직선을 점근선이라 한다.

8.2.3 $y=\dfrac{k}{x-m}+n\ (k\neq 0)$의 그래프

(1) 정의역은 $\{x\,|\,x\neq m$인 모든 실수$\}$, 치역은 $\{y\,|\,y\neq n$인 모든 실수$\}$

(2) $y=\dfrac{k}{x}$의 그래프를 x축 방향으로 m만큼, y축 방향으로 n만큼 평행이동한 그래프이다.

(3) 점근선은 $x=m$, $y=n$

(4) 점 (m, n)에 대하여 대칭인 직각쌍곡선이다.

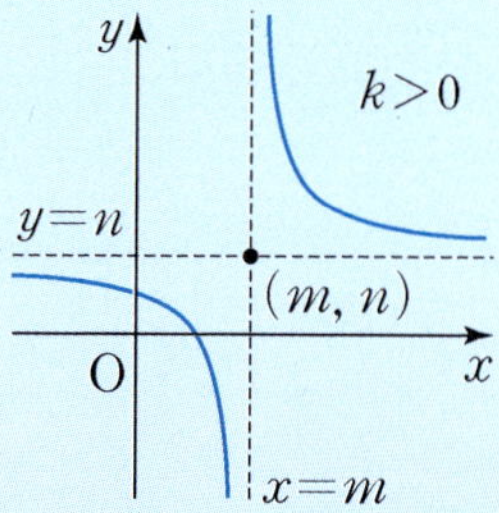

8.2.4 $y=\dfrac{cx+d}{ax+b}\ (a\neq 0,\ ad-bc\neq 0)$의 그래프

분자를 분모로 나누어서 $y=\dfrac{k}{x-m}+n$의 꼴로 변형한다.

점근선의 방정식은 $x=-\dfrac{b}{a}$, $y=\dfrac{c}{a}$

증명 $y=\dfrac{cx+d}{ax+b}=\dfrac{\frac{c}{a}(ax+b)-\frac{bc}{a}+d}{ax+b}=\dfrac{c}{a}+\dfrac{\frac{ad-bc}{a}}{ax+b}=\dfrac{c}{a}+\dfrac{\frac{ad-bc}{a^2}}{x+\frac{b}{a}}$

$\therefore$ 점근선의 방정식은 $x=-\dfrac{b}{a}$, $y=\dfrac{c}{a}$이다.

예 함수 $\dfrac{x+2}{3x+4}$ 의 점근선의 방정식은 $x=-\dfrac{b}{a}=-\dfrac{4}{3}$, $y=\dfrac{c}{a}=\dfrac{1}{3}$ 이다.

8.2.5 분수함수의 역함수

분수함수 $f(x)=\dfrac{cx+d}{ax+b}$ 의 역함수 $f^{-1}(x)=\dfrac{-bx+d}{ax-c}$

증명 $y=\dfrac{cx+d}{ax+b}$ 에서 x를 구한다.

$$(ax+b)y=cx+d$$

x에 대해 정리하면

$$(ay-c)x=-by+d$$

$$\therefore x=\frac{-by+d}{ay-c}$$

여기에서 x와 y를 바꾸면

$$y=\frac{-bx+d}{ax-c}$$

$$\therefore f^{-1}(x)=\frac{-bx+d}{ax-c}$$

예 함수 $f(x)=\dfrac{x+2}{3x+4}$ 의 역함수 $f^{-1}(x)=\dfrac{-4x+2}{3x-1}$

8.2.6 무리함수

(1) 무리함수: 함수 $y=f(x)$에서 $f(x)$가 x에 대한 무리식일 때 이 함수를 무리함수라 한다.

(2) 무리함수의 정의역: 무리함수의 정의역이 제시되지 않은 경우에는 근호 안의 함숫값이 0 또는 양이 되게 하는 실수 전체의 집합을 정의역으로 한다.

예 무리함수 $y=\sqrt{x-1}$ 의 정의역은 $x-1\geq 0$에서 $x\geq 1$

8.2.7 무리함수 $y=\pm\sqrt{kx}$ $(k\neq 0)$의 그래프

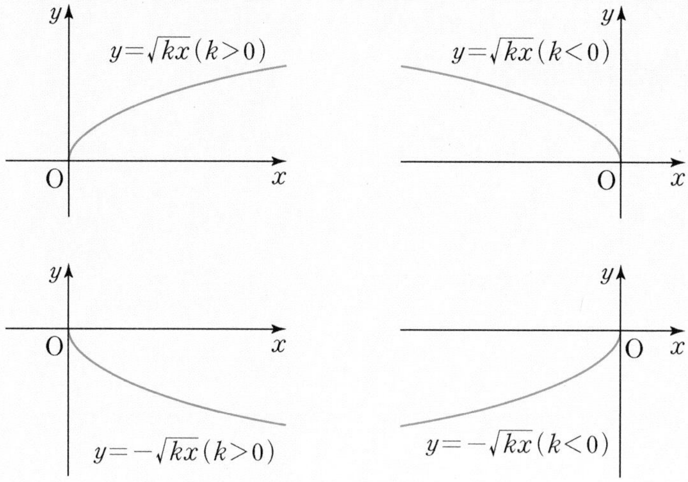

8.2.8 무리함수 $y=\pm\sqrt{k(x-m)}+n$의 그래프

(1) $y=\sqrt{k(x-m)}+n$의 그래프는 $y=\sqrt{kx}$ 의 그래프를 x축 방향으로 m만큼, y축 방향으로 n만큼 평행이동한 그래프이다.

① $k>0$일 때 정의역은 $\{x|x\geq m\}$, 치역은 $\{y|y\geq n\}$

② $k<0$일 때 정의역은 $\{x|x\leq m\}$, 치역은 $\{y|y\geq n\}$

(2) $y=-\sqrt{k(x-m)}+n$의 그래프는 $y=-\sqrt{kx}$ 의 그래프를 x축 방향으로 m만큼, y축 방향으로 n만큼 평행이동한 그래프이다.

① $k>0$일 때 정의역은 $\{x|x\geq m\}$, 치역은 $\{y|y\leq n\}$

② $k<0$일 때 정의역은 $\{x|x\leq m\}$, 치역은 $\{y|y\leq n\}$

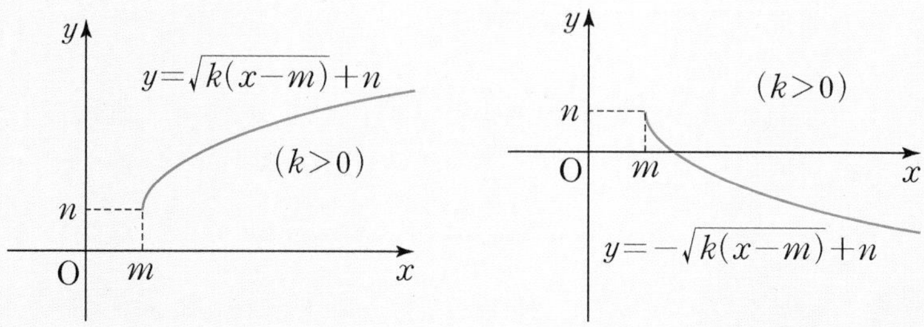

8.2.9 무리함수 $y=\pm\sqrt{ax+b}+c$의 그래프

$y=\pm\sqrt{ax+b}+c=\pm\sqrt{a\left(x+\frac{b}{a}\right)}+c$이므로 $y=\sqrt{ax+b}+c$와 $y=-\sqrt{ax+b}+c$의 그래프는 $y=\sqrt{ax}$와 $y=-\sqrt{ax}$ 그래프를 각각 x축 방향으로 $-\frac{b}{a}$만큼, y축 방향으로 c만큼 평행이동한 그래프이다.

예제 8.2.1 분수함수 $y=\frac{2x-1}{x-1}$의 정의역, 치역, 점근선의 방정식을 구하고 그래프를 그려라.

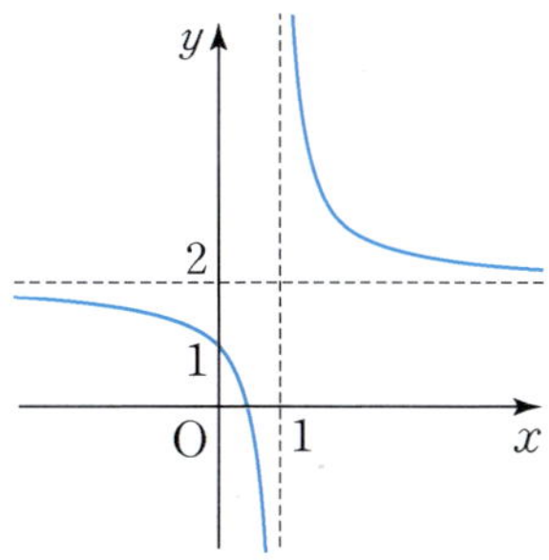

풀이 주어진 함수는

$$y=\frac{2x-1}{x-1}=\frac{2(x-1)+1}{x-1}=2+\frac{1}{x-1}$$

정의역은 $\{x\,|\,x\neq 1$인 실수$\}$, 치역은 $\{y\,|\,y\neq 2$인 실수$\}$이고, 점근선의 방정식은 $x=1$, $y=2$이다.

예제 8.2.2 $y=\frac{3x+2}{x+1}$의 그래프를 x축 방향으로 2만큼, y축 방향으로 3만큼 평행이동한 그래프의 방정식을 구하여라.

풀이 주어진 함수에 x 내신 $x-2$, y 내신 $y-3$을 내입하면 나음과 같이 평행이동한 그래프의 방정식이 얻어진다.

$$y-3=\frac{3(x-2)+2}{(x-2)+1}=\frac{3x-4}{x-1}$$

$$\therefore y = \frac{3x-4}{x-1} + 3 = \frac{3(x-1)-1}{x-1} + 3 = -\frac{1}{x-1} + 6$$

예제 8.2.3 $y = \dfrac{4x+5}{2x+3}$의 역함수를 구하여라.

풀이 먼저 주어진 함수에서 x를 구한다.

$$\begin{aligned} y &= \frac{4x+5}{2x+3} \\ (2x+3)y &= 4x+5 \\ (2y-4)x &= -3y+5 \\ \therefore x &= \frac{-3y+5}{2y-4} \end{aligned}$$

이 식에서 x와 y를 바꾸면 역함수는 $y = \dfrac{-3x+5}{2x-4}$이다.

예제 8.2.4 $y = \sqrt{2x-4}+1$의 정의역과 치역을 구하고 그래프를 그려라.

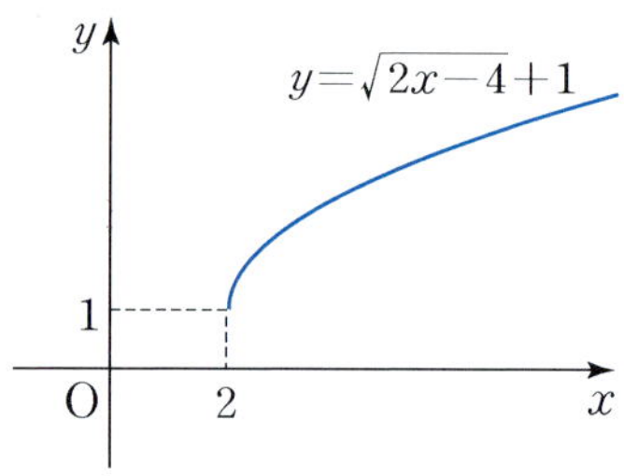

풀이 근호 안의 값이 0보다 크거나 같아야 하므로

$$\begin{aligned} 2x-4 &\ge 0 \\ \therefore x &\ge 2 \end{aligned}$$

따라서 정의역은 $\{x \mid x \ge 2\}$이고 치역은 $\{y \mid y \ge 1\}$이다.

$$y = \sqrt{2x-4}+1 = \sqrt{2(x-2)}+1$$

이므로 그림과 같이 $y = \sqrt{2x}$ 의 그래프를 x축 방향으로 2만큼, y축 방향으로 1만큼 평행이동한 그래프이다.

예제 8.2.5 $y=\sqrt{x-1}+2$의 역함수와 역함수의 정의역과 치역을 구하여라.

풀이 먼저 주어진 함수에서 x를 구한다.

$$y=\sqrt{x-1}+2$$
$$y-2=\sqrt{x-1}$$
$$(y-2)^2=x-1$$
$$\therefore x=(y-2)^2+1$$

여기에서 x와 y를 바꾸면 역함수는

$$y=(x-2)^2+1$$

이다. 주어진 함수 $y=\sqrt{x-1}+2$의 정의역은 $x-1\geq 0$에서 $\{x|x\geq 1\}$, 치역은 $\{y|y\geq 2\}$이고, 역함수의 정의역과 치역은 각각 원래 함수의 치역과 정의역이므로 역함수의 정의역은 $\{x|x\geq 2\}$, 치역은 $\{y|y\geq 1\}$이다.

연습문제 8.2

1. 다음 분수함수의 점근선의 방정식을 구하고 그래프를 그려라.

(1) $y=\dfrac{x+3}{x+2}$　　(2) $y=\dfrac{4x+5}{2x+3}$

2. 다음 함수의 역함수를 구하여라.

(1) $y=\dfrac{3x+4}{5x+1}$　　(2) $y=\dfrac{2}{2x+1}+1$

3. 다음 함수의 정의역과 치역을 구하고 그래프를 그려라.

(1) $y=\sqrt{x-3}+2$　　(2) $y=\sqrt{2-x}+3$

4. 다음 함수의 역함수와 역함수의 정의역과 치역을 구하여라.

(1) $y=\sqrt{x-2}$　　(2) $y=\sqrt{x+2}+1$

5. 함수 $y=\sqrt{x+2}$ 의 그래프와 $y=x+k$의 그래프가 접할 때 상수 k의 값을 구하여라.

6. 함수 $y=\sqrt{2x+4}+3$의 그래프는 $y=\sqrt{2x}$ 의 그래프를 x축 방향으로 m만큼, y축 방향으로 n만큼 평행이동한 것이다. 상수 m과 n의 값을 구하여라.

7. $y=\dfrac{x-2}{3x+4}$의 그래프를 x축의 방향으로 -2만큼, y축의 방향으로 3만큼 평행이동한 그래프의 방정식을 구하여라.

8. 함수 $y=\dfrac{cx+d}{x+b}$의 그래프가 점 $(1,2)$에 대하여 대칭이고 점 $(-1,1)$을 지날 때 상수 b, c, d의 값을 구하여라.

9. 함수 $y=\dfrac{3x+a}{x+2}$의 그래프를 평행이동하여 $y=-\dfrac{4}{x}$의 그래프와 겹쳐질 수 있을 때, 상수 a의 값을 구하여라.

8.3 원의 방정식

8.3.1 원의 방정식

(1) 원의 방정식의 표준형: 중심이 $(a,\ b)$이고 반지름의 길이가 r인 원의 방정식은 다음과 같다.

$$(x-a)^2+(y-b)^2=r^2$$

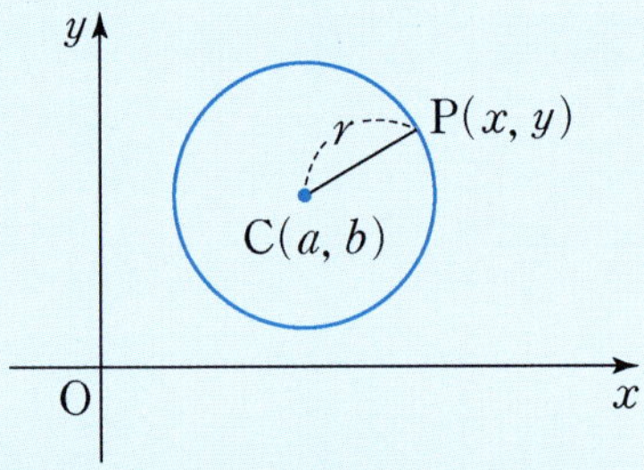

(2) 원의 방정식의 일반형: 방정식

$$x^2+y^2+Ax+By+C=0 \ (\text{단, } A^2+B^2-4C>0)$$

은 중심이 $\left(-\frac{A}{2},\ -\frac{B}{2}\right)$이고, 반지름의 길이가 $\frac{\sqrt{A^2+B^2-4C}}{2}$인 원을 나타낸다.

❖ '반지름의 길이'를 줄여서 '반지름'이라고 한다.

설명 (1) 평면 위의 한 정점으로부터 일정한 거리에 있는 점의 집합을 원이라 한다. 여기에서 고정된 정점을 원의 중심, 일정한 거리를 원의 반지름의 길이라 한다. 중심이 점 $\mathrm{C}(a,\ b)$이고, 반지름의 길이가 r인 원 위의 임의의 점을 $\mathrm{P}(x,\ y)$라 하면 $\overline{\mathrm{CP}}=r$에서

$$\sqrt{(x-a)^2+(y-b)^2}=r$$

이고 이 식을 제곱하면

$$(x-a)^2+(y-b)^2=r^2$$

이다.

(2) 방정식 $x^2+y^2+Ax+By+C=0$는

$$x^2+Ax+\left(\frac{A}{2}\right)^2+y^2+By+\left(\frac{B}{2}\right)^2=\left(\frac{A}{2}\right)^2+\left(\frac{B}{2}\right)^2-C$$

$$\therefore \left(x+\frac{A}{2}\right)^2+\left(y+\frac{B}{2}\right)^2=\frac{A^2+B^2-4C}{4}$$

이므로 $A^2+B^2-4C>0$이면

$$\text{중심 } \left(-\frac{A}{2}, -\frac{B}{2}\right), \text{ 반지름 } r=\frac{\sqrt{A^2+B^2-4C}}{2}$$

인 원이 된다.

예제 8.3.1 중심이 $(1, -2)$이고 반지름이 3인 원의 방정식을 구하여라.

풀이 주어진 원의 방정식은

$$(x-1)^2+[y-(-2)]^2=3^2$$

$$\therefore (x-1)^2+(y+2)^2=9$$

이다.

예제 8.3.2 중심이 $(-2, 3)$이고 점 $(-4, 5)$를 지나는 원의 방정식을 구하여라.

풀이 중심이 $(-2, 3)$이므로 반지름을 r로 하면 원의 방정식은

$$(x+2)^2+(y-3)^2=r^2$$

이고, 점 $(-4, 5)$를 지나므로

$$(-4+2)^2+(5-3)^2=r^2$$

$$\therefore r^2=8$$

이다. 따라서 구하는 원의 방정식은

$$(x+2)^2+(y-3)^2=8$$

이다.

예제 8.3.3 두 점 A$(-2, 3)$, B$(4, -7)$을 지름의 양 끝점으로 하는 원의 방정식을 구하여라.

풀이 두 점 A, B가 지름의 양 끝점이므로 선분 $\overline{AB}$ 의 중점은 원의 중심이 된다. 중점의 좌표를 C(a, b)라 하면

$$a=\frac{-2+4}{2}=1, \ b=\frac{3-7}{2}=-2$$

이고 원의 중심은 C$(1, -2)$이다. 또 반지름

$$r=\frac{\overline{AB}}{2}=\overline{AC}=\sqrt{(-2-1)^2+(3+2)^2}=\sqrt{34}$$

이므로 구하는 원의 방정식은

$$(x-1)^2+(y+2)^2=34$$

이다.

❖ 좌표 평면 위의 두 점 A(x_1, y_1), B(x_2, y_2)를 잇는 선분 $\overline{AB}$ 의 중점의 좌표는 C$\left(\frac{x_1+x_2}{2}, \frac{y_1+y_2}{2}\right)$이고, 두 점 사이의 거리 $\overline{AB}=\sqrt{(x_2-x_1)^2+(y_2-y_1)^2}$ 이다.

예제 8.3.4 방정식 $x^2+y^2-6x+4y+3=0$이 나타내는 원의 중심과 반지름을 구하여라.

풀이 $x^2+y^2-6x+4y+3=0$에서

$$(x^2-6x+9)+(y^2+4y+4)=-3+9+4$$
$$\therefore (x-3)^2+(y+2)^2=(\sqrt{10})^2$$

이므로 원의 중심은 $(3, -2)$이고 반지름은 $\sqrt{10}$ 이다.

예제 8.3.5 세 점 $(0,0)$, $(-1,1)$, $(-2,1)$을 지나는 원의 방정식을 구하여라.

풀이 구하는 원의 방정식을

$$x^2+y^2+Ax+By+C=0 \quad \cdots\cdots (*)$$

이라 하면 $(*)$는 세 점 $(0,0)$, $(-1,1)$, $(-2,1)$을 지나므로

$$C=0,\ 2-A+B+C=0,\ 5-2A+B+C=0$$
$$\therefore A=3,\ B=1,\ C=0$$

이다. 따라서 구하는 원의 방정식은

$$x^2+y^2+3x+y=0$$

이다.

예제 8.3.6 무리함수 $y=\sqrt{16-x^2}$ 의 그래프를 그려라.

풀이 $y=\sqrt{16-x^2}$ 의 양변을 제곱하면

$$y^2=16-x^2$$
$$\therefore x^2+y^2=4^2 \quad \cdots\cdots (*)$$

이다. 방정식 $(*)$의 그래프는 중심이 $(0,0)$이고 반지름이 4인 원이다. 그런데 함수 $y=\sqrt{16-x^2}$ 의 치역 $y\geq 0$이므로 주어진 함수의 그래프는 그림의 실선과 같은 반원이 된다.

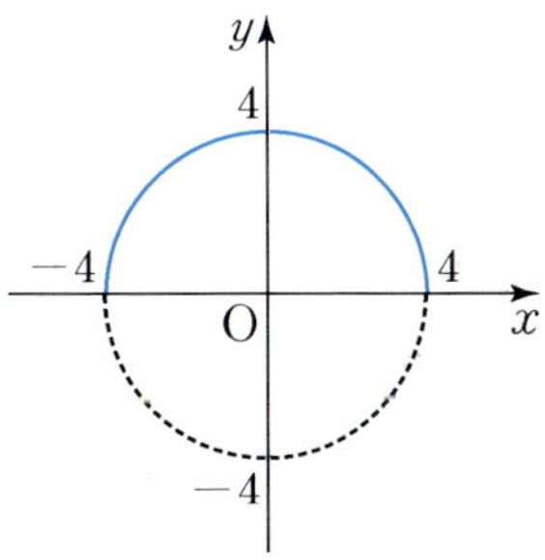

[참고] **타원의 방정식**

평면 위의 두 정점에서의 거리의 합이 일정한 점의 자취를 타원이라 하고, 두 정점을 타원의 초점이라 한다.

(1) 두 초점 $F(k, 0)$, $F'(-k, 0)$에서의 거리의 합이 $2a$인 타원의 방정식은 $\frac{x^2}{a^2}+\frac{y^2}{b^2}=1$ $(a>b>0,\ k^2=a^2-b^2)$이다. 이때 x절편은 $\pm a$, y절편은 $\pm b$이고 장축의 길이는 $2a$, 단축의 길이는 $2b$가 된다.

(2) 두 초점 $F(0, k)$, $F'(0, -k)$에서의 거리의 합이 $2b$인 타원의 방정식은 $\frac{x^2}{a^2}+\frac{y^2}{b^2}=1$ $(b>a>0,\ k^2=b^2-a^2)$이다. 이때 장축의 길이는 $2b$, 단축의 길이는 $2a$가 된다.

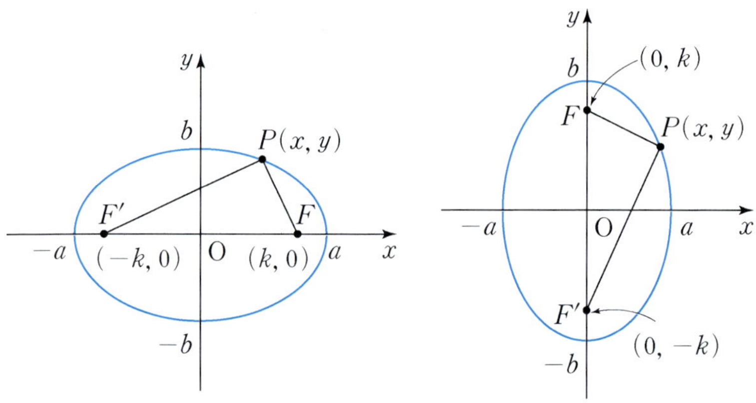

연습문제 8.3

1. 다음 조건을 만족하는 원의 방정식을 구하여라.

(1) 중심이 $(-2, 3)$, 반지름이 4인 원

(2) 원점$(0, 0)$이 중심이고, 반지름이 r인 원

2. 중심이 $(2, 1)$이고 x축에 접하는 원의 방정식을 구하여라.

3. 중심이 $(2, 1)$이고 y축에 접하는 원의 방정식을 구하여라.

4. 중심이 $(2, 3)$이고 원점$(0, 0)$을 지나는 원의 방정식을 구하여라.

5. 다음 방정식이 나타내는 원의 중심과 반지름을 구하여라.

(1) $x^2 + y^2 - 2x + 4y = 0$

(2) $2x^2 + 2y^2 + 8x - 4y + 1 = 0$

6. 방정식 $x^2 + y^2 + Ax + By + C = 0$이 중심이 $(1, -2)$이고 반지름이 4인 원을 나타낼 때 A, B, C의 값을 구하여라.

7. 중심이 $(-2, 3)$이고 점 $(1, 4)$를 지나는 원의 방정식을 구하여라.

8. 두 점 $(2, -1)$, $(4, 3)$을 지름의 양 끝점으로 하는 원의 방정식을 구하여라.

9. 중심이 x 축 위에 있고, 두 점 $(0, 1)$, $(2, -3)$을 지나는 원의 방정식을 구하여라.

❖ 중심의 좌표는 $(a, 0)$이다.

10. 세 점 $(1, 0)$, $(1, 1)$, $(2, -1)$을 지나는 원의 방정식을 구하여라.

11. 원 $x^2 + y^2 - 2x + 4y = 0$과 중심이 같고 x축에 접하는 원의 넓이를 구하여라.

제 9 장

삼각함수

9.1 피타고라스 정리

9.1.1 피타고라스 정리

(1) 직각삼각형에서 직각을 낀 두 변의 길이를 각각 a, b라 하고 빗변의 길이를 c라고 하면 세 변의 길이 사이에는 다음 관계식이 성립한다.

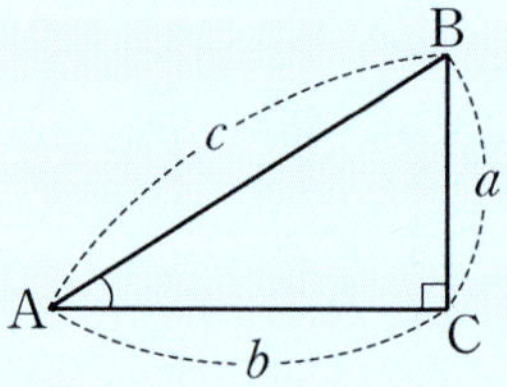

$$a^2+b^2=c^2$$

(2) 직각 삼각형에서 두 변이 주어지면 나머지 한 변은 다음 관계식으로 구할 수 있다.

$$a=\sqrt{c^2-b^2},\ b=\sqrt{c^2-a^2},\ c=\sqrt{a^2+b^2}$$

증명 직각삼각형 ABC의 두 변 AC와 BC를 각각 연장하여 한 변의 길이가 $a+b$인 정사각형 CDFH를 만든다. 이때 정사각형 ABEG의 넓이는 정사각형 CDFH의 넓이에서 4개의 직각삼각형 넓이를 뺀 것과 같다.

$$c^2=(a+b)^2-4\times\left(\frac{1}{2}ab\right)$$

$$\therefore c^2=a^2+b^2$$

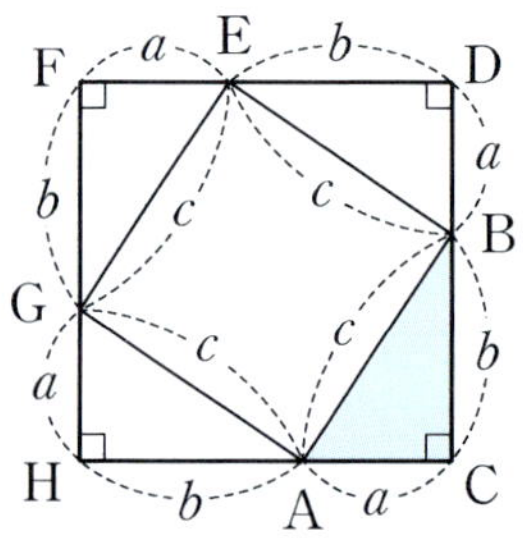

예제 9.1.1 그림과 같은 직각삼각형에서 x, y의 값을 구하여라.

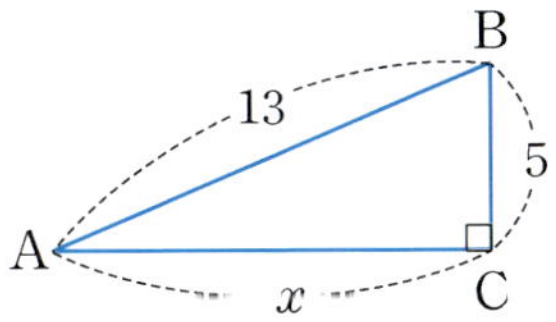

(1)

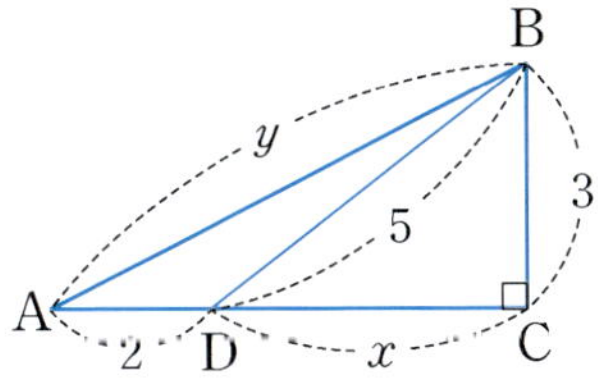

(2)

풀이 (1) 삼각형 ABC에서 피타고라스 정리를 적용하면

$$x^2+5^2=13^2$$
$$\therefore x=\sqrt{13^2-5^2}=\sqrt{144}=12$$

(2) 먼저 삼각형 BCD에서 피타고라스 정리를 적용하면

$$x=\sqrt{5^2-3^2}=\sqrt{16}=4$$

이고, 삼각형 ABC에서 피타고라스 정리를 적용하면

$$y=\sqrt{(x+2)^2+3^2}=\sqrt{(4+2)^2+3^2}=\sqrt{45}=3\sqrt{5}$$

예제 9.1.2 그림과 같은 삼각형에서 x, y의 값을 구하여라.

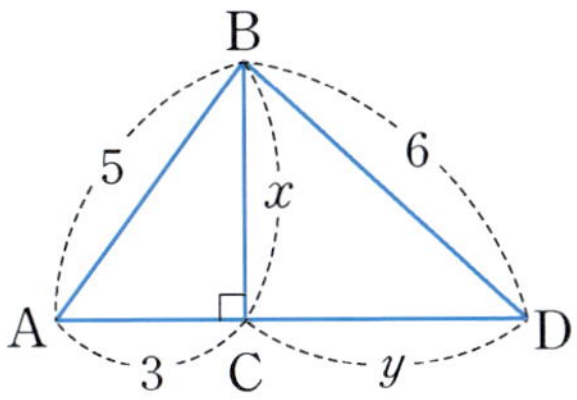

(1)

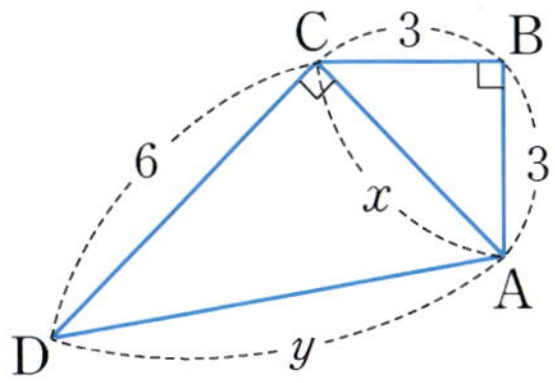

(2)

풀이 (1) 삼각형 ABC에서 피타고라스 정리를 적용하면

$$x=\sqrt{5^2-3^2}=\sqrt{16}=4$$

이고, 삼각형 BCD에 피타고라스 정리를 적용하면

$$x^2+y^2=6^2$$
$$\therefore y=\sqrt{6^2-x^2}=\sqrt{6^2-4^2}=\sqrt{36-16}=\sqrt{20}=2\sqrt{5}$$

(2) 삼각형 ABC에 피타고라스 정리를 적용하면

$$x = \sqrt{3^2 + 3^2} = 3\sqrt{2}$$

이고, 삼각형 ACD에 피타고라스 정리를 적용하면

$$y = \sqrt{x^2 + 6^2} = \sqrt{(3\sqrt{2})^2 + 6^2} = \sqrt{54} = 3\sqrt{6}$$

예제 9.1.3 밑면의 반지름의 길이가 8cm이고 모선의 길이가 17cm인 원뿔의 높이(h)와 부피(V)를 구하여라.

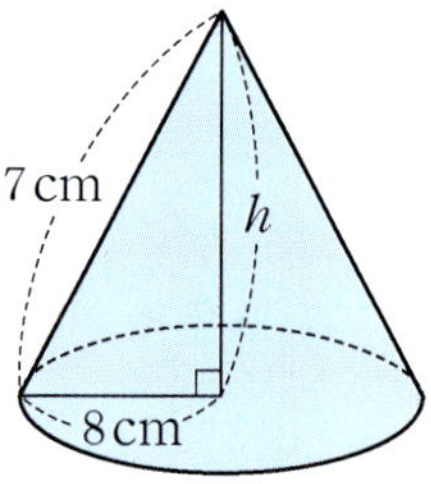

풀이 (원뿔의 높이) $h = \sqrt{17^2 - 8^2} = \sqrt{225} = 15$ (cm)

(원뿔의 부피) $V = \dfrac{1}{3}\pi R^2 h = \dfrac{1}{3}\pi(8)^2 \times 15 = 320\pi$ (cm^3)

예제 9.1.4 그림과 같이 $\overline{AB} = 16$cm인 직각삼각형 ABC에서 변 $\overline{AC}$, $\overline{BC}$를 각각 지름으로 하는 반원의 넓이를 S_1, S_2라 할 때 $S_1 + S_2$의 값을 구하여라.

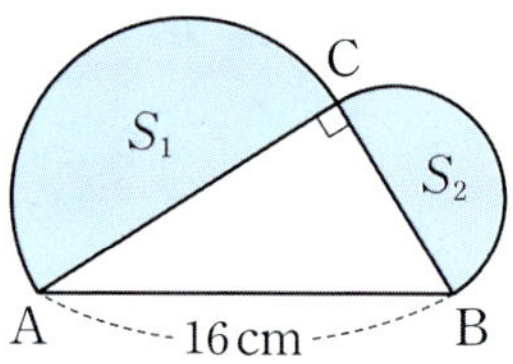

풀이 변 $\overline{AC}$와 $\overline{BC}$의 길이를 각각 D_1(cm), D_2(cm)라 하면 지름이 D인 원의 넓이는 $\dfrac{1}{4}\pi D^2$이므로 두 반원의 넓이는 각각

$$S_1 = \frac{1}{2} \times \frac{1}{4}\pi D_1^2 = \frac{1}{8}\pi D_1^2$$

$$S_2 = \frac{1}{2} \times \frac{1}{4}\pi D_2^2 = \frac{1}{8}\pi D_2^2$$

이고

$$S_1 + S_2 = \frac{1}{8}\pi(D_1^2 + D_2^2) \ \cdots ①$$

이다. 여기에서 직각삼각형 ABC에서 피타고라스 정리를 적용하면

$$D_1^2 + D_2^2 = 16^2 \ (\mathrm{cm}^2) \ \cdots ②$$

이다. 식 ②의 값을 식 ①에 대입하면

$$S_1 + S_2 = \frac{1}{8}\pi(D_1^2 + D_2^2) = \frac{1}{8}\pi \times 16^2 = 32\pi(\mathrm{cm}^2)$$

예제 9.1.5 그림과 같이 $\angle BCA = 30°$, $\angle BDC = 45°$이고, $\overline{AB} = 3$인 두 직각삼각형 ABC와 BCD에서 $\overline{BD}$의 길이를 구하여라.

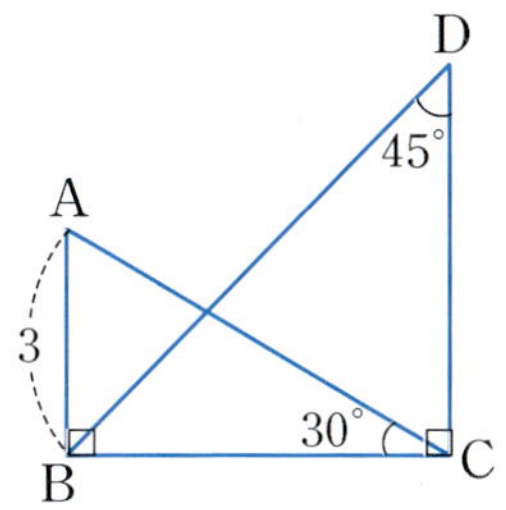

풀이 직각삼각형 ABC에서 $\angle BCA = 30°$이므로 $\angle BAC = 60°$이고

$$\overline{AC} = 2 \times \overline{AB} = 2 \times 3 = 6$$
$$\overline{BC} = \sqrt{(\overline{AC})^2 - (\overline{AB})^2} = \sqrt{6^2 - 3^2} = \sqrt{27} = 3\sqrt{3}$$

이다. 여기에서 삼각형 ABC는 한 변의 길이가 $\overline{AC}$와 같은 정삼각형을 이등분한 것이다.

직각삼각형 BCD에서 $\angle BDC = 45°$이므로 $\angle CBD = 45°$이고 삼각형 BCD는 직각이등변 삼각형이다. 따라서

$$\overline{CD} = \overline{BC} = 3\sqrt{3}$$
$$\overline{BD} = \sqrt{(\overline{BC})^2 + (\overline{CD})^2} = \sqrt{(3\sqrt{3})^2 + (3\sqrt{3})^2} = \sqrt{54} = 3\sqrt{6}$$

이다.

❖ 다음 절에서 배우는 삼각비를 알면 다음과 같이 쉽게 구할 수 있다.

$$\overline{AB} : \overline{BC} = 1 : \sqrt{3} \quad \therefore \overline{BC} = 3\sqrt{3}$$

$\overline{BC}:\overline{BD}=1:\sqrt{2}\quad \therefore\ \overline{BD}=\sqrt{2}\times 3\sqrt{3}=3\sqrt{6}$

예제 9.1.6 세 변의 길이가 $x-4$, $x+3$, $x+4$인 삼각형이 직각삼각형이 되기 위한 x의 값을 구하여라.

풀이 가장 긴 변의 길이가 $x+4$이므로

$$(x-4)^2+(x+3)^2=(x+4)^2$$
$$x^2-10x+9=0$$
$$(x-1)(x-9)=0\quad \therefore x=1,\ 9$$

여기에서 삼각형의 변의 길이는 양수이므로 $x-4>0\ \ \therefore\ \ x>4$

따라서 구하는 값은 $x=9$이다.

- 삼각형이 되려면 가장 긴 변의 길이가 나머지 두 변의 길이의 합보다 작아야 한다. [예제 9.1.4]에서 $x=9$일 때 세 변의 길이 5, 12, 13은이 조건을 만족한다.
- **[피타고라스 수]** $a^2+b^2=c^2$을 만족하는 세 자연수를 피타고라스 수라고 한다. (3, 4, 5), (5, 12, 13), (7, 24, 25), (8, 15, 17), (20, 21, 29), …

9.1.2 삼각형의 변의 길이와 각의 크기

삼각형 ABC에서 꼭짓점 A, B, C의 대변의 길이를 a, b, c라고 하고 가장 긴 변의 길이가 c일 때

(1) $a^2+b^2>c^2$이면 $\angle C<90°$ (예각삼각형)

(2) $a^2+b^2=c^2$이면 $\angle C=90°$ (직각삼각형)

(3) $a^2+b^2<c^2$이면 $\angle C>90°$ (둔각삼각형)

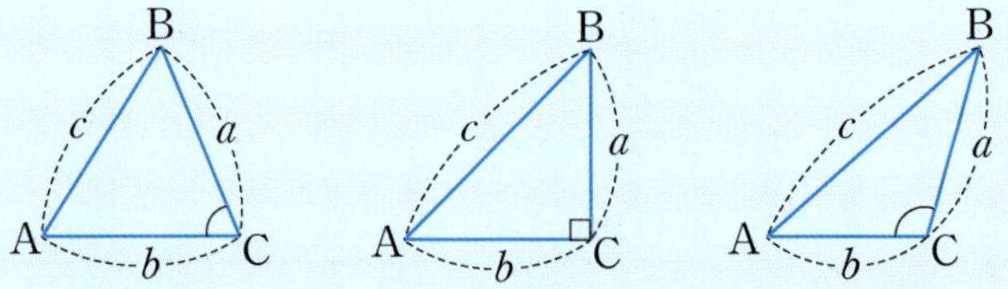

예각삼각형　　직각삼각형　　둔각삼각형

예제 9.1.7 세 변의 길이가 3cm, 4cm, $a$cm인 삼각형이 둔각삼각형이 되기 위한 a 값의 범위를 구하여라. 단, $a$cm는 최대변의 길이이다.

풀이 $a$cm는 최대변의 길이이므로

$$4 < a < 3+4 \quad \therefore 4 < a < 7 \quad \cdots ①$$

둔각삼각형이 될 조건에서

$$a^2 > 3^2 + 4^2 \quad \therefore a > 5 \quad \cdots ②$$

①, ②를 동시에 만족하는 a의 범위는 $5 < a < 7$이다.

연습문제 9.1

1. 그림과 같은 삼각형에서 x, y의 값을 구하여라.

(1)

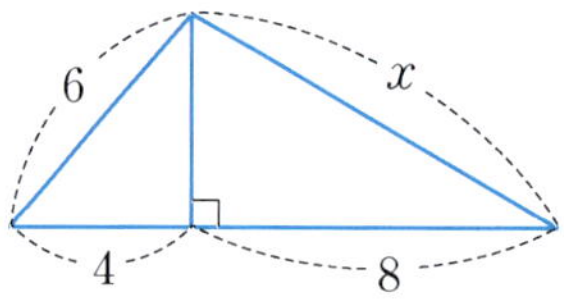

(2)

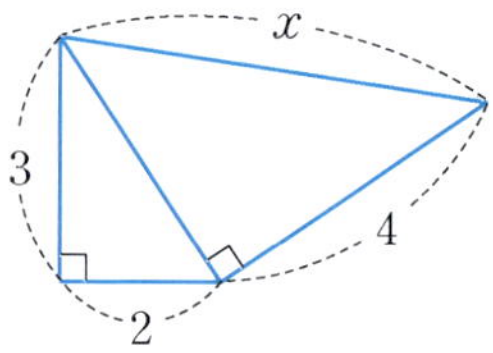

(3)

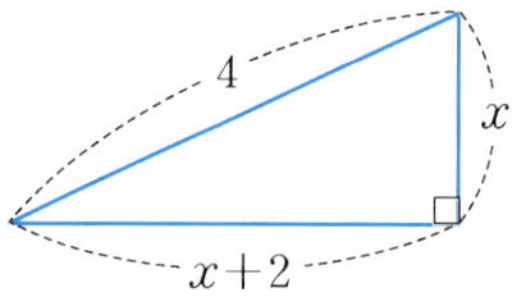

(4)

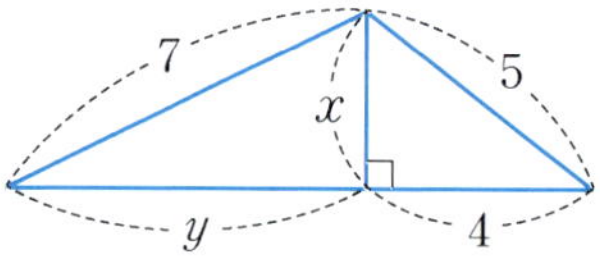

2. 세 변의 길이가 $x-5$, $x+2$, $x+4$인 삼각형이 직각삼각형이 되기 위한 x의 값을 구하여라.

3. 높이가 $8\sqrt{3}$ cm인 때 정삼각형의 한 변의 길이를 구하여라.

4. 넓이가 $16\sqrt{3}\,\text{cm}^2$인 정삼각형의 한 변의 길이와 높이를 구하여라.

5. 모선의 길이가 25cm, 밑면 반지름의 길이가 7cm인 원뿔의 부피를 구하여라.

6. 모선의 길이가 10cm인 원뿔 밑면의 넓이가 $64\pi\,(\text{cm}^2)$일 때 원뿔의 높이와 부피를 구하여라.

7. 세 변의 길이가 5cm, 12cm, $a$cm인 삼각형이 예각삼각형이 되기 위한 a값의 범위를 구하여라. 단, $a$cm는 최대 변의 길이이다.

8. 대각선 길이가 4cm인 정사각형의 둘레 길이를 구하여라.

9. 높이가 3cm인 정삼각형의 둘레 길이를 구하여라.

10. 한 변의 길이가 4cm인 정삼각형의 넓이를 구하여라.

11. 세 변의 길이가 각각 10cm, 13cm, 13cm인 이등변삼각형의 넓이를 구하여라.

12. 그림과 같은 직각삼각형 ABC의 세 변을 지름으로 하는 반원의 넓이가 각각 P, Q, R이다. $P=9\pi$, $Q=12\pi$일 때 R의 값을 구하여라.

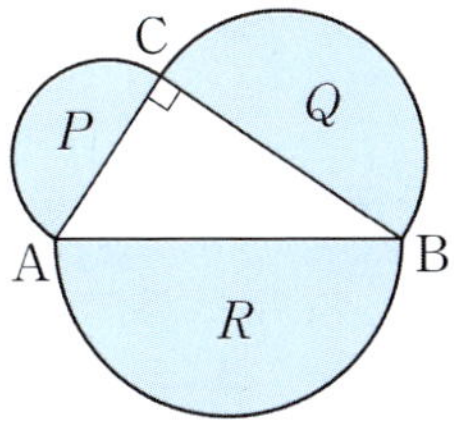

13. 그림과 같은 삼각형 ABC의 넓이를 구하여라.

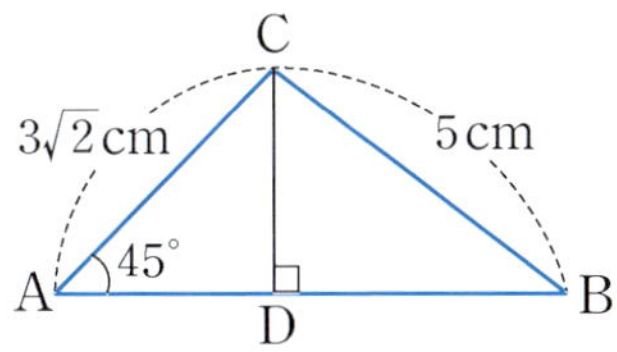

14. 그림과 같이 세 변의 길이가 각각 13cm, 14cm, 15cm인 삼각형 ABC의 높이 $\overline{CD}$의 길이를 구하여라.

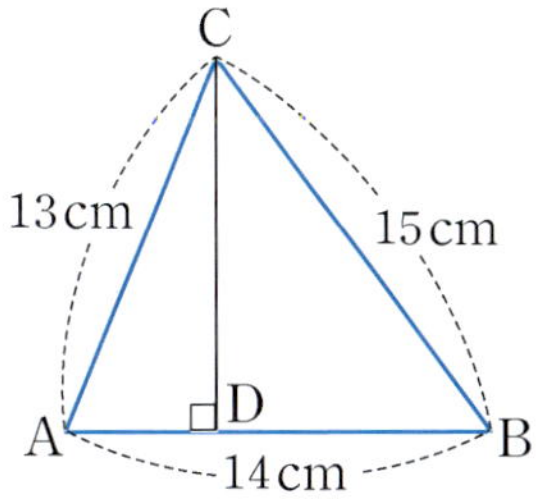

9.2 각과 삼각비

9.2.1 일반각

(1) 시초선과 동경: 평면 위에서 반직선 OP가 점 O를 중심으로 고정된 반직선 OX에서부터 회전할 때 OX를 시초선, OP를 동경이라 하고 회전량 θ를 $\angle XOP$의 크기라 정의한다.

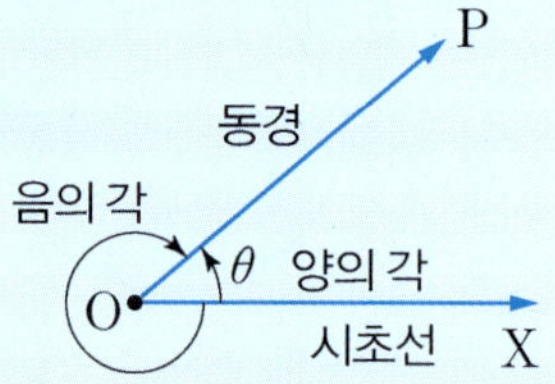

(2) 일반각: $\angle XOP$의 크기의 하나를 $\alpha°$라 할 때 $\theta = \alpha° + 360° \times n$ (n은 정수)로 나타내는 것을 동경 OP의 일반각이라 정의한다. 정수 n의 값에 관계없이 θ가 나타내는 동경 OP의 위치는 같고, $\alpha°$는 보통 $0 \leq \alpha° < 360°$ 또는 $-180° < \alpha° \leq 180°$이다.

(3) 양의 각, 음의 각: 동경 OP가 시계 반대 방향으로 회전한 각을 양(+)의 각, 시계 방향으로 회전한 각을 음(−)의 각이라 정의한다.

예 (1) $30°$, $390°$, $750°$가 나타내는 동경의 위치는 모두 같다.

(2) 양의 각 $210°$와 음의 각 $-150°$가 나타내는 동경의 위치는 같다.

9.2.2 호도법

(1) 반지름의 길이와 호($\widehat{AB}$)의 길이가 같을 때의 중심각의 크기($\angle AOB$)를 1라디안(radian)이라 하고, 이것을 단위로 하여 각을 나타내는 방법을 호도법이라 한다. 반

지름의 길이가 1인 부채꼴에서 호의 길이가 a이면 중심각의 크기는 a rad이 된다.

(2) 호도법과 60분법의 관계: 호의 길이는 중심각의 크기에 비례하므로 $\angle AOB$를 $\beta°$라 하면, $\beta° : r = 360° : 2\pi r$에서 $\beta° = \dfrac{180°}{\pi}$이다. 즉, $1\,\text{rad} = \dfrac{180°}{\pi}$, $1° = \dfrac{\pi}{180}\,\text{rad}$이다.

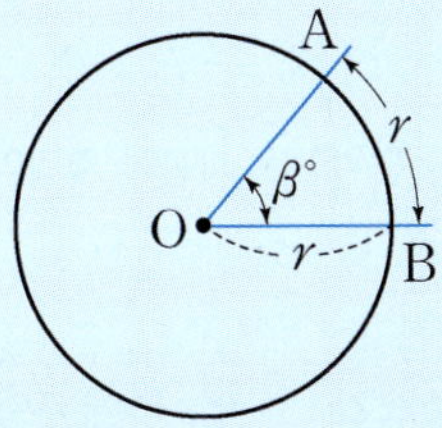

(3) [9.2.1]에서 $\angle XOP$의 크기의 하나가 α rad일 때 동경 OP가 나타내는 일반각 $\theta = \alpha + 2\pi n$ (n은 정수)이다.

α는 보통 $0 \le \alpha < 2\pi$ 또는 $-\pi < \alpha \le \pi$이다.

❖ 라디안(radian)은 호의 길이와 반지름의 길이의 비이므로 무차원수이고, 보통 단위(rad)를 생략하여 $\frac{\pi}{4}$, π, 2π 등과 같이 나타낸다.

예 (1) 반지름의 길이가 1인 $\frac{1}{4}$원의 중심각의 크기는 $\frac{\pi}{2}$ rad이고, 호의 길이는 $\frac{\pi}{2}$이다.

(2) $60° = 60 \times \dfrac{\pi}{180}\,\text{rad} = \dfrac{\pi}{3}\,\text{rad}$

$\dfrac{\pi}{4}\,\text{rad} = \dfrac{\pi}{4} \times \dfrac{180°}{\pi} = 45°$

9.2.3 부채꼴의 호의 길이와 넓이

반지름의 길이 r, 중심각 θ(rad)인 부채꼴의 호의 길이를 l, 넓이를 S라 하면, 호의 길이와 넓이는 중심각의 크기에 비례하므로

$\theta : l = 2\pi : 2\pi r$에서 $l = r\theta$이고,

$\theta : S = 2\pi : \pi r^2$에서 $S = \dfrac{1}{2}r^2\theta = \dfrac{1}{2}rl$가 된다.

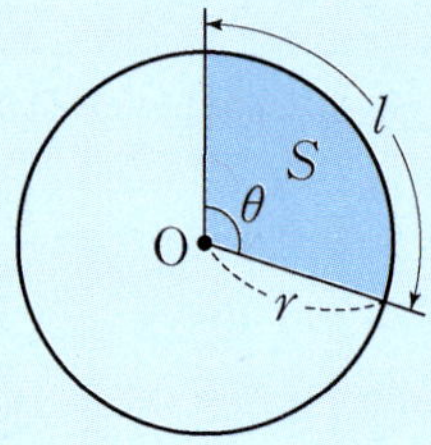

❖ 각 θ는 호도법에 의한 단위라는 사실에 주의한다.
❖ radian은 무차원수이다.

예 (1) 반지름 4 cm, 중심각 $\frac{\pi}{4}$인 부채꼴의 호의 길이(l)와 면적(S)

$$l = r\theta = 4\text{cm} \times \frac{\pi}{4} = \pi\,\text{cm}$$

$$S = \frac{1}{2}r^2\theta = \frac{1}{2} \times (4\text{cm})^2 \times \frac{\pi}{4} = 2\pi\ \text{cm}^2$$

(2) 반지름 6cm, 호의 길이 3cm인 부채꼴의 면적(S)

$$S = \frac{1}{2}rl = \frac{1}{2} \times 6\text{cm} \times 3\text{cm} = 9\text{cm}^2$$

9.2.4 삼각비와 피타고라스 정리

(1) 삼각비의 정의: $\angle C = 90°$인 직각삼각형 ABC에서 세 변의 길이 사이의 비의 값을 다음과 같이 정의한다.

$$\sin A = \frac{a}{c},\ \cos A = \frac{b}{c},\ \tan A = \frac{a}{b}$$

sin, cos, tan는 각각 sine, cosine, tangent의 약자이고 A는 ∠A의 크기를 나타낸다.

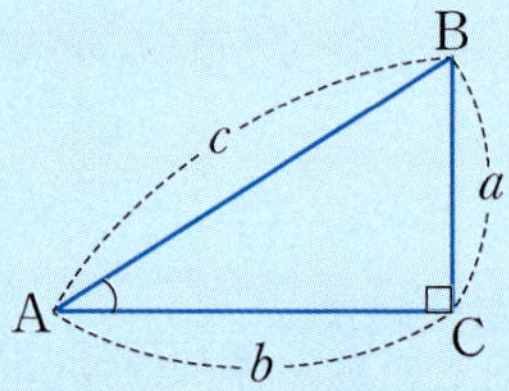

(2) 피타고라스 정리: $a^2 + b^2 = c^2$

9.2.5 특수각의 삼각비

삼각비 \ θ	$30°\left(\frac{\pi}{6}\right)$	$45°\left(\frac{\pi}{4}\right)$	$60°\left(\frac{\pi}{3}\right)$
$\sin\theta$	$\frac{1}{2}$	$\frac{1}{\sqrt{2}}$	$\frac{\sqrt{3}}{2}$
$\cos\theta$	$\frac{\sqrt{3}}{2}$	$\frac{1}{\sqrt{2}}$	$\frac{1}{2}$
$\tan\theta$	$\frac{1}{\sqrt{3}}$	1	$\sqrt{3}$

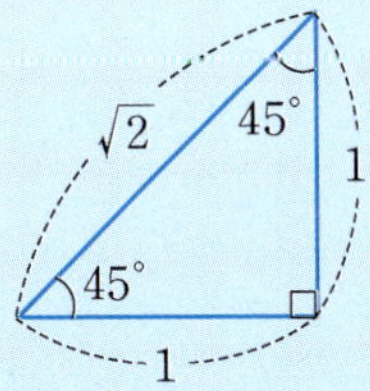

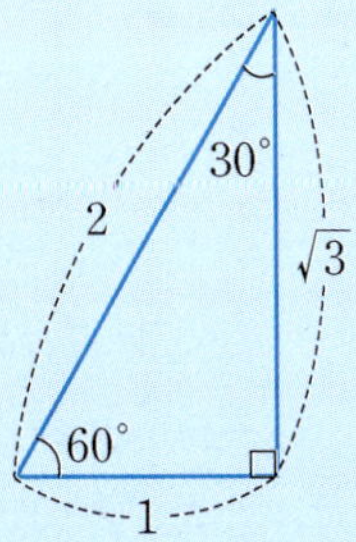

예제 9.2.1 중심각이 $45°$인 부채꼴의 면적이 $2\pi\text{cm}^2$일 때 부채꼴의 반지름과 호의 길이를 구하여라.

풀이 $45° = 45 \times \frac{\pi}{180}\text{rad} = \frac{\pi}{4}\text{rad}$이므로 $S = \frac{1}{2}r^2\theta$에서

$$\text{부채꼴의 반지름: } r = \sqrt{\frac{2S}{\theta}} = \sqrt{\frac{2 \times 2\pi\text{cm}^2}{\frac{\pi}{4}}} = 4\text{cm}$$

$$\text{부채꼴의 호의 길이: } l = r\theta = 4\text{cm} \times \frac{\pi}{4} = \pi\text{cm}$$

예제 9.2.2 둘레의 길이가 20cm인 부채꼴의 최대 넓이와 그때의 중심각 크기를 구하여라.

풀이 반지름과 호의 길이를 각각 $r\text{cm}$, $l\text{cm}$, 면적을 $S\text{cm}^2$라고 하면, 둘레의 길이 $20\text{cm} = (2r + l)\text{cm}$이므로

$$l = 20 - 2r$$

$$\therefore S = \frac{1}{2}rl = \frac{1}{2}r(20 - 2r) = 10r - r^2 = -(r-5)^2 + 25$$

따라서 $r = 5(\text{cm})$일 때 S는 최댓값 $25(\text{cm}^2)$을 가진다.
이때 중심각을 θ라 하면

$$S = \frac{1}{2}r^2\theta\text{에서 } \theta = \frac{2S}{r^2} = \frac{2 \times 25}{5^2} = 2 \ \text{(rad)}$$

즉, 부채꼴의 최대 넓이는 25 cm^2, 중심각 크기는 2rad이다.

예제 9.2.3 빗변의 길이가 4cm인 그림의 직각삼각형에서 나머지 두 변의 길이 a와 b를 구하여라.

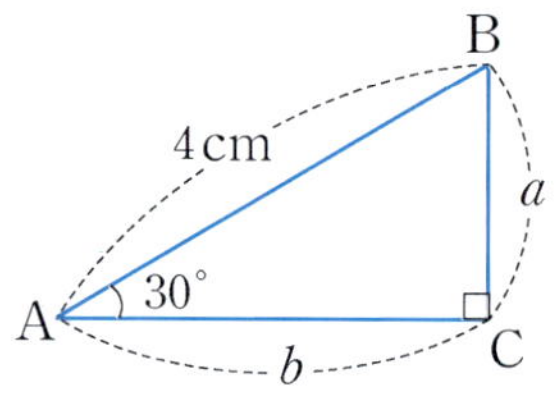

풀이 $\sin 30° = \dfrac{a}{4\text{cm}}$ $\quad \therefore a = 4\sin 30°\text{ cm} = 4 \times \dfrac{1}{2}\text{cm} = 2\text{ cm}$

$\cos 30° = \dfrac{b}{4\text{cm}}$ $\quad \therefore b = 4\cos 30°\text{ cm} = 4 \times \dfrac{\sqrt{3}}{2}\text{cm} = 2\sqrt{3}\text{ cm}$

예제 9.2.4 높이가 4인 정삼각형의 한 변의 길이(a)를 구하여라.

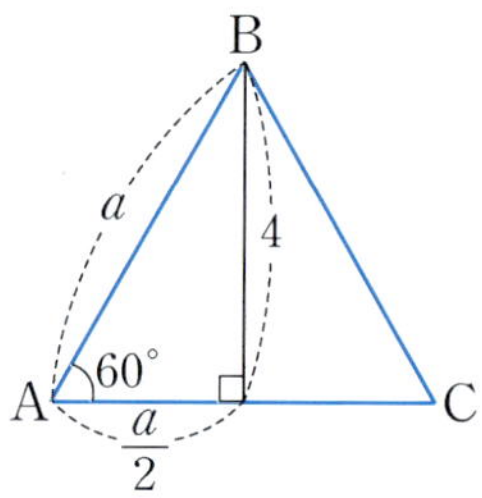

풀이 (1) 삼각비 이용: $\sin 60° = \dfrac{4}{a}$

$$\therefore a = \frac{4}{\sin 60°} = 4 \times \frac{2}{\sqrt{3}} = \frac{8\sqrt{3}}{3}$$

(2) 피타고라스 정리 이용: $a^2 = \left(\dfrac{a}{2}\right)^2 + 4^2$에서 $a = \dfrac{8\sqrt{3}}{3}$

예제 9.2.5 그림과 같은 $\triangle ABC$에서 $\angle A = 45°$, $\overline{AB} = 4\sqrt{2}$, $\overline{AC} = 7$일 때 변 $\overline{BC}$의 길이 x를 구하여라.

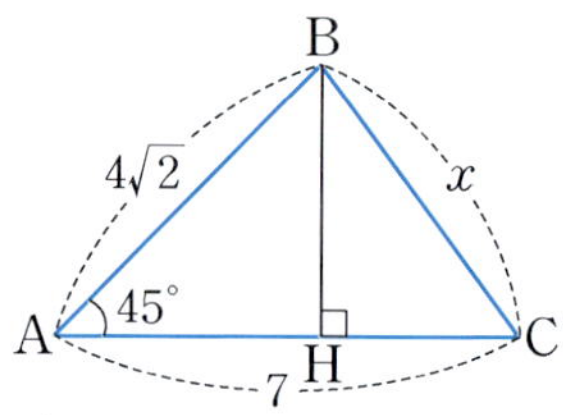

풀이 꼭짓점 B에서 내린 수선과 변 $\overline{AC}$의 교점을 H라 하면 $\triangle ABH$에서

$$\cos 45° = \frac{1}{\sqrt{2}} = \frac{\overline{AH}}{4\sqrt{2}},\ \sin 45° = \frac{1}{\sqrt{2}} = \frac{\overline{BH}}{4\sqrt{2}}$$

$$\therefore\ \overline{AH} = 4,\ \overline{BH} = 4$$

이다. 따라서

$$\overline{CH} = 7 - \overline{AH} = 7 - 4 = 3$$

이므로 $\triangle BCH$에 피타고라스 정리를 적용하면 다음과 같이 x가 구해진다.

$$x = \sqrt{(\overline{BH})^2 + (\overline{CH})^2} = \sqrt{4^2 + 3^2} = 5$$

예제 9.2.6 그림과 같은 $\triangle ABC$에서 $\angle A = 60°$, $\angle B = 45°$, $\overline{AB} = 2\text{cm}$일 때 삼각형의 높이 h를 구하여라.

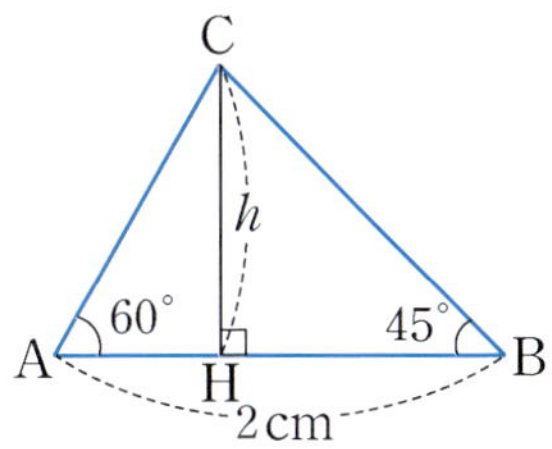

풀이

$$\triangle ACH에서\ \tan 60° = \frac{h}{\overline{AH}} \quad \therefore\ \overline{AH} = \frac{h}{\tan 60°}$$

$$\triangle BCH에서\ \tan 45° = \frac{h}{\overline{BH}} \quad \therefore\ \overline{BH} = \frac{h}{\tan 45°}$$

따라서 밑변의 길이 $\overline{AB} = \overline{AH} + \overline{BH} = 2\text{cm}$이므로 다음과 같이 삼각형의 높이 h가 구해진다.

$$h\left(\frac{1}{\tan 60°} + \frac{1}{\tan 45°}\right) = 2\,\text{cm}$$

$$\therefore\ h = \frac{\tan 60° \times \tan 45°}{\tan 60° + \tan 45°} \times 2\,\text{cm} = \frac{\sqrt{3} \times 1}{\sqrt{3} + 1} \times 2\,\text{cm} = (3 - \sqrt{3})\text{cm}$$

예제 9.2.7 그림과 같은 $\triangle ABC$에서 $\angle C = 120°$, $\overline{AC} = 6$, $\overline{BC} = 8$일 때 변 $\overline{AB}$의 길이 x를 구하여라.

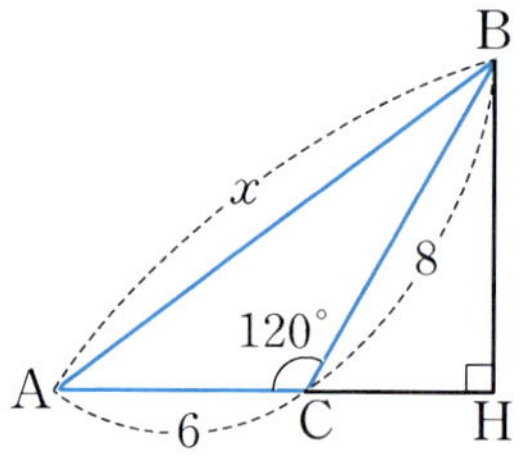

풀이 꼭짓점 B에서 내린 수선과 변 $\overline{AC}$의 연장선과의 교점을 H라 하면 $\triangle BCH$에서 $\angle BCH = 60°$이므로

$$\overline{CH} = 8\cos 60° = 8 \times \frac{1}{2} = 4$$

$$\overline{BH} = 8\sin 60° = 8 \times \frac{\sqrt{3}}{2} = 4\sqrt{3}$$

이다. 따라서

$$\overline{AH} = 6 + \overline{CH} = 6 + 4 = 10$$

이므로 $\triangle ABH$에 피타고라스 정리를 적용하면 다음과 같이 x가 구해진다.

$$x = \sqrt{(\overline{AH})^2 + (\overline{BH})^2} = \sqrt{10^2 + (4\sqrt{3})^2} = 2\sqrt{37}$$

연습문제 9.2

1. 다음 각은 각각 몇 사분면의 각인가?

(1) $-210°$　　(2) $550°$

(3) $\frac{7\pi}{3}$　　(4) $-\frac{9\pi}{5}$

2. 다음 각을 60분법은 호도법으로, 호도법은 60분법으로 나타내어라.

(1) $135°$　　(2) $540°$

(3) $\frac{7\pi}{6}$　　(4) $\frac{5\pi}{3}$

3. 다음 부채꼴의 호의 길이와 넓이를 구하여라.

(1) 반지름 12cm, 중심각 $\frac{5\pi}{6}$　　(2) 반지름 15cm, 중심각 $36°$

4. 반지름이 2cm이고, 호의 길이가 5πcm인 부채꼴의 넓이를 구하여라.

5. 호의 길이가 4πcm이고 넓이가 $6\pi \text{cm}^2$인 부채꼴의 반지름과 중심각의 크기를 구하여라.

6. 둘레의 길이가 5cm인 부채꼴의 넓이가 최대일 때 반지름과 넓이 및 중심각의 크기를 구하여라.

7. 높이가 5인 정삼각형의 한 변의 길이를 구하여라.

8. 넓이가 $16\sqrt{3}$인 정삼각형의 한 변의 길이를 구하여라.

9. 그림과 같은 삼각형 $\triangle ABC$에서 $\angle A = 60°$, $\angle B = 75°$, $\overline{BC} = 6\sqrt{2}$이다. 변 $\overline{AC}$의 길이를 구하여라.

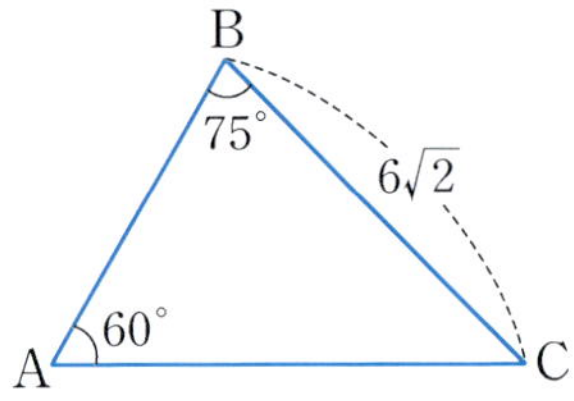

10. 그림을 이용하여 $\tan 22.5°$의 값을 구하여라.

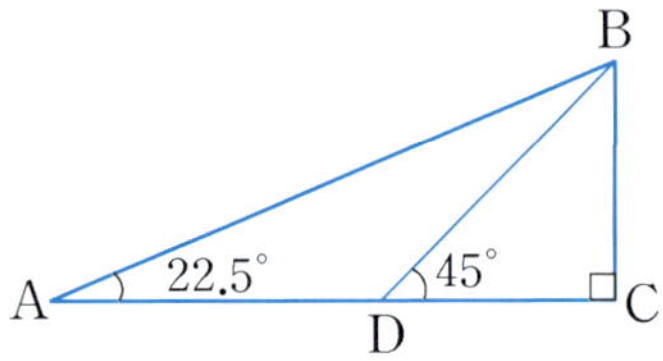

11. 그림과 같은 $\triangle ABC$에서 $\angle A = 45°$, $\angle C = 30°$, $\overline{AC} = 2$이다. $\overline{BH}$와 $\overline{AC}$가 수직일 때 $\overline{BH}$의 길이 h를 구하여라.

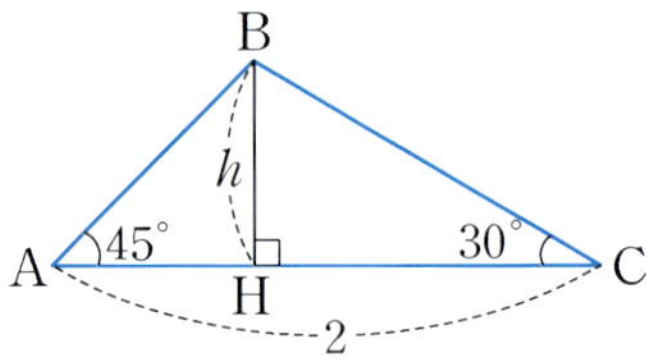

12. 그림과 같은 삼각형 ABC의 높이 $\overline{BH}$를 구하여라.

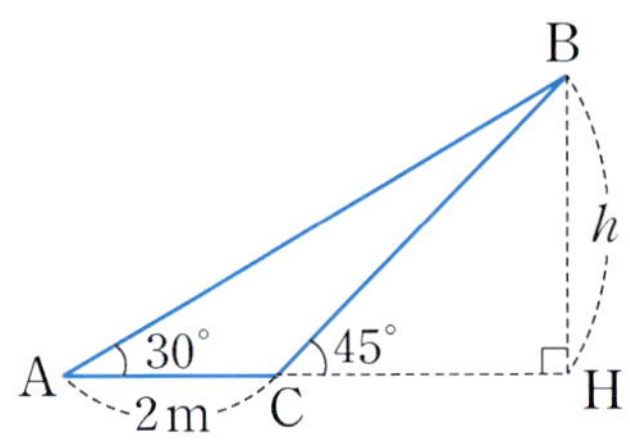

13. 그림과 같은 삼각형 ABC에서 $\angle A = 60°$, $\angle B = 45°$, $\overline{AC} = 20$일 때 $\overline{AB}$를 구하여라.

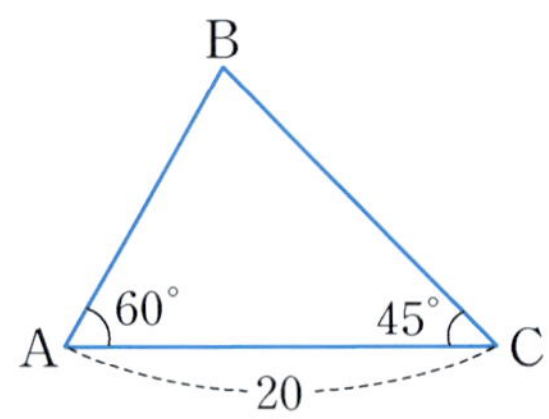

14. 이차방정식 $3x^2+ax+b=0$의 한 근이 $\cos 45^\circ+\tan 45^\circ$일 때 유리수 a, b의 값을 구하여라.

9.3 삼각함수의 기본 성질

9.3.1 삼각함수의 정의

동경 OP가 x축의 양의 방향과 이루는 각의 크기를 θ, 동경과 반지름의 길이가 r인 원과의 교점을 $\mathrm{P}(x,y)$라고 할 때 θ의 사인함수, 코사인함수, 탄젠트함수와 코시컨트함수, 시컨트함수, 코탄젠트함수는 다음과 같이 정의되고 이 여섯 가지 함수를 통틀어 삼각함수라 한다.

$$\sin\theta = \frac{y}{r},\ \cos\theta = \frac{x}{r},\ \tan\theta = \frac{y}{x} \quad (r = \sqrt{x^2 + y^2})$$

$$\csc\theta = \frac{r}{y},\ \sec\theta = \frac{r}{x},\ \cot\theta = \frac{x}{y}$$

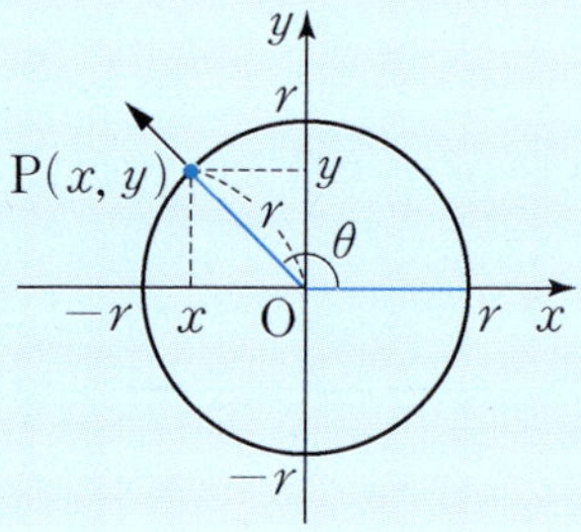

- 삼각비는 θ가 예각$\left(0 < \theta < \frac{\pi}{2}\right)$인 경우의 삼각함수라고 할 수 있다.
- $\csc\theta$는 $\mathrm{cosec}\,\theta$로 나타내기도 한다.
- 삼각함수의 값의 부호는 각 θ의 동경이 위치하는 사분면에 따라 정해진다.

예 원점 O와 점 $\mathrm{P}(-4,3)$를 지나는 동경이 x축의 양의 방향과 이루는 각을 θ라 하면, $r = \sqrt{(-4)^2 + 3^2} = 5$이므로

$$\sin\theta = \frac{3}{5},\ \cos\theta = -\frac{4}{5},\ \tan\theta = -\frac{3}{4},$$

$$\csc\theta = \frac{5}{3},\ \sec\theta = -\frac{5}{4},\ \cot\theta = -\frac{4}{3}$$

9.3.2 삼각함수의 기본 공식

(1) 사인함수, 코사인함수, 탄젠트함수와 코시컨트함수, 시컨트함수, 코탄젠트함수의 관계식

$$\csc\theta = \frac{1}{\sin\theta},\ \sec\theta = \frac{1}{\cos\theta},\ \cot\theta = \frac{1}{\tan\theta}$$

(2) 사인함수, 코사인함수와 탄젠트함수, 코탄젠트함수의 관계식

$$\tan\theta = \frac{\sin\theta}{\cos\theta},\ \cot\theta = \frac{\cos\theta}{\sin\theta}$$

(3) 제곱 공식

$$\sin^2\theta + \cos^2\theta = 1,\ 1 + \tan^2\theta = \sec^2\theta,\ 1 + \cot^2\theta = \csc^2\theta$$

증명 (1) $\tan\theta = \frac{y}{x} = \frac{(y/r)}{(x/r)} = \frac{\sin\theta}{\cos\theta},\ \cot\theta = \frac{1}{\tan\theta} = \frac{\cos\theta}{\sin\theta}$

(2) $\sin^2\theta + \cos^2\theta = \left(\frac{y}{r}\right)^2 + \left(\frac{x}{r}\right)^2 = \frac{x^2+y^2}{r^2} = 1\ (\because r = \sqrt{x^2+y^2})$

(3) $1 + \tan^2\theta = 1 + \frac{y^2}{x^2} = \frac{x^2+y^2}{x^2} = \frac{r^2}{x^2} = \left(\frac{r}{x}\right)^2 = \sec^2\theta$

(4) $1 + \cot^2\theta = 1 + \frac{x^2}{y^2} = \frac{x^2+y^2}{y^2} = \frac{r^2}{y^2} = \left(\frac{r}{y}\right)^2 = \csc^2\theta$

예 (1) $\sin\theta = \frac{\sqrt{3}}{2},\ \cos\theta = \frac{1}{2}$일 때 $\tan\theta = \frac{\sin\theta}{\cos\theta} = \frac{(\sqrt{3}/2)}{(1/2)} = \sqrt{3}$

(2) $\sin\theta = \frac{1}{2}$일 때 $\cos\theta = \pm\sqrt{1-\sin^2\theta} = \pm\sqrt{1-(1/2)^2} = \pm\frac{\sqrt{3}}{2}$

(3) $\tan\theta = \sqrt{3}$일 때 $\cos\theta$의 값:

$1 + \tan^2\theta = 1 + 3 = 4 = \sec^2\theta \quad \therefore \sec\theta = \pm 2 \quad \therefore \cos\theta = \frac{1}{\sec\theta} = \pm\frac{1}{2}$

9.3.3 여러 가지 각의 삼각함수의 공식

(1) $-\theta$의 삼각함수

$$\sin(-\theta)=-\sin\theta,\ \cos(-\theta)=\cos\theta,\ \tan(-\theta)=-\tan\theta$$

(2) $\frac{\pi}{2}\pm\theta$의 삼각함수

$$\sin\left(\frac{\pi}{2}+\theta\right)=\cos\theta,\ \cos\left(\frac{\pi}{2}+\theta\right)=-\sin\theta,\ \tan\left(\frac{\pi}{2}+\theta\right)=-\cot\theta$$

$$\sin\left(\frac{\pi}{2}-\theta\right)=\cos\theta,\ \cos\left(\frac{\pi}{2}-\theta\right)=\sin\theta,\ \tan\left(\frac{\pi}{2}-\theta\right)=\cot\theta$$

(3) $\pi\pm\theta$의 삼각함수

$$\sin(\pi+\theta)=-\sin\theta,\ \cos(\pi+\theta)=-\cos\theta,\ \tan(\pi+\theta)=\tan\theta$$

$$\sin(\pi-\theta)=\sin\theta,\ \cos(\pi-\theta)=-\cos\theta,\ \tan(\pi-\theta)=-\tan\theta$$

(4) $\frac{3\pi}{2}\pm\theta$의 삼각함수

$$\sin\left(\frac{3\pi}{2}+\theta\right)=-\cos\theta,\ \cos\left(\frac{3\pi}{2}+\theta\right)=\sin\theta,\ \tan\left(\frac{3\pi}{2}+\theta\right)=-\cot\theta$$

$$\sin\left(\frac{3\pi}{2}-\theta\right)=-\cos\theta,\ \cos\left(\frac{3\pi}{2}-\theta\right)=-\sin\theta,\ \tan\left(\frac{3\pi}{2}-\theta\right)=\cot\theta$$

(5) 삼각함수의 주기성: n이 정수일 때

$$\sin(2n\pi+\theta)=\sin\theta,\ \cos(2n\pi+\theta)=\cos\theta,\ \tan(n\pi+\theta)=\tan\theta$$

예 (1) $\sin\left(-\frac{\pi}{3}\right)=-\sin\frac{\pi}{3}=-\frac{\sqrt{3}}{2}$

(2) $\sin\left(\frac{5\pi}{6}\right)=\sin\left(\frac{\pi}{2}+\frac{\pi}{3}\right)=\cos\frac{\pi}{3}=\frac{1}{2}$

(3) $\sin\left(\frac{7\pi}{6}\right)=\sin\left(\pi+\frac{\pi}{6}\right)=-\sin\frac{\pi}{6}=-\frac{1}{2}$

(4) $\sin\left(\frac{10\pi}{6}\right)=\sin\left(\frac{3\pi}{2}+\frac{\pi}{6}\right)=-\cos\frac{\pi}{6}=-\frac{\sqrt{3}}{2}$

(5) $\sin\left(\frac{13\pi}{6}\right)=\sin\left(2\pi+\frac{\pi}{6}\right)=\sin\frac{\pi}{6}=\frac{1}{2}$

예제 9.3.1 $\sin 0$, $\cos 0$, $\tan 0$의 값을 구하여라.

풀이 $r=1$로 하면 $\theta=0$일 때 점 P의 좌표는 $(1, 0)$이므로

$$\sin 0=\frac{y}{r}=\frac{0}{1}=0,\ \cos 0=\frac{x}{r}=\frac{1}{1}=1,\ \tan 0=\frac{y}{x}=\frac{0}{1}=0$$

이다.

예제 9.3.2 $\sin\frac{\pi}{2}$, $\cos\frac{\pi}{2}$, $\tan\frac{\pi}{2}$의 값을 구하여라.

풀이 $r=1$로 하면 $\theta=\frac{\pi}{2}$일 때 점 P의 좌표는 $(0, 1)$이므로

$$\sin\frac{\pi}{2}=\frac{y}{r}=\frac{1}{1}=1,\ \cos 0=\frac{x}{r}=\frac{0}{1}=0,\ \tan 0=\frac{y}{x}=\frac{1}{0}(\text{없다})$$

❖ $\theta\to\frac{\pi}{2}$로 접근하면 $\tan\theta\to\infty$로 접근해간다.

예제 9.3.3 $\sin\theta=\frac{5}{13}$ $\left(\frac{\pi}{2}<\theta<\pi\right)$일 때 $\cos\theta$, $\tan\theta$의 값을 구하여라.

풀이 $\sin^2\theta+\cos^2\theta=1$이므로

$$\cos\theta=\pm\sqrt{1-\sin^2\theta}=\pm\sqrt{1-\left(\frac{5}{13}\right)^2}=\pm\sqrt{\frac{144}{169}}=\pm\frac{12}{13}$$

$$\frac{\pi}{2}<\theta<\pi\text{에서 }\cos\theta<0\quad\therefore\ \cos\theta=-\frac{12}{13}$$

$$\tan\theta=\frac{\sin\theta}{\cos\theta}=-\frac{5}{12}$$

예제 9.3.4 $\sin\theta\cos\theta=\frac{3}{8}$일 때 $\sin\theta-\cos\theta$의 값을 구하여라. 단, $\sin\theta>\cos\theta$이다.

풀이 $(\sin\theta-\cos\theta)^2=\sin^2\theta+\cos^2\theta-2\sin\theta\cos\theta=1-2\times\frac{3}{8}=\frac{1}{4}$

$$\therefore\ \sin\theta-\cos\theta=\sqrt{\frac{1}{4}}=\frac{1}{2}$$

여기에서 $\sin\theta>\cos\theta$이므로 $\sin\theta-\cos\theta>0$이다.

예제 9.3.5 $\dfrac{\cos\theta}{1-\sin\theta}-\tan\theta=\dfrac{1}{\cos\theta}$ 임을 증명하여라.

풀이

$$\frac{\cos\theta}{1-\sin\theta}-\tan\theta=\frac{\cos\theta}{1-\sin\theta}-\frac{\sin\theta}{\cos\theta}=\frac{\cos^2\theta-\sin\theta(1-\sin\theta)}{(1-\sin\theta)\cos\theta}$$

$$=\frac{\cos^2\theta+\sin^2\theta-\sin\theta}{(1-\sin\theta)\cos\theta}=\frac{1-\sin\theta}{(1-\sin\theta)\cos\theta}$$

$(\because \sin^2+\cos^2\theta=1)$

$$=\frac{1}{\cos\theta}$$

예제 9.3.6 $\dfrac{\sin\theta}{1+\cos\theta}-\dfrac{1+\cos\theta}{\sin\theta}=-2\cot\theta$ 임을 증명하여라.

풀이

$$\frac{\sin\theta}{1+\cos\theta}-\frac{1+\cos\theta}{\sin\theta}=\frac{\sin^2\theta-(1+\cos\theta)^2}{\sin\theta(1+\cos\theta)}$$

$$=\frac{\sin^2\theta-1-2\cos\theta-\cos^2\theta}{\sin\theta(1+\cos\theta)}=\frac{-2\cos\theta-2\cos^2\theta}{\sin\theta(1+\cos\theta)}$$

$(\because 1=\sin^2+\cos^2\theta)$

$$=\frac{-2\cos\theta(1+\cos\theta)}{\sin\theta(1+\cos\theta)}=-2\times\frac{\cos\theta}{\sin\theta}=-2\cot\theta$$

9.3.4 역삼각함수

(1) 역사인함수: $y=\sin x$의 역함수를 $y=\sin^{-1}x$ 또는 $y=\arcsin x$로 나타내고 역사인함수라 한다. $y=\sin^{-1}x$의 정의역은 $\{x\mid -1\le x\le 1\}$, 치역은 $\left\{y\mid -\dfrac{\pi}{2}\le y\le\dfrac{\pi}{2}\right\}$

(2) 역코사인함수: $y=\cos x$의 역함수를 $y=\cos^{-1}x$ 또는 $y=\arccos x$로 나타내고 역코사인함수라 한다. $y=\cos^{-1}x$의 정의역은 $\{x\mid -1\le x\le 1\}$, 치역은 $\{y\mid 0\le y\le\pi\}$

(3) 역탄젠트함수: $y=\tan x$의 역함수를 $y=\tan^{-1}x$ 또는 $y=\arctan x$로 나타내고 역탄젠트함수라 한다. $y=\tan^{-1}x$의 정의역은 실수의 집합이고, 치역은 $\left\{y\mid -\dfrac{\pi}{2}< y<\dfrac{\pi}{2}\right\}$

예 (1) $\sin x = 1$이면 $x = \sin^{-1}(1) = \frac{\pi}{2}$ $\left(\leftarrow \sin\frac{\pi}{2} = 1\right)$

(2) $\cos x = \frac{1}{\sqrt{2}}$이면 $x = \cos^{-1}\left(\frac{1}{\sqrt{2}}\right) = \frac{\pi}{4}$ $\left(\leftarrow \cos\frac{\pi}{4} = \frac{1}{\sqrt{2}}\right)$

(2) $\tan x = \frac{1}{\sqrt{3}}$이면 $x = \tan^{-1}\left(\frac{1}{\sqrt{3}}\right) = \frac{\pi}{6}$ $\left(\leftarrow \tan\frac{\pi}{6} = \frac{1}{\sqrt{3}}\right)$

예제 9.3.7 다음 역삼각함수 값을 구하여라.

(1) $\sin^{-1}\left(\frac{1}{2}\right)$ (2) $\cos^{-1}\left(\frac{1}{2}\right)$

(3) $\tan^{-1}(1)$

풀이 (1) $\sin\frac{\pi}{6} = \frac{1}{2}$이므로 $\sin^{-1}\left(\frac{1}{2}\right) = \frac{\pi}{6}$

(2) $\cos\frac{\pi}{3} = \frac{1}{2}$이므로 $\cos^{-1}\left(\frac{1}{2}\right) = \frac{\pi}{3}$

(3) $\tan\left(\frac{\pi}{4}\right) = 1$이므로 $\tan^{-1}(1) = \frac{\pi}{4}$

예제 9.3.8 실제 공학 문제에서 나타나는 역삼각함수 값은 대부분 계산기를 사용하여 구한다. 계산기를 사용하여 다음을 만족하는 역삼각함수 값 x를 구하여라.

(1) $\sin x = 0.4$ (2) $4\cos x = 1.2$

(3) $70\tan x = 34$

풀이 (1) $\sin x = 0.4$이면 $x = \sin^{-1}(0.4) = 23.6°$

(2) $4\cos x = 1.2$이면 $x = \cos^{-1}\left(\frac{1.2}{4}\right) = 72.5°$

(3) $70\tan x = 34$이면 $x = \tan^{-1}\left(\frac{34}{70}\right) = 25.9°$

연습문제 9.3

1. 점 P의 좌표가 다음과 같을 때 동경 OP가 x축의 양의 방향과 이루는 각 θ에 대하여 $\sin\theta$, $\cos\theta$, $\tan\theta$의 값을 구하여라. 단, 점 O는 원점을 나타낸다.

(1) $(3, 2)$ (2) $(-2, 1)$

(3) $(-2, -1)$ (4) $(2, -3)$

2. 다음 각 θ에 대하여 $\sin\theta$, $\cos\theta$, $\tan\theta$의 값을 구하여라.

(1) $\theta = \frac{5\pi}{6}$ (2) $\theta = -\frac{23\pi}{4}$

(3) $\theta = \frac{34\pi}{3}$ (4) $\theta = -\frac{17\pi}{6}$

3. $\tan\theta = \frac{2}{3}$ $(\pi < \theta < 3\pi/2)$일 때 $\sin\theta$, $\cos\theta$의 값을 구하여라.

❖ 삼각함수 값의 부호는 점 $P(x, y)$의 좌표 값 x, y의 부호에 의해 결정된다.

4. θ가 제3사분면 각이고 $\sin\theta\cos\theta = \frac{3}{10}$일 때 $\sin\theta + \cos\theta$의 값을 구하여라.

5. $\tan^4\theta - \sec^4\theta = 1 - 2\sec^2\theta$를 증명하여라.

6. $\tan\theta + \cot\theta = 3$일 때 다음 식의 값을 구하여라.

(1) $\tan\theta - \cot\theta$ (2) $\tan^2\theta + \cot^2\theta$

7. $\tan\theta + \frac{1}{\tan\theta} = -\frac{9}{4}$일 때 다음 식의 값을 구하여라.

(1) $\sin\theta\cos\theta$ (2) $\sin\theta + \cos\theta$

8. $\tan\theta = 4$일 때 $\dfrac{1}{\cos^2\theta}$의 값을 구하여라.

9. $\sin\theta + \cos\theta = \dfrac{1}{3}$일 때 다음 식의 값을 구하여라.

(1) $\sin\theta\cos\theta$　　　　(2) $\csc\theta + \sec\theta$

10. θ가 제2사분면 각이고 $\sin\theta = \dfrac{4}{5}$일 때 $\cos\theta$와 $\tan\theta$의 값을 구하여라.

11. θ가 제4사분면 각이고 $\tan\theta = -\dfrac{5}{12}$일 때 $\sin\theta$의 값을 구하여라.

12. $\sin\theta + \cos\theta = \dfrac{1}{2}$일 때 $\sin^3\theta + \cos^3\theta$의 값을 구하여라.

❖ $a^3 + b^3 = (a+b)(a^2 - ab + b^2)$이다.

13. $\pi/2 < \theta < \pi$이고 $\dfrac{1+\tan\theta}{1-\tan\theta} = 2 - \sqrt{3}$일 때 $\cos\theta$의 값을 구하여라.

14. θ가 제4사분면 각이고 $2\sin^2\theta - 2\cos^2\theta - 3\sin\theta\cos\theta = 0$일 때 $\tan\theta$의 값을 구하여라.

15. $\sin\theta + \cos\theta = \dfrac{1}{5}$이고 이차방정식 $12x^2 + ax + b$의 두 근이 $\tan\theta$, $\cot\theta$일 때 다음 값을 구하여라.

(1) $\sin\theta\cos\theta$　　　　(2) $a + b$

16. $\sin\theta\tan\theta = k$일 때 $\tan^2\theta - \sin^2\theta$를 k로 나타내어라.

❖ $\tan\theta = \dfrac{\sin\theta}{\cos\theta}$, $\sin^2\theta = 1 - \cos^2\theta$

17. 삼각함수와 역삼각함수의 정의로부터 다음 역삼각함수 값을 구하여라.

(1) $\sin^{-1}\left(\frac{1}{\sqrt{2}}\right)$ (2) $\sin^{-1}0$

(3) $\cos^{-1}\left(\frac{1}{2}\right)$ (4) $\tan^{-1}\sqrt{3}$

❖ 역함수 정의: $y=f(x) \rightarrow x=f^{-1}(y)$

18. 계산기를 사용하여 다음을 만족하는 각 θ를 구하여라.

(1) $\sin\theta = \frac{3}{4}$ $(-90° \leq \theta \leq 90°)$ (2) $\cos\theta = \frac{2}{5}$ $(0° \leq \theta \leq 180°)$

(3) $\tan\theta = \frac{4}{7}$ $(-90° \leq \theta \leq 90°)$

9.4 삼각함수 그래프

9.4.1 주기함수

함수 $y=f(x)$의 정의역의 모든 원소 x에 대하여 $f(x+p)=f(x)$를 만족하는 상수 p $(p\neq 0)$가 존재할 때, $y=f(x)$를 주기함수라 하고, 상수 p 중에서 최소인 양수를 그 함수의 주기라고 한다.

예 (1) $y=\sin x=\sin(x+2\pi)$이므로 $y=\sin x$의 주기 $p=2\pi$

(2) $y=\cos x=\cos(x+2\pi)$이므로 $y=\cos x$의 주기 $p=2\pi$

(3) $y=\tan x=\tan(x+\pi)$이므로 $y=\tan x$의 주기 $p=2\pi$

9.4.2 $y=\sin x$의 그래프

(1) 함수 $y=\sin x$의 정의역은 $\{x\,|\,x$는 실수$\}$, 치역은 $\{y\,|\,-1\leq y\leq 1\}$

(2) 주기$=2\pi$

(3) 기함수이고 원점에 대하여 대칭

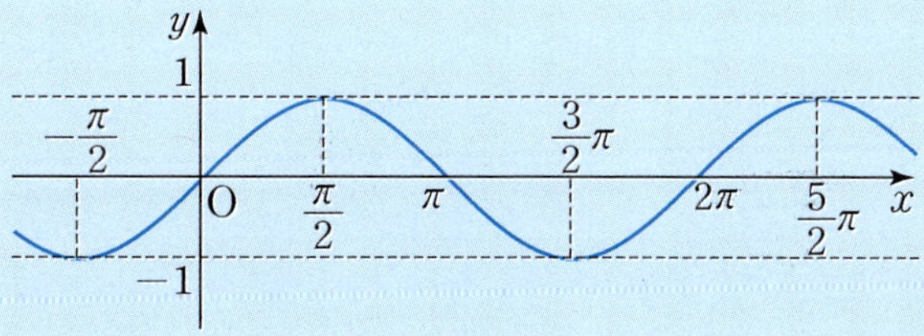

예 (1) $y=2\sin x$의 최댓값은 2, 최솟값은 -2

(2) 좌우 대칭성: $\sin\left(\frac{\pi}{2}-\theta\right)=\sin\left(\frac{\pi}{2}+\theta\right)=\cos\theta$

$$\sin\left(\frac{3\pi}{2}-\theta\right)=\sin\left(\frac{3\pi}{2}+\theta\right)=-\cos\theta$$

9.4.3 $y=\cos x$의 그래프

(1) 함수 $y=\cos x$의 정의역은 $\{x \mid x$는 실수$\}$, 치역은 $\{y \mid -1 \le y \le 1\}$

(2) 주기$=2\pi$

(3) 우함수이고 y축에 대하여 대칭

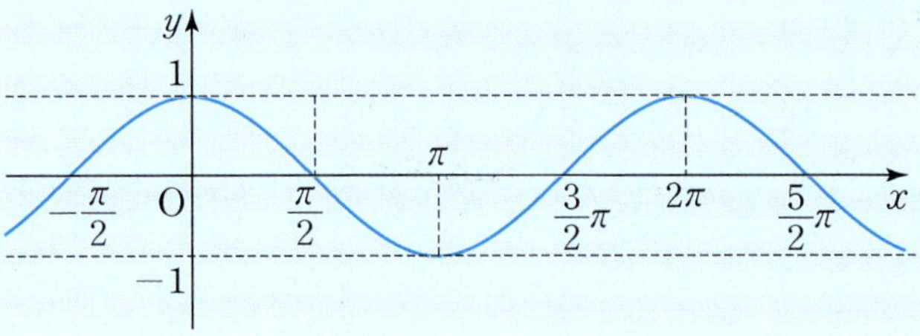

9.4.4 $y=\tan x$의 그래프

(1) 함수 $y=\tan x$의 정의역은 $\left\{x \mid x\text{는 실수},\ x \ne \frac{\pi}{2}+n\pi,\ n\text{은 정수}\right\}$,

치역은 $\{y \mid y$는 실수$\}$

(2) 주기$=\pi$

(3) 기함수이고 원점에 대하여 대칭

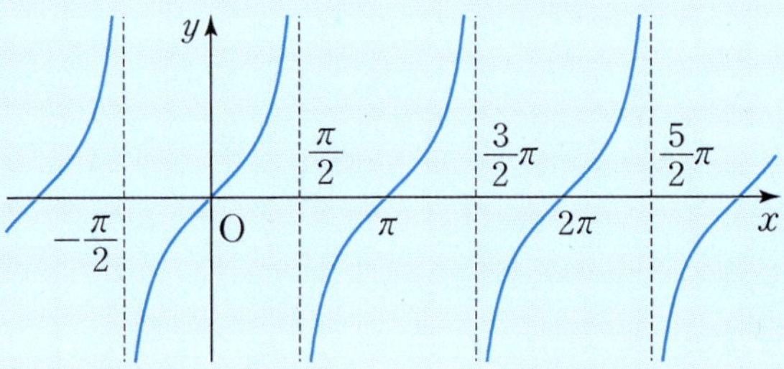

9.4.5 $\theta=\omega x+\alpha$인 삼각함수의 성질

(1) $y=A\sin(\omega x+\alpha)+C$

① 주기: $\dfrac{2\pi}{|\omega|}$ ② 최댓값: $|A|+C$ ③ 최솟값: $-|A|+C$

(2) $y=A\cos(\omega x+\alpha)+C$

① 주기: $\dfrac{2\pi}{|\omega|}$ ② 최댓값: $|A|+C$ ③ 최솟값: $-|A|+C$

(3) $y=A\tan(\omega x+\alpha)+C,\ \omega x+\alpha\neq\dfrac{\pi}{2}+n\pi$ (n은 정수)

① 주기: $\dfrac{\pi}{|\omega|}$ ② 최댓값과 최솟값은 없다.

- $y=f(\omega x+\alpha)+C$의 그래프는 $y=f(\omega x)$의 그래프를 x축 방향으로 $-\frac{\alpha}{\omega}$만큼, y축 방향으로 C만큼 평행이동한 그래프와 같다. 예를 들어

$$y=A\sin(\omega x+\alpha)+C=A\sin\left\{\omega\left(x+\frac{\alpha}{\omega}\right)\right\}+C$$

의 그래프는 $y=A\sin(\omega x)$의 그래프를 x축 방향으로 $-\frac{\alpha}{\omega}$만큼, y축 방향으로 C만큼 평행이동한 그래프와 같다.
$y=A\cos(\omega x+\alpha)+C$와 $y=A\tan(\omega x+\alpha)+C$의 그래프도 같은 특성을 가진다.
삼각함수 그래프를 평행이동하여도 주기는 변하지 않는다.

- $y=f(x)$의 그래프를 x축 방향으로 m만큼, y축 방향으로 n만큼 평행이동한 그래프의 방정식은 $y-n=f(x-m)$, 즉 $y=f(x-m)+n$이다.

예 (1) $y=2\sin(3x+4)+5$: 주기는 $\dfrac{2\pi}{3}$, 최댓값은 $2+5=7$, 최솟값은 $-2+5=3$이다.

그래프는 $y=2\sin(3x)$의 그래프를 x축 방향으로 $-\dfrac{4}{3}$만큼, y축 방향으로 5만큼 평행이동한 그래프와 같다.

(2) $y=3\tan(2x-1)-4$: 주기는 $\dfrac{\pi}{2}$, 최댓값과 최솟값은 없다.

그래프는 $y=3\tan(2x)$의 그래프를 x축 방향으로 $\dfrac{1}{2}$만큼, y축 방향으로 -4만큼 평행이동한 그래프와 같다.

예제 9.4.1 함수 $y=\cos(x-\pi)+1$의 그래프를 그려라.

풀이 $y=\cos(x-\pi)+1$의 그래프는 $y=\cos x$의 그래프를 x축 방향으로 π만큼, y축 방향으로 1만큼 평행이동한 것으로 다음과 같다.

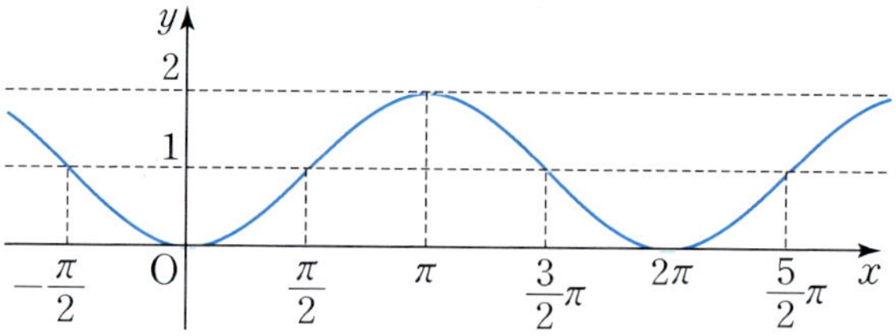

❖ $\cos(\theta-\pi)=-\cos\theta$이므로 $y=\cos(x-\pi)+1=-\cos x+1$의 그래프와 같다.

예제 9.4.2 함수 $y=\sin 2x$의 주기를 구하고 그래프를 그려라.

풀이 주기는 $\dfrac{2\pi}{|\omega|}=\dfrac{2\pi}{2}=\pi$이고 그래프는 다음과 같다.

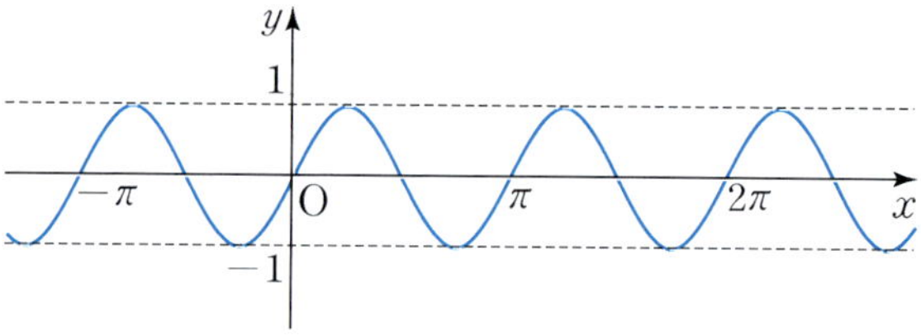

예제 9.4.3 함수 $y=2\sin\left(\pi x-\dfrac{\pi}{2}\right)+1$의 주기와 최댓값 및 최솟값을 구하고 그래프를 그려라.

풀이 주기는 $\dfrac{2\pi}{|\omega|}=\dfrac{2\pi}{\pi}=2$, 최댓값은 $2+1=3$, 최솟값은 $-2+1=-1$이다.
$y=2\sin\left(\pi x-\dfrac{\pi}{2}\right)+1=2\sin\pi\left(x-\dfrac{1}{2}\right)+1$이므로 그래프는 $y=2\sin\pi x$의 그래프를 x축의 양의 방향으로 $\dfrac{1}{2}$만큼, y축의 양의 방향으로 1만큼 평행이동한 것과 같다.

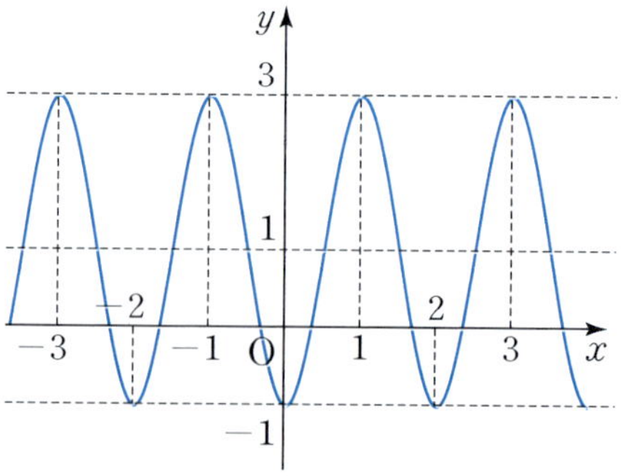

❖ $\sin\left(\theta-\frac{\pi}{2}\right)=-\cos\theta$이므로 $y=2\sin\left(\pi x-\frac{\pi}{2}\right)+1=-2\cos\pi x+1$의 그래프와 같다.

예제 9.4.4 $y=\cos 3x$의 그래프를 x축의 양의 방향으로 $\frac{\pi}{6}$만큼, y축의 양의 방향으로 5만큼 평행이동한 그래프의 식을 구하여라.

풀이 평행이동한 그래프의 식은

$$y=\cos\left\{3\left(x-\frac{\pi}{6}\right)\right\}+5=\cos\left(3x-\frac{\pi}{2}\right)+5$$

이다. 여기에서 $\cos\left(\theta-\frac{\pi}{2}\right)=\sin\theta$이므로

$$y=\cos\left(3x-\frac{\pi}{2}\right)+5=\sin 3x+5$$

로 간단하게 나타낼 수 있다.

예제 9.4.5 함수 $y=A\cos(\omega x)+C$의 주기는 $\frac{\pi}{2}$, 최댓값은 8, 최솟값은 -2일 때 상수 A, ω, C의 값을 구하여라. (단, $A>0$, $\omega>0$이다)

풀이
- 주기 $\frac{2\pi}{\omega}=\frac{\pi}{2}$ $\quad\therefore \omega=4$
- 최댓값 $A+C=8$
- 최솟값 $-A+C=-2$

위 두 식으로부터 $A=5$, $C=3$

예제 9.4.6 함수 $y=\sin^2 x-\cos^2 x+2\sin x+4(0\le x\le 2\pi)$의 최댓값과 최솟값을 구하여라.

풀이 $\sin^2 x+\cos^2 x=1$이므로

$$\begin{aligned}y&=\sin^2 x-\cos^2 x+2\sin x+4=\sin^2 x-(1-\sin^2 x)+2\sin x+4\\&=2\sin^2 x+2\sin x+3\end{aligned}$$

$\sin x=X$로 하면

$$y=2X^2+2X+3=2\left(x+\frac{1}{2}\right)^2+\frac{5}{2}$$

$0 \le x \le 2\pi$에서 $-1 \le \sin x \le 1$이므로 $-1 \le X \le 1$

$$X=-1\text{일 때 } y=3,\ X=1\text{일 때 } y=7$$

$\therefore X=-\dfrac{1}{2}$에서 최솟값 $\dfrac{5}{2}$, $X=1$에서 최댓값 7을 갖는다.

예제 9.4.7 함수 $y=\dfrac{3\sin x+9}{\cos\left(x-\dfrac{\pi}{2}\right)+2}$ $(0 \le x \le 2\pi)$의 최댓값과 최솟값을 구하여라.

풀이 $y=\dfrac{3\sin x+9}{\cos\left(x-\dfrac{\pi}{2}\right)+2}=\dfrac{3\sin x+9}{\sin x+2}=\dfrac{3(\sin x+2)+3}{\sin x+2}=3+\dfrac{3}{\sin x+2}$

여기에서 $-1 \le \sin x \le 1$이므로

$$1 \le \frac{3}{\sin x+2} \le 3$$

$$4 \le 3+\frac{3}{\sin x+2} \le 6$$

$$\therefore \text{최솟값 } 4,\ \text{최댓값 } 6$$

연습문제 9.4

1. 다음 함수의 주기, 최댓값 및 최솟값을 구하고 그래프를 그려라.

(1) $y = 3\sin(2x - \pi) + 1$　　(2) $y = 2\cos\left(\frac{1}{2}x + \pi\right) - 1$

2. 함수 $y = \tan(2x - \pi)$의 주기를 구하고 그래프를 그려라.

3. 함수 $y = 2\sin\left(\pi x - \frac{\pi}{2}\right) + 1$의 주기, 최댓값 및 최솟값을 구하고 그래프를 그려라.

4. 다음 함수의 그래프를 x축의 양의 방향으로 π만큼, y축의 양의 방향으로 1만큼 평행이동한 그래프의 식을 구하여라.

(1) $y = 2\sin(3x - \pi) + 4$　　(2) $y = 3\cos\left(\frac{1}{4}x + \pi\right) + 2$

5. 함수 $y = A\sin(\omega x + \alpha) + C$의 그래프가 그림과 같을 때 상수 A, ω, α, C의 값을 구하여라(단, $A > 0$, $\omega > 0$, $-2\pi < \alpha < 0$이다).

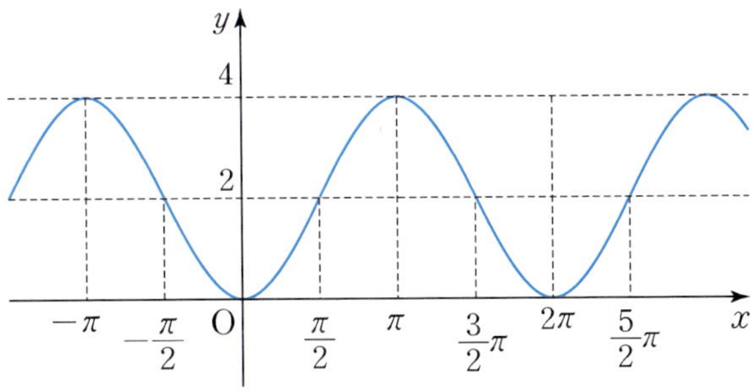

6. 함수 $y = A\sin(\omega x) + C$의 주기는 2, 최댓값은 $\frac{7}{2}$, 최솟값은 $\frac{5}{2}$일 때 상수 A, ω, C의 값을 구하여라(단, $A > 0$, $\omega > 0$이다).

7. 주기가 2인 탄젠트함수 $y=\tan(\omega x)$의 그래프를 x축의 양의 방향으로 4만큼 평행이동시켜서 얻은 함수가 $y=\tan(\omega x+\alpha)$일 때 상수 ω와 α의 값을 구하여라(단, $\omega>0$이다).

8. 함수 $f(x)=2+\sin x+\sqrt{2+\cos x}$의 주기가 P일 때 $f(P)$의 값을 구하여라.

9. 함수 $y=-2\sin^2 x+\cos^2 x+2\cos x+3(0\le x\le 2\pi)$의 최댓값과 최솟값을 구하여라.

❖ $\cos x=t\ (-1\le t\le 1)$로 치환한다. $\sin^2 x+\cos^2 x=1$

10. 함수 $y=3\sin^2 x-4\cos^2 x(0\le x\le 2\pi)$의 최댓값과 최솟값을 구하여라.

11. $y=|\cos x-2|-3\ (0\le x\le 2\pi)$의 최댓값과 최솟값을 구하여라.

12. 함수 $y=\sin^2 x-\cos^2 x-4\sin x(0\le x\le 2\pi)$의 최댓값과 최솟값을 구하여라.

❖ $\sin x=t\ (-1\le t\le 1)$로 치환한다. $\sin^2 x+\cos^2 x=1$

13. 함수 $y=\tan^2 x-\tan x+2(-\pi/4\le x\le \pi/4)$의 최댓값과 최솟값을 구하여라.

❖ $\tan x=t\ (-1\le t\le 1)$로 치환한다.

14. 함수 $y=\dfrac{3\cos x+7}{\cos x+2}(0\le x\le 2\pi)$의 최댓값과 최솟값을 구하여라.

15. 함수 $y=2\cos^2\left(\dfrac{\pi}{2}-x\right)-2\cos(\pi+x)+3(0\le x\le 2\pi)$의 최댓값과 최솟값을 구하여라.

16. 함수 $y=\tan^2 x+\dfrac{1}{\tan^2 x}-6\tan x-\dfrac{6}{\tan x}+7(0\le x\le \pi/2)$의 최솟값을 구하여라.

❖ $x^2+\dfrac{1}{x^2}=\left(x+\dfrac{1}{x}\right)^2-2$, $(a>0,\ b>0)$일 때 $a+b\ge 2\sqrt{ab}$

17. 함수 $y=4\sin(\pi x-\pi)-3$의 그래프는 $y=4\sin(\pi x)$의 그래프를 x축 방향으로 m만큼 y축 방향으로 n만큼 평행이동한 것이다. $m+n$의 값을 구하여라.

9.5 사인법칙과 코사인법칙

9.5.1 사인법칙*

세 각의 크기가 A, B, C인 $\triangle ABC$에서 세 각의 대변의 길이를 각각 a, b, c라 하고 $\triangle ABC$의 외접원의 반지름을 R이라고 하면 다음 사인법칙이 성립한다. $a=\overline{BC}$, $b=\overline{AC}$, $c=\overline{AB}$이다.

$$\frac{a}{\sin A}=\frac{b}{\sin B}=\frac{c}{\sin C}=2R$$

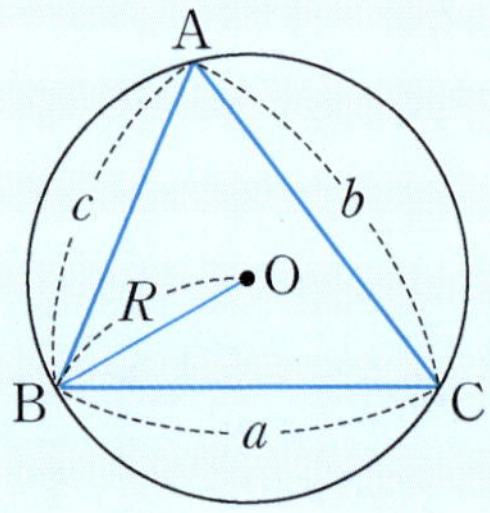

증명 각 A가 예각, 직각, 둔각인 세 경우로 나누어 $\sin A=\dfrac{a}{2R}$이 됨을 증명하자.

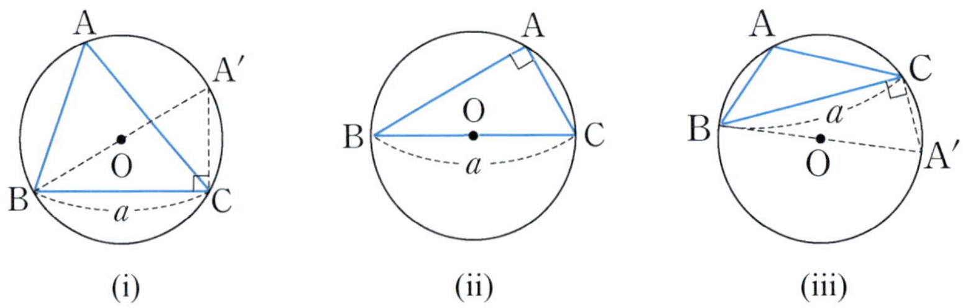

* 증명은 참고로 하고 공식을 알고 사용할 줄 알면 된다.

(1) $A < \frac{\pi}{2}$ 일 때, 그림 (ⅰ)에서 $A = A'$, $\angle A'CB = \frac{\pi}{2}$, $\overline{A'B} = 2R$

$\therefore \sin A = \sin A' = \frac{a}{2R}$

(2) $A = \frac{\pi}{2}$ 일 때, $\sin A = 1$이고, 그림 (ⅱ)에서 $a = 2R$이므로 $\frac{a}{2R} = 1$

$\therefore \sin A = \frac{a}{2R}$

(3) $A > \frac{\pi}{2}$ 일 때, 그림 (ⅲ)에서 $A = \pi - A'$, $\angle A'CB = \frac{\pi}{2}$, $\overline{A'B} = 2R$

$\therefore \sin A = \sin(\pi - A') = \sin A' = \frac{a}{2R}$

(1), (2), (3)에 의해 $\sin A = \frac{a}{2R}$ 임이 증명되었다.

같은 방법으로 $\sin B = \frac{b}{2R}$, $\sin C = \frac{c}{2R}$ 임을 알 수 있다. 따라서

$$\frac{a}{\sin A} = \frac{b}{\sin B} = \frac{c}{\sin C} = 2R$$

❖ 한 변의 길이와 두 각의 크기를 알거나, 두 변의 길이와 그 끼인각이 아닌 다른 한 각의 크기를 알면 사인법칙을 사용하여 삼각형의 나머지 요소(변의 길이, 각의 크기)를 알 수 있다.

9.5.2 사인법칙의 변형

(1) $a = 2R\sin A$, $b = 2R\sin B$, $c = 2R\sin C$

(2) $\sin A = \frac{a}{2R}$, $\sin B = \frac{B}{2R}$, $\sin C = \frac{c}{2R}$

(3) $a : b : c = \sin A : \sin B : \sin C$

예 $\triangle ABC$에서 각 $A = \frac{\pi}{4}$, $B = \frac{\pi}{6}$ 이고 $a = 5\sqrt{2}$ 일 때 b의 값

$$\frac{a}{\sin A} = \frac{b}{\sin B} \rightarrow \frac{5\sqrt{2}}{\sin(\pi/4)} = \frac{b}{\sin(\pi/6)}$$

$$\therefore b = \frac{\sin(\pi/6)}{\sin(\pi/4)} \times 5\sqrt{2} = \frac{1/2}{1/\sqrt{2}} \times 5\sqrt{2} = 5$$

9.5.3 코사인법칙

$\triangle ABC$의 세 각의 크기 A, B, C와 세 각의 대변의 길이 a, b, c 사이에 다음 관계가 성립한다. $a=\overline{BC}$, $b=\overline{AC}$, $c=\overline{AB}$이다.

(1) 제1코사인법칙

$a=b\cos C+c\cos B$ ⋯①

$b=c\cos A+a\cos C$ ⋯②

$c=a\cos B+b\cos A$ ⋯③

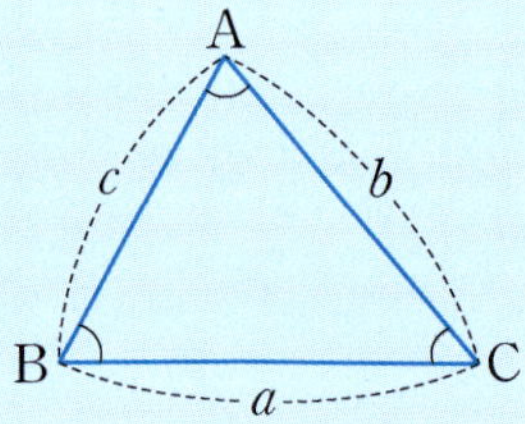

(2) 제2코사인법칙

$a^2=b^2+c^2-2bc\cos A$

$b^2=c^2+a^2-2ca\cos B$

$c^2=a^2+b^2-2ab\cos C$

증명 (1) 제1코사인법칙: 세 각의 크기가 예각인 경우 각 꼭짓점 A, B, C에서 대변 a, b, c로 수선을 그어 변의 길이를 수선과 변과의 교점으로 나누어 보면 세 변의 길이는 각각

$$a=b\cos C+c\cos B,\ b=c\cos A+a\cos C,\ c=a\cos B+b\cos A$$

임을 알 수 있다. 한 각이 직각이거나 둔각인 경우도 같은 방법으로 증명된다. 단, 둔각인 경우는 변의 연장선과 수선의 교점을 택하여 증명한다.

❖ 두 변의 길이와 두 각의 크기를 알면 제1코사인법칙을 이용하여 나머지 한 변의 길이를 구할 수 있다.

(2) 제2코사인법칙: ①$\times a-$②$\times b-$③$\times c$를 계산하여 정리하면

$$a^2-b^2-c^2=-2bc\cos A$$

$$\therefore a^2=b^2+c^2-2bc\cos A$$

마찬가지로 다른 두 식은 ②$\times b-$③$\times c-$①$\times a$, ③$\times c-$①$\times a-$②$\times b$를 하면 증명된다.

❖ 두 변의 길이와 사잇각을 알거나 세 변의 길이를 알면 제2코사인법칙을 이용하여 삼각형의 나머지 요소(각과 변의 길이)를 구할 수 있다.

예 (1) 제1코사인법칙: $b=2$, $c=\sqrt{6}$, $B=\frac{\pi}{4}$, $C=\frac{\pi}{3}$인 $\triangle ABC$에서 변 $\overline{BC}$의 길이(a)

$$a=b\cos C+c\cos B=2\cos\frac{\pi}{3}+\sqrt{6}\cos\frac{\pi}{4}$$
$$=2\times\frac{1}{2}+\sqrt{6}\times\frac{1}{\sqrt{2}}=1+\sqrt{3}$$

(2) 제2코사인법칙: $b=3$, $c=4$, $A=\frac{\pi}{3}$인 $\triangle ABC$에서 변 $\overline{BC}$의 길이(a)

$$a^2=b^2+c^2-2bc\cos A=3^2+4^2-2\times3\times4\times\cos\frac{\pi}{3}$$
$$=9+16-2\times3\times4\times\frac{1}{2}=13$$
$$\therefore\ a=\sqrt{13}$$

9.5.4 코사인법칙의 변형

(1) $\cos A=\dfrac{b^2+c^2-a^2}{2bc}$ (2) $\cos B=\dfrac{c^2+a^2-b^2}{2ca}$ (3) $\cos C=\dfrac{a^2+b^2-c^2}{2ab}$

9.5.5 삼각형의 넓이

세 각의 크기가 A, B, C이고, 세 각의 대변의 길이가 a, b, c인 $\triangle ABC$의 넓이 S는 다음과 같다. $a=\overline{BC}$, $b=\overline{AC}$, $c=\overline{AB}$이다.

$$S=\frac{1}{2}ab\sin C=\frac{1}{2}bc\sin A=\frac{1}{2}ca\sin B$$

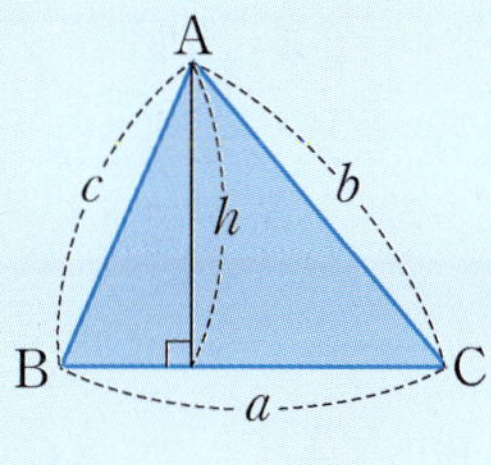

증명 $\angle B$가 예각인 경우, 그림에서 $\triangle ABC$의 넓이 $S=\frac{1}{2}ah$이고 높이 $h=c\sin B$이므로 $S=\frac{1}{2}ca\sin B$가 된다. $\angle B$가 직각$(\pi/2)$인 경우 $h=c=c\sin B$가 되고, 둔각인 경우에는 $h=c\sin(\pi-B)=c\sin B$가 된다.

예 변의 길이 $a=4$, $b=5$이고 $\angle C=60°$인 삼각형의 넓이(S)

$$S=\frac{1}{2}ab\sin C=\frac{1}{2}\times4\times5\times\sin60°=\frac{1}{2}\times4\times5\times\frac{\sqrt{3}}{2}=5\sqrt{3}$$

예제 9.5.1 [사인법칙] $\triangle ABC$에서 각 $A=\frac{\pi}{3}$, $B=\frac{\pi}{4}$이고 $b=4\sqrt{6}$일 때 a의 값을 구하여라.

풀이 사인법칙 $\frac{a}{\sin A}=\frac{b}{\sin B}$를 적용하면

$$\frac{a}{\sin(\pi/3)}=\frac{4\sqrt{6}}{\sin(\pi/4)}$$

$$\therefore a=\frac{\sin(\pi/3)}{\sin(\pi/4)}\times4\sqrt{6}=\frac{\sqrt{3}/2}{1/\sqrt{2}}\times4\sqrt{6}=12$$

예제 9.5.2 [사인법칙] $\triangle ABC$에서 각 $A=\frac{\pi}{3}$이고 $a=4$일 때 이 삼각형의 외접원의 넓이(S)를 구하여라.

풀이 $\triangle ABC$의 외접원의 반지름을 R이라 하면

$$\frac{a}{\sin A}=2R \rightarrow \frac{a}{\sin(\pi/3)}=2R$$

$$\therefore R=\frac{a}{2\sin(\pi/3)}=\frac{4}{2\times(\sqrt{3}/2)}=\frac{4}{\sqrt{3}}$$

이므로 외접원의 넓이는 다음과 같다.

$$S=\pi R^2=\pi\times\left(\frac{4}{\sqrt{3}}\right)^2=\frac{16}{3}\pi$$

예제 9.5.3 [코사인법칙] $\angle A=60°$, $\overline{AB}=2$, $\overline{AC}=3$인 $\triangle ABC$에서 $\overline{BC}$의 길이(a)를 구하여라.

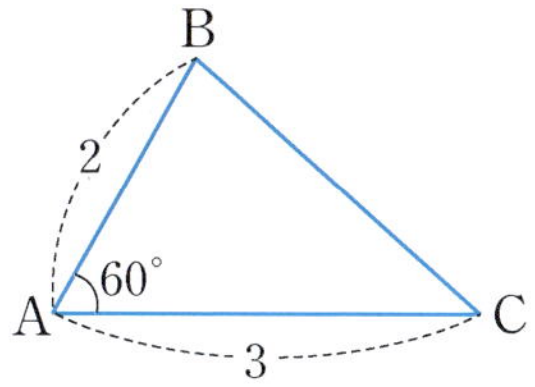

풀이 $c=\overline{AB},\ b=\overline{AC},\ a=\overline{BC}$이다.

$$a^2=b^2+c^2-2bc\cos A=2^2+3^2-2\times2\times3\cos60°$$
$$=4+9-2\times2\times3\times\frac{1}{2}=7$$
$$\therefore\ \overline{BC}=a=\sqrt{7}$$

- 두 변의 길이와 사잇각을 알면 제2코사인법을 사용하여 나머지 한 변의 길이를 구할 수 있다.
- 사인법칙과 코사인법칙 공식에서 변의 길이가 조금 헷갈리는 사람도 있을 것이다. 이때는 '$\overline{AB}$에는 C가 없으므로 $\overline{AB}=c$이고, $\overline{BC}$에는 A가 없으므로 $\overline{BC}=a$, $\overline{AC}$에는 B가 없으므로 $\overline{AC}=b$이다.'와 같이 기억하면 쉽게 해결된다.

예제 9.5.4 [코사인법칙] 세 변의 길이가 $a=\sqrt{13},\ b=4,\ c=3$인 $\triangle ABC$에서 $\angle A$의 크기를 구하여라.

풀이 제2코사인법칙을 적용하면

$$\cos A=\frac{b^2+c^2-a^2}{2bc}=\frac{4^2+3^2-(\sqrt{13})^2}{2\times4\times3}=\frac{12}{2\times4\times3}=\frac{1}{2}$$

삼각형에서 $0°<A<180°$이므로 $A=60°$이다.

예제 9.5.5 [삼각형의 넓이] 변의 길이 $b=7,\ c=4$이고 $\angle A=45°$인 삼각형의 넓이(S)를 구하여라.

풀이 $S=\frac{1}{2}bc\sin A=\frac{1}{2}\times7\times4\times\sin45°=\frac{1}{2}\times7\times4\times\frac{1}{\sqrt{2}}=7\sqrt{2}$

예제 9.5.6 [삼각형의 넓이] 세 변의 길이가 2, 3, 4인 삼각형의 넓이(S)를 구하여라.

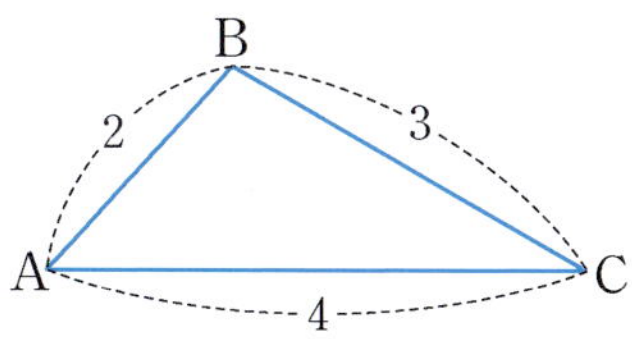

풀이 제2코사인법칙으로부터

$$\cos A = \frac{b^2+c^2-a^2}{2bc} = \frac{2^2+4^2-3^2}{2\times 2\times 4} = \frac{11}{16}$$

$$\therefore \sin A = \sqrt{1-\cos^2 A} = \sqrt{1-\left(\frac{11}{16}\right)^2} = \frac{3\sqrt{15}}{16}$$

$$\therefore S = \frac{1}{2}bc\sin A = \frac{1}{2}\times 2\times 4\times\frac{3\sqrt{15}}{16} = \frac{3\sqrt{15}}{4}$$

❖ 세 변의 길이 a, b, c가 주어졌을 때 삼각형의 넓이(S)는 헤론의 공식으로부터 곧바로 구할 수 있다. 이 공식은 제2코사인법칙을 사용하여 유도된다.

> [헤론의 공식] $$S = \sqrt{s(s-a)(s-b)(s-c)} \quad \left(s = \frac{a+b+c}{2}\right)$$

풀이 [예제 9.5.6]에서 $s = \dfrac{2+3+4}{2} = \dfrac{9}{2}$ 이므로

$$S = \sqrt{\frac{9}{2}\left(\frac{9}{2}-2\right)\left(\frac{9}{2}-3\right)\left(\frac{9}{2}-4\right)} = \sqrt{\frac{9}{2}\times\frac{5}{2}\times\frac{3}{2}\times\frac{1}{2}} = \frac{3\sqrt{15}}{4}$$

예제 9.5.7 [사인법칙, 코사인법칙] $\angle A = 30°$, $\angle C = 45°$, $\overline{BC} = a = 6$인 $\triangle ABC$에서 다음을 구하여라.

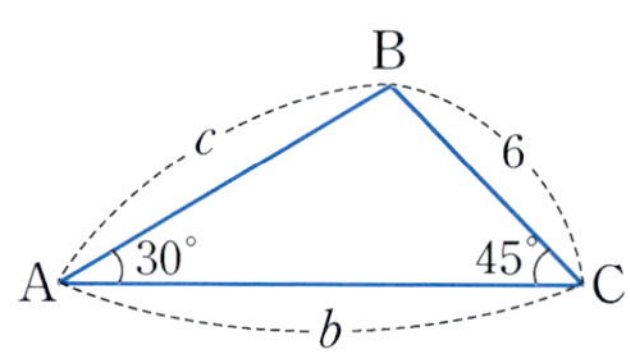

(1) 외접원의 반지름과 변 $\overline{AB}$의 길이

(2) 변 $\overline{AC}$의 길이(b)

(3) $\cos 75°$의 값

풀이 (1) $$\frac{a}{\sin A} = \frac{c}{\sin C} = 2R \quad \therefore \frac{6}{\sin 30°} = \frac{c}{\sin 45°} = 2R$$

$$\therefore R = \frac{6}{2\sin 30°} = \frac{6}{2 \times (1/2)} = 6$$

$$\therefore \overline{AB} = c = 2R\sin 45° = 2 \times 6 \times \frac{1}{\sqrt{2}} = 6\sqrt{2}$$

(2) $\overline{AC} = b = c\cos A + a\cos C = 6\sqrt{2}\cos 30° + 6\cos 45° = 3(\sqrt{6} + \sqrt{2})$

(3) $\angle B = 180° - (\angle A + \angle C) = 180° - 75°$ 이므로

$$\cos B = \cos(180° - 75°) = -\cos 75°$$

제2코사인법칙에서

$$\cos B = \frac{c^2 + a^2 - b^2}{2ca} = \frac{(6\sqrt{2})^2 + 6^2 - 3^2 \times (\sqrt{6} + \sqrt{2})^2}{2 \times 6\sqrt{2} \times 6}$$

$$= \frac{\sqrt{2} - \sqrt{6}}{4}$$

$$\therefore \cos 75° = \frac{\sqrt{6} - \sqrt{2}}{4}$$

심화·보충 학습 여러 가지 공식과 삼각함수 합성

9.5.6 덧셈정리

(1) $\sin(\alpha + \beta) = \sin\alpha\cos\beta + \cos\alpha\sin\beta$

(2) $\sin(\alpha - \beta) = \sin\alpha\cos\beta - \cos\alpha\sin\beta$

(3) $\cos(\alpha + \beta) = \cos\alpha\cos\beta - \sin\alpha\sin\beta$

(4) $\cos(\alpha - \beta) = \cos\alpha\cos\beta + \sin\alpha\sin\beta$

(5) $\tan(\alpha + \beta) = \dfrac{\tan\alpha + \tan\beta}{1 - \tan\alpha\tan\beta}$

(6) $\tan(\alpha - \beta) = \dfrac{\tan\alpha - \tan\beta}{1 + \tan\alpha\tan\beta}$

9.5.7 배각공식

(1) $\sin 2\alpha = 2\sin\alpha\cos\alpha$

(2) $\cos 2\alpha = \cos^2\alpha - \sin^2\alpha = 1 - 2\sin^2\alpha = 2\cos^2\alpha - 1$

(3) $\tan 2\alpha = \dfrac{2\tan\alpha}{1-\tan^2\alpha}$

9.5.8 반각공식

(1) $\sin^2\dfrac{\alpha}{2} = \dfrac{1-\cos\alpha}{2}$ (2) $\cos^2\dfrac{\alpha}{2} = \dfrac{1+\cos\alpha}{2}$ (3) $\tan^2\dfrac{\alpha}{2} = \dfrac{1-\cos\alpha}{1+\cos\alpha}$

9.5.9 곱을 합으로 고치는 공식

(1) $\sin\alpha\cos\beta = \dfrac{1}{2}\{\sin(\alpha+\beta) + \sin(\alpha-\beta)\}$

(2) $\cos\alpha\sin\beta = \dfrac{1}{2}\{\sin(\alpha+\beta) - \sin(\alpha-\beta)\}$

(3) $\cos\alpha\cos\beta = \dfrac{1}{2}\{\cos(\alpha+\beta) + \cos(\alpha-\beta)\}$

(4) $\sin\alpha\sin\beta = -\dfrac{1}{2}\{\cos(\alpha+\beta) - \cos(\alpha-\beta)\}$

9.5.10 합을 곱으로 고치는 공식

(1) $\sin A + \sin B = 2\sin\dfrac{A+B}{2}\cos\dfrac{A-B}{2}$

(2) $\sin A - \sin B = 2\cos\dfrac{A+B}{2}\sin\dfrac{A-B}{2}$

(3) $\cos A + \cos B = 2\cos\dfrac{A+B}{2}\cos\dfrac{A-B}{2}$

(4) $\cos A - \cos B = -2\sin\dfrac{A+B}{2}\sin\dfrac{A-B}{2}$

9.5.11 삼각함수 합성

(1) $a\sin\theta + b\cos\theta = \sqrt{a^2+b^2}\sin(\theta+\alpha)$

$$\cos\alpha = \frac{a}{\sqrt{a^2+b^2}},\ \sin\alpha = \frac{b}{\sqrt{a^2+b^2}}$$

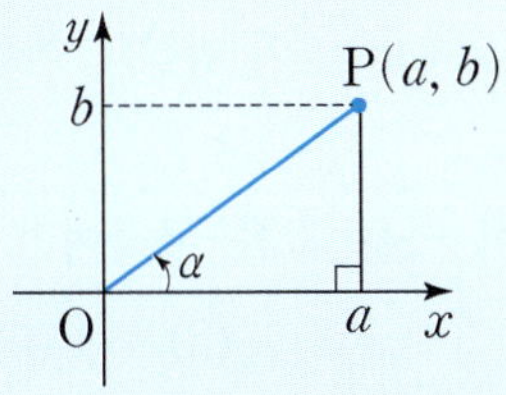

(2) $a\sin\theta + b\cos\theta = \sqrt{a^2+b^2}\cos(\theta-\beta)$

$$\cos\beta = \frac{b}{\sqrt{a^2+b^2}},\ \sin\beta = \frac{a}{\sqrt{a^2+b^2}}$$

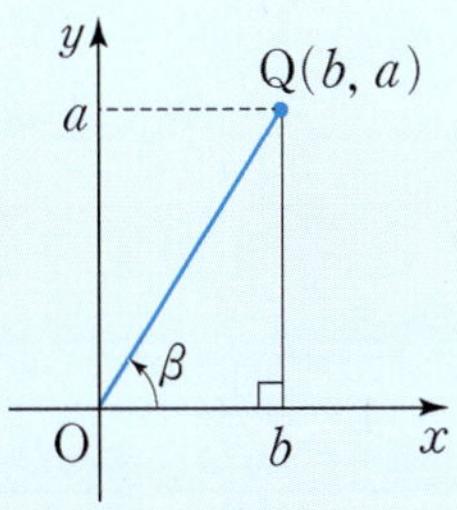

증명 (1) $\sin\theta$의 계수를 x좌표, $\cos\theta$의 계수를 y좌표로 하는 점 $P(a, b)$를 잡으면 $\overline{OP} = \sqrt{a^2+b^2}$이고 이 값으로 준 식을 정리하면

$$\begin{aligned} a\sin\theta + b\cos\theta &= \sqrt{a^2+b^2}\left(\frac{a}{\sqrt{a^2+b^2}}\sin\theta + \frac{b}{\sqrt{a^2+b^2}}\cos\theta\right) \\ &= \sqrt{a^2+b^2}(\sin\theta\cos\alpha + \cos\theta\sin\alpha) \\ &= \sqrt{a^2+b^2}\sin(\theta+\alpha) \end{aligned}$$

단, α는 $\overline{OP}$가 x축의 양의 방향과 이루는 각이다.

(2) $\cos\theta$의 계수를 x좌표, $\sin\theta$의 계수를 y좌표로 하는 점 $Q(b, a)$를 잡으면

$\overline{OQ} = \sqrt{a^2+b^2}$ 이고, 이 값으로 준 식을 정리하면

$$
\begin{aligned}
a\sin\theta + b\cos\theta &= \sqrt{a^2+b^2}\left(\frac{a}{\sqrt{a^2+b^2}}\sin\theta + \frac{b}{\sqrt{a^2+b^2}}\cos\theta\right) \\
&= \sqrt{a^2+b^2}\,(\sin\theta\sin\beta + \cos\theta\cos\beta) \\
&= \sqrt{a^2+b^2}\,\cos(\theta-\beta)
\end{aligned}
$$

단, β는 $\overline{OQ}$가 x축의 양의 방향과 이루는 각이다.

예제 9.5.8 덧셈정리를 사용하여 다음 값을 구하여라.

(1) $\sin 75°$　　　　(2) $\cos 75°$

풀이 (1) $\sin 75° = \sin(30°+45°) = \sin 30°\cos 45° + \cos 30°\sin 45°$

$$= \frac{1}{2}\times\frac{1}{\sqrt{2}} + \frac{\sqrt{3}}{2}\times\frac{1}{\sqrt{2}} = \frac{\sqrt{6}+\sqrt{2}}{4}$$

(2) $\cos 75° = \cos(30°+45°) = \cos 30°\cos 45° - \sin 30°\sin 45°$

$$= \frac{\sqrt{3}}{2}\times\frac{1}{\sqrt{2}} - \frac{1}{2}\times\frac{1}{\sqrt{2}} = \frac{\sqrt{6}-\sqrt{2}}{4}$$

예제 9.5.9 반각공식을 사용하여 $\tan\frac{\pi}{8}$의 값을 구하여라.

풀이 $$\tan^2\frac{\pi}{8} = \frac{1-\cos\frac{\pi}{4}}{1+\cos\frac{\pi}{4}} = \frac{1-\frac{1}{\sqrt{2}}}{1+\frac{1}{\sqrt{2}}} = \frac{\sqrt{2}-1}{\sqrt{2}+1} = (\sqrt{2}-1)^2$$

$$\therefore \tan\frac{\pi}{8} = \sqrt{2}-1 \quad (\because \tan\frac{\pi}{8} > 0)$$

예제 9.5.10 $y = \sin x + \sqrt{3}\cos x$를 $y = A\sin(x+\alpha)$의 꼴로 나타내고 최댓값과 최솟값을 구하여라. (단, $A>0$, $-\frac{\pi}{2} < \alpha < \frac{\pi}{2}$)

풀이 $$y = \sin x + \sqrt{3}\cos x = 2\left(\sin x \times \frac{1}{2} + \cos x \times \frac{\sqrt{3}}{2}\right)$$

$$= 2\left(\sin x\cos\frac{\pi}{3} + \cos x\sin\frac{\pi}{3}\right) = 2\sin\left(x+\frac{\pi}{3}\right)$$

$$(\leftarrow\ \tan\alpha = \frac{b}{a} = \sqrt{3}\text{에서 } \alpha = \frac{\pi}{3})$$

$-1 \le \sin\left(x + \frac{\pi}{3}\right) \le 1$이므로 최댓값 $y_{max} = 2$, 최솟값 $y_{min} = -2$이다.

예제 9.5.11 변위 $x(t) = x_m \sin(\omega_n t + \phi)$ $(x_m > 0,\ \omega_n > 0)$가 시간(t)에 따라 진동할 때 변위의 최댓값 x_m을 진동의 진폭, ω_n을 진동의 원진동수, 초기위치를 나타내는 ϕ를 위상각이라 하고, 주기 $\tau = \frac{2\pi}{\omega_n}$, 진동수 $f = \frac{1}{\tau}$이다. $x(t) = 2\sin\left(4t + \frac{\pi}{6}\right) + 2\cos 4t$의 원진동수, 진폭, 위상각, 주기, 진동수를 구하여라.

풀이
$$\begin{aligned} x(t) &= 2\sin\left(4t + \frac{\pi}{6}\right) + 2\cos 4t = 2\left(\sin 4t \cos\frac{\pi}{6} + \cos 4t \sin\frac{\pi}{6}\right) + 2\cos 4t \\ &= (\sqrt{3}\sin 4t + \cos 4t) + 2\cos 4t \\ &= \sqrt{3}\sin 4t + 3\cos 4t = 2\sqrt{3}\sin\left(4t + \frac{\pi}{3}\right) \end{aligned}$$

$$(\because \tan\alpha = \frac{3}{\sqrt{3}} = \sqrt{3}\text{이므로 } \alpha = \frac{\pi}{3})$$

$$\therefore \omega_n = 4,\ x_m = 2\sqrt{3},\ \phi = \frac{\pi}{3},\ \tau = \frac{2\pi}{\omega_n} = \frac{\pi}{2},\ f = \frac{1}{\tau} = \frac{2}{\pi}$$

연습문제 9.5

1. $\triangle ABC$에서 $\angle A = 45°$, $\angle B = 60°$이고 $\overline{AC} = 6$일 때 $\overline{BC}$의 길이(a)를 구하여라.

2. $\triangle ABC$에서 $\angle A = 30°$이고 $\overline{BC} = 5$일 때 이 삼각형의 외접원의 넓이(S)를 구하여라.

3. $\triangle ABC$에서 $\angle A = 30°$, $\overline{AB} = 4$, $\overline{AC} = 3\sqrt{3}$일 때 $\overline{BC}$의 길이(a)를 구하여라.

4. $\overline{BC} = \sqrt{7}$, $\overline{AC} = 2$, $\overline{AB} = 3$인 $\triangle ABC$에서 $\angle A$의 크기를 구하여라.

5. $\overline{AC} = 5$, $\overline{AB} = 4$이고, $\angle A = 60°$인 $\triangle ABC$의 넓이(S)를 구하여라.

6. 반지름이 3인 원에 내접하는 $\triangle ABC$에서 $\angle A = 45°$일 때 $\overline{BC}$의 길이를 구하여라.

7. $\triangle ABC$에서 $\angle B = 75°$, $\angle C = 60°$, $\overline{BC}$의 길이$= 6$일 때 다음을 구하여라.

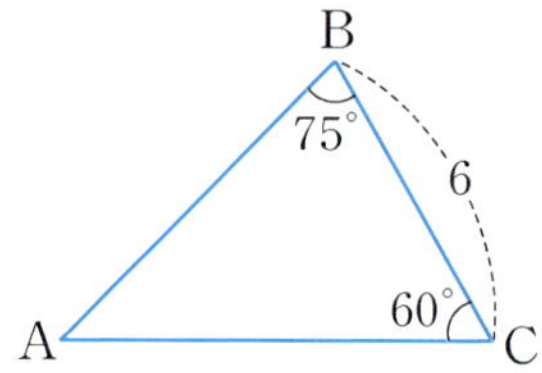

(1) 외접원의 반지름　　　(2) $\overline{AB}$의 길이

(3) $\overline{AC}$의 길이　　　(4) $\sin 75°$의 값

8. 반지름이 2인 원에 내접하는 $\triangle ABC$에서 $\angle A = 45°$, $\angle B = 60°$일 $\overline{AB}$의 길이를 구하여라.

9. $\triangle ABC$에서 $\angle A = 45°$, $\angle B = 105°$, $\overline{AB} = 2$일 때 $\overline{BC}$의 길이를 구하여라.

10. $\triangle ABC$에서 $\angle A = 30°$, $\overline{AB} = \sqrt{6} - \sqrt{2}$, $\overline{AC} = 2\sqrt{2}$일 때 $\overline{BC}$의 길이를 구하여라.

11. $\triangle ABC$의 넓이가 2이고 $\overline{AB} = 2$, $\overline{AC} = 4$일 때 $\angle A$를 구하여라.

12. $\triangle ABC$에서 $\angle A = 60°$, $\overline{BC} = 3$, $\overline{AC} = \sqrt{6}$일 때 $\angle B$를 구하여라.

13. 삼각형의 두 내각이 30°와 45°이고 외접원의 반경이 2일 때 삼각형의 넓이를 구하여라.

14. $\triangle ABC$에서 $\angle C = 90°$일 때 $\sin^2 A + \sin^2 B = \sin^2 C$임을 증명하여라.

15. $\triangle ABC$에서 $\sin A + \sin B > \sin C$임을 증명하여라.

16. $a\sin^2 A = b\sin^2 B$를 만족하는 삼각형은 어떤 모양의 삼각형인가?

17. 세 변의 길이가 7, 8, 13인 삼각형에서 최대각의 크기를 구하여라.

18. $a\cos A = b\cos B$를 만족하는 삼각형은 어떤 모양의 삼각형인가?

19. 이웃하는 두 변의 길이가 4, 5이고 그 사잇각의 크기가 30°인 평행사변형의 넓이를 구하여라.

20. 헤론(Heron)의 공식을 사용하여 세 변의 길이가 5, 6, 7인 삼각형의 넓이를 구하여라.

21. 함수 $y = 3\sin x - 4\cos x$ $(0 \le x \le 2\pi)$의 최댓값과 최솟값을 구하여라.

22. 함수 $y = \sin x + \cos x$를 $y = A\sin(x + \alpha)$ $(0 \le x \le 2\pi)$의 꼴로 나타내고 최댓값과 최솟값 및 그때의 x값을 구하여라. (단, $A > 0$, $-\pi/2 < \alpha < \pi/2$)

제 10 장

지수와 로그

10.1 지수

10.1.1 거듭제곱

어떤 수 a를 n번 거듭 곱한 것을 a의 n제곱이라 하고 a^n으로 나타낸다. a^n에서 a를 밑, n을 지수라 한다. $a,\ a^2,\ a^3, \cdots$ 등은 모두 a의 거듭제곱이다.

10.1.2 거듭제곱근

n이 2 이상의 자연수일 때 실수 a에 대하여 어떤 수를 n 제곱하여 a가 되는 수를 a의 n제곱근이라 한다. 즉, $x^n = a$이면 x는 a의 n제곱근이다.

(1) n이 짝수이면 $x^n = a(a > 0)$가 되는 실수는 양수와 음수의 두 개가 있고, $\sqrt[n]{a}$, $-\sqrt[n]{a}$로 쓴다.

(2) n이 홀수이면 $x^n = a$가 되는 실수는 하나이고 $\sqrt[n]{a}$로 쓴다.

(3) $x^n = 0$가 되는 x는 0 하나뿐이다: $x = \sqrt[n]{0} = 0$

예 (1) $x^2 = 4$를 만족하는 $x = 2,\ -2$의 두 개이다.

(2) $x^3 = 27$이 되는 실수 $x = 3$ 하나뿐이다.

복소수의 범위에서 생각하면 $x = 3,\ \frac{3}{2}(-1 \pm \sqrt{3}i)$의 세 개이다.

(3) $x^4 = 1$이 되는 실수 $x = 1,\ -1$의 두 개이고, 복소수의 범위에는 $x = \pm 1$, $\pm i$의 네 개다.

10.1.3 거듭제곱근의 성질

a가 실수이고 n이 2 이상의 정수일 때

(1) $(\sqrt[n]{a})^n = a$

(2) $\sqrt[n]{a^n} = \begin{cases} a & (n\text{이 홀수}) \\ |a| & (n\text{이 짝수}) \end{cases}$

$a>0$, $b>0$이고 m, n이 2 이상의 정수일 때

(3) $\sqrt[n]{a}\sqrt[n]{b} = \sqrt[n]{ab}$

(4) $\dfrac{\sqrt[n]{a}}{\sqrt[n]{b}} = \sqrt[n]{\dfrac{a}{b}}$

(5) $(\sqrt[n]{a})^m = \sqrt[n]{a^m}$

(6) $\sqrt[m]{\sqrt[n]{a}} = \sqrt[mn]{a} = \sqrt[n]{\sqrt[m]{a}}$

(7) $\sqrt[np]{a^{mp}} = \sqrt[n]{a^m}$ (단, p는 양의 정수)

예 (1) $(\sqrt[n]{2})^n = 2$

(2) n이 홀수일 때: $\sqrt[3]{2^3} = 2$, $\sqrt[3]{(-2)^3} = -2$

n이 짝수일 때: $\sqrt[2]{2^2} = 2$, $\sqrt[2]{(-2)^2} = 2$

(3) $\sqrt[3]{2}\sqrt[3]{4} = \sqrt[3]{8} = \sqrt[3]{2^3} = 2$

(4) $\dfrac{\sqrt[3]{54}}{\sqrt[3]{2}} = \sqrt[3]{\dfrac{54}{2}} = \sqrt[3]{27} = \sqrt[3]{3^3} = 3$

(5) $(\sqrt[3]{2})^6 = \sqrt[3]{2^6} = \sqrt[3]{4^3} = 4$

(6) $\sqrt[3]{\sqrt{64}} = \sqrt[6]{2^6} = 2$

(7) $\sqrt[12]{2^{15}} = \sqrt[4\times 3]{2^{5\times 3}} = \sqrt[4]{2^5}$

10.1.4 분수 지수의 정의

$a>0$, m이 정수이고 n이 2 이상의 정수일 때

$$a^{\frac{m}{n}} = \sqrt[n]{a^m}, \quad a^{\frac{1}{n}} = \sqrt[n]{a}$$

예 $2^{\frac{5}{3}} = \sqrt[3]{2^5}$, $2^{\frac{1}{3}} = \sqrt[3]{2}$, $\sqrt[4]{3^7} = 3^{\frac{7}{4}}$, $\sqrt[3]{5^2} = 5^{\frac{2}{3}}$

10.1.5 지수법칙

지수 n이 자연수뿐만 아니라 정수, 유리수, 실수까지 확장하여 다음의 지수법칙이 성립한다.

$a>0,\ b>0$이고 $x,\ y$가 실수일 때,

(1) $a^x a^y = a^{x+y}$

(2) $a^x \div a^y = a^{x-y}$

(3) $(a^x)^y = a^{xy}$

(4) $(ab)^x = a^x b^x$

$a \neq 0$일 때, $a^0 = 1,\ a^{-x} = \dfrac{1}{a^x}$

예 (1) $(\sqrt{2})^{\frac{1}{3}} \times (\sqrt{2})^{\frac{2}{3}} = (\sqrt{2})^{\frac{1}{3}+\frac{2}{3}} = \sqrt{2}$

(2) $(\sqrt{3})^{\frac{5}{2}} \div (\sqrt{3})^{\frac{1}{2}} = (\sqrt{3})^{\frac{5}{2}-\frac{1}{2}} = (\sqrt{3})^2 = 3$

(3) $\left\{(\sqrt[3]{2})^{\frac{1}{2}}\right\}^6 = (\sqrt[3]{2})^3 = 2$

(4) $(\sqrt{5} \times \sqrt[3]{2})^2 = (\sqrt{5})^2 \times (\sqrt[3]{2})^2 = 5\sqrt[3]{4}$

(5) 밑이 음수($a<0,\ b<0$)이고 지수가 실수일 때는 밑이 양수($a>0,\ b>0$)일 때의 지수법칙을 적용하지 않는다.

- $\{(-3)^2\}^{\frac{1}{2}} = 9^{\frac{1}{2}} = 3$ 이다.

  $\{(-3)^2\}^{\frac{1}{2}} = (-3)^{2\times\frac{1}{2}} = (-3)^1 = -3$ 이 아니다.

- $\{(-2)\times(-3)\}^{\frac{1}{2}} = (6)^{\frac{1}{2}} = \sqrt{6}$ 이다.

  $\{(-2)\times(-3)\}^{\frac{1}{2}} = (-2)^{\frac{1}{2}} \times (-3)^{\frac{1}{2}} = \sqrt{-2} \times \sqrt{-3}$
  $= \sqrt{2}\,i \times \sqrt{3}\,i = -\sqrt{6}$ 이 아니다.

10.1.6 지수함수

(1) 지수함수: $a \neq 1,\ a>0$일 때 정의역이 실수의 집합이며 치역이 양의 실수의 집합인 함수 $y=a^x$를 a를 밑으로 하는 지수함수라 한다.

(2) 지수함수 $y=a^x\ (a\neq 1,\ a>0)$의 성질

① 정의역은 실수 전체의 집합이고 치역은 $\{y \mid y > 0\}$이다.

② 그래프는 점 $(0, 1)$을 지나고 직선 $y = 0$(x축)을 점근선으로 한다.

③ $0 < a < 1$일 때, x의 값이 증가하면 y의 값은 감소한다.

$a > 1$일 때, x의 값이 증가하면 y의 값도 증가한다.

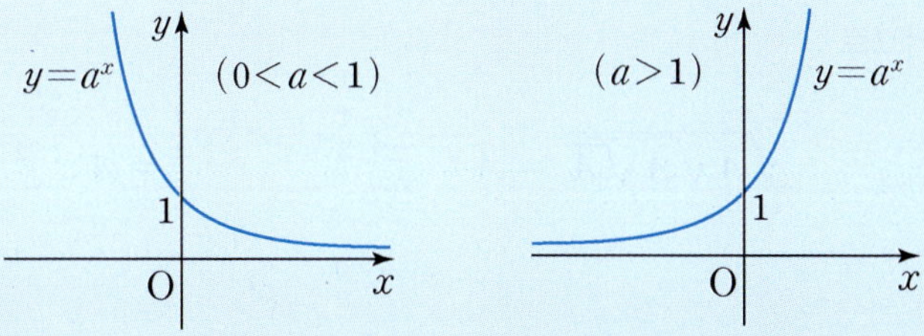

(3) $y = a^x$와 $y = a^{-x} = \left(\dfrac{1}{a}\right)^x$의 그래프는 y축에 대하여 대칭이다.

(4) 지수함수 $y = a^x$의 그래프를 x축 방향으로 m만큼, y축 방향으로 n만큼 평행이동한 방정식은 $y = a^{x-m} + n$.

설명 $a \neq 1$, $a > 0$일 때 임의의 실수 x에 대하여 a^x의 값은 하나로 정해진다. 따라서 지수함수 $y = a^x$를 정의할 수 있다.

예 (1) 지수함수 예: $y = 2^x$, $y = 3^{-x}$

(2) $y = 2^x$와 $y = 2^{-x}$의 그래프는 y축에 대하여 대칭이다.

(3) $y = 2^{x-1} + 3$은 $y = 2^x$의 그래프를 x축 방향으로 1만큼, y축 방향으로 3만큼 평행이동한 그래프이다.

예제 10.1.1 다음 식을 간단히 하여라. (단, $a > 0$)

(1) $\sqrt[3]{\sqrt[4]{16}} \times \sqrt[4]{\sqrt[3]{16^2}}$　　(2) $(a^3)^2 \times a^{-5} \div (a^{-2})^4$

풀이 (1) $\sqrt[3]{\sqrt[4]{16}} \times \sqrt[4]{\sqrt[3]{16^2}} = \left(16^{\frac{1}{4}}\right)^{\frac{1}{3}} \times \left\{(16^2)^{\frac{1}{3}}\right\}^{\frac{1}{4}} = 16^{\frac{1}{12} + \frac{2}{12}} = (2^4)^{\frac{1}{4}} = 2$

(2) $(a^3)^2 \times a^{-5} \div (a^{-2})^4 = a^6 \times a^{-5} \div a^{-8} = a^{6-5-(-8)} = a^9$

예제 10.1.2 $A>0$일 때 $\sqrt{A\sqrt[3]{A\sqrt{A}}}=A^x$를 만족하는 x의 값을 구하여라.(단, $A\neq 1$이다.)

풀이 거듭제곱근을 지수로 표현하여 계산한다.

$$\sqrt[m]{A\sqrt[n]{B}}=A^{\frac{1}{m}}B^{\frac{1}{mn}}$$

이므로

$$\sqrt{A\sqrt[3]{A\sqrt[4]{A}}}=A^{\frac{1}{2}+\frac{1}{2}\times\frac{1}{3}+\frac{1}{2}\times\frac{1}{3}\times\frac{1}{4}}=A^{\frac{12+4+1}{24}}=A^{\frac{17}{24}}$$

$$\therefore x=\frac{17}{24}$$

예제 10.1.3 $\sqrt{\dfrac{8^5+4^5}{8^3+2^4}}$을 간단히 하여라.

풀이 밑을 2로 통일하여 계산한다. $8=2^3$, $4=2^2$이므로

$$\sqrt{\frac{8^5+4^5}{8^3+2^4}}=\sqrt{\frac{(2^3)^5+(2^2)^5}{(2^3)^3+2^4}}=\sqrt{\frac{2^{15}+2^{10}}{2^9+2^4}}=\sqrt{\frac{2^{10}(2^5+1)}{2^4(2^5+1)}}$$
$$=\sqrt{2^6}=2^3=8$$

예제 10.1.4 $a=\sqrt[3]{2}$, $b=\sqrt[4]{3}$일 때 $\sqrt[6]{12}$를 a, b로 나타내어라.

풀이 $\sqrt[6]{12}=12^{\frac{1}{6}}=(2^2\times 3)^{\frac{1}{6}}=2^{\frac{1}{3}}\times 3^{\frac{1}{6}}=2^{\frac{1}{3}}\times\left(3^{\frac{1}{4}}\right)^{\frac{2}{3}}$

$$=ab^{\frac{2}{3}}=a\sqrt[3]{b^2}\quad(\because a=2^{\frac{1}{3}},\ b=3^{\frac{1}{4}})$$

예제 10.1.5 $a=\sqrt[3]{2}+\dfrac{1}{\sqrt[3]{2}}$일 때 a^3-3a의 값을 구하여라.

풀이 $a^3=\left(\sqrt[3]{2}+\dfrac{1}{\sqrt[3]{2}}\right)^3=(\sqrt[3]{2})^3+\left(\dfrac{1}{\sqrt[3]{2}}\right)^3+3\times\sqrt[3]{2}\times\dfrac{1}{\sqrt[3]{2}}\left(\sqrt[3]{2}+\dfrac{1}{\sqrt[3]{2}}\right)$

$$=2+\frac{1}{2}+3a=\frac{5}{2}+3a$$

$$\therefore\ a^3-3a=\frac{5}{2}$$

❖ $(a+b)^3=a^3+3a^2b+3ab^2+b^3=a^3+b^3+3ab(a+b)$

예제 10.1.6 $a>0$, $x>0$이고 $a^x+a^{-x}=3$일 때 다음 식의 값을 구하여라.

(1) $\sqrt{a^x}+\sqrt{a^{-x}}$ (2) $a^{2x}+a^{-2x}$

풀이 (1) $\left(\sqrt{a^x}+\sqrt{a^{-x}}\right)^2=\left(\sqrt{a^x}\right)^2+\left(\sqrt{a^{-x}}\right)^2+2\sqrt{a^x}\sqrt{a^{-x}}$

$$=a^x+a^{-x}+2=3+2=5$$

$$\therefore \sqrt{a^x}+\sqrt{a^{-x}}=\sqrt{5}\ \ (\because \sqrt{a^x}>0)$$

(2) $a^{2x}+a^{-2x}=\left(a^x+a^{-x}\right)^2-2a^x\times a^{-x}=\left(a^x+a^{-x}\right)^2-2=3^2-2=7$

❖ $(a+b)^2=a^2+2ab+b^2$, $a^2+b^2=(a+b)^2-2ab$, $a^x\times a^{-x}=a^0=1$

예제 10.1.7 다음 식을 만족하는 x를 구하여라.

(1) $4^{2x-1}=\dfrac{1}{8\sqrt[3]{64}}$ (2) $3^{3x+2}=\left(\dfrac{9}{\sqrt{3}}\right)^{4x+6}$

풀이 양변의 밑을 통일한 후 지수를 비교한다.

(1) 좌변과 우변의 밑을 2로 통일하면

$$4^{2x-1}=\left(2^2\right)^{2x-1}=2^{4x-2}$$

$$\frac{1}{8\sqrt[3]{64}}=\frac{1}{2^3\sqrt[3]{2^6}}=\frac{1}{2^5}=2^{-5}$$

이므로 준 식에서

$$2^{4x-2}=2^{-5}$$

$$4x-2=-5$$

$$\therefore x=-\frac{3}{4}$$

(2) 3을 밑으로 하여 우변을 나타내면

$$\left(\frac{9}{\sqrt{3}}\right)^{4x+6}=\left(3^{2-\frac{1}{2}}\right)^{4x+6}=3^{6x+9}$$

이므로 준 식에서

$$3^{3x+2}=3^{6x+9}$$

$$3x+2=6x+9$$

$$\therefore x=-\frac{7}{3}$$

예제 10.1.8 함수 $y=2^{x+2}+1$의 그래프를 그리고 치역과 점근선의 방정식을 구하여라.

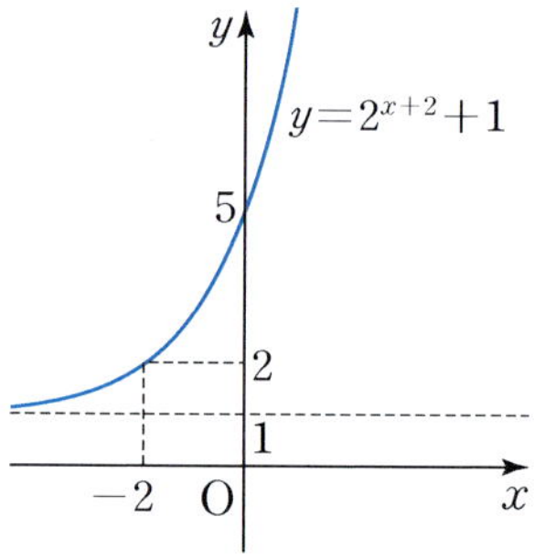

풀이
- $y=2^{x+2}+1$의 그래프는 $y=2^x$의 그래프를 x축 방향으로 -2만큼, y축 방향으로 1만큼 평행이동한 그래프이다.
- 치역은 $\{y|y>1\}$, 점근선의 방정식은 $y=1$다.

보충학습 쌍곡선함수*

밑을 e로 하는 지수함수 $y=e^x$와 $y=e^{-x}$의 결합으로 이루어지는 함수를 다음과 같이 정의하고, 이들을 통틀어 쌍곡선함수라 한다.

$$\sinh x=\frac{e^x-e^{-x}}{2},\quad \cosh x=\frac{e^x+e^{-x}}{2},\quad \tanh x=\frac{\sinh x}{\cosh x}=\frac{e^x-e^{-x}}{e^x+e^{-x}}$$

$$\text{sech}\,x=\frac{1}{\cosh x},\quad \text{csch}\,x=\frac{1}{\sinh x},\quad \coth x=\frac{1}{\tanh x}$$

이상의 함수를 각각 쌍곡선 sine함수, 쌍곡선 cosine함수, 쌍곡선 tangent함수, 쌍곡선 secant함수, 쌍곡선 cosecant함수, 쌍곡선 cotangent함수라 한다.

쌍곡선함수는 다음과 같이 삼각함수와 유사한 관계식을 갖는다.

(1) $\sinh(-x)=-\sinh x,\ \cosh(-x)=\cosh x,\ \tanh(-x)=-\tanh x$

(2) $\cosh x+\sinh x=e^x,\ \cosh x-\sinh x=e^{-x}$

(3) $\cosh^2 x-\sinh^2 x=1$

$\tanh^2 x+\text{sech}^2 x=1$

* 쌍곡선함수의 정의를 알아두도록 한다. 계산기의 키보드에 표시된 'hyp'는 쌍곡선함수를 계산하기 위해 사용하는 키를 나타낸다.

$$\coth^2 x - \mathrm{csch}^2 x = 1$$

(4) $\sinh 2x = 2\sinh x \cosh x$

$$\sinh^2 x = \frac{\cosh 2x - 1}{2}$$

$$\cosh^2 x = \frac{\cosh 2x + 1}{2}$$

(5) $\sinh(x \pm y) = \sinh x \cosh y \pm \cosh x \sinh y$ (복호동순)

$\cosh(x \pm y) = \cosh x \cosh y \pm \sinh x \sinh y$ (복호동순)

$$\tanh(x \pm y) = \frac{\tanh x \pm \tanh y}{1 \pm \tanh x \tanh y}$$ (복호동순)

연습문제 10.1

1. 다음 식을 간단히 하여라. (단, $a>0,\ b>0$)

(1) $\dfrac{\sqrt{4}}{2}\times\sqrt[3]{16}\div\sqrt[4]{64}$

(2) $\sqrt[3]{8}\times\sqrt[5]{32}\div\left(\sqrt{4}\div\sqrt{2}\right)$

(3) $\sqrt{a}\times\sqrt{\sqrt[3]{a}}\times\sqrt{\sqrt[3]{\sqrt[4]{a}}}$

(4) $\sqrt{\dfrac{\sqrt[4]{a}}{\sqrt[3]{a}}}\times\sqrt[3]{\dfrac{\sqrt[4]{a^3}}{\sqrt{a}}}\times\sqrt[3]{a}\times\left(\sqrt{a}\right)^3$

(5) $\sqrt{2a^2b}\times\sqrt[4]{4a^3b^2}\div\sqrt[6]{8a^3b}$

(6) $\sqrt[4]{a^2b^{-1}}\div\left(\sqrt{a^{-1}b^2}\div\sqrt[3]{a^2b^6}\right)\div\sqrt{ab}$

2. $\sqrt[3]{8\sqrt[4]{64\sqrt[5]{32}}}\times\sqrt[3]{9\sqrt[4]{81\sqrt{27}}}=2^a\times3^b$일 때 $a,\ b$의 값을 구하여라.

3. 양의 실수 $a,\ b$에 대하여 $\dfrac{a}{b}\sqrt{\dfrac{b}{a}\sqrt[4]{\dfrac{a}{b}}}\div\sqrt{\dfrac{b}{a}}=\left(\dfrac{a}{b}\right)^k$를 만족하는 k의 값을 구하여라.

4. $a+a^{-1}=5\,(a>0)$일 때 다음 식의 값을 구하여라.

(1) $\sqrt{a}+\sqrt{a^{-1}}$

(2) a^2+a^{-2}

5. $\sqrt{2\sqrt[3]{4\sqrt[4]{8}}}=2^k$가 되는 상수 k의 값을 구하여라.

6. $\dfrac{3^x+3^{-x}}{3^x-3^{-x}}=3$일 때 $(3^x+3^{-x})(3^x-3^{-x})$의 값을 구하여라.

❖ 좌변의 분자와 분모에 3^x를 곱하여 3^{2x}의 값을 구한다.
$(A+B)(A-B)=A^2-B^2$

7. 다음 식을 만족하는 x를 구하여라.

(1) $2^{4x+1} = \dfrac{\sqrt{8}}{4^3}$ (2) $2^x - 8 \times \sqrt[3]{2} = 0$

◆ 밑을 통일하여 양변의 지수를 비교한다.

10.2 로그

10.2.1 로그의 정의

(1) $a>0$, $a \neq 1$일 때, 임의의 양수 N에 대하여 $a^x = N$이 되는 실수 x를 a를 밑으로 하는 N의 로그라 하고, $x=\log_a N$으로 나타낸다.

(2) $x=\log_a N$에서 a를 $\log_a N$의 밑, N을 $\log_a N$의 진수라 한다.

[로그의 정의]

$a>0$, $a \neq 1$, $N>0$일 때 $a^x = N \Leftrightarrow x=\log_a N$

(1) 밑의 조건: 1이 아닌 양의 실수 ($a>0$, $a \neq 1$)

(2) 진수의 조건: 양의 실수 ($N>0$)

예 (1) $2^x = 4 \Leftrightarrow x=\log_2 4$

(2) $3^x = 9 \Leftrightarrow x=\log_3 9$

10.2.2 로그의 기본 성질

$a>0$, $a \neq 1$이고 $x>0$, $y>0$일 때

(1) $\log_a a = 1$, $\log_a 1 = 0$

(2) $\log_a xy = \log_a x + \log_a y$

(3) $\log_a \dfrac{x}{y} = \log_a x - \log_a y$

(4) $\log_a x^m = m\log_a x$ (m은 실수)

증명 지수법칙과 다음 로그의 정의를 이용하여 증명한다.

$$a^x = N \Leftrightarrow x=\log_a N \ (a>0,\ a \neq 1,\ N>0)$$

(1) $a^1 = a$이므로 $1 = \log_a a$, 즉 $\log_a a = 1$

$a^0 = 1$이므로 $0 = \log_a 1$, 즉 $\log_a 1 = 0$

(2) $\log_a x = X$, $\log_a y = Y$로 하면 로그의 정의에 의하여

$$x = a^X,\ y = a^Y$$

이므로 지수 법칙에 의하여

$$xy = a^X \cdot a^Y = a^{X+Y}$$

따라서 로그의 정의에 의하여

$$\log_a xy = X + Y$$

$$\therefore \log_a xy = \log_a x + \log_a y$$

(3) $\log_a x = X$, $\log_a y = Y$로 하면 로그의 정의에 의하여

$$x = a^X,\ y = a^Y$$

$$\therefore \frac{x}{y} = \frac{a^X}{a^Y} = a^{X-Y}$$

따라서 로그의 정의에 의하여

$$\log_a \frac{x}{y} = X - Y$$

$$\therefore \log_a \frac{x}{y} = \log_a x - \log_a y$$

(4) $\log_a x = X$로 하면 로그의 정의에 의하여

$$x = a^X$$

$$\therefore x^m = (a^X)^m = a^{mX}$$

따라서 로그의 정의에 의하여

$$\log_a x^m = mX$$

$$\therefore \log_a x^m = m \log_a x$$

예 (1) $\log_2 2 = 1$, $\log_2 1 = 0$

(2) $\log_2 6 = \log_2 (2 \times 3) = \log_2 2 + \log_2 3 = 1 + \log_2 3$

(3) $\log_2 \frac{3}{2} = \log_2 3 - \log_2 2 = \log_2 3 - 1$

(4) $\log_2 16 = \log_2 2^4 = 4\log_2 2 = 4$

10.2.3 로그의 밑변환공식

밑변환공식: $a > 0,\ a \neq 1,\ b > 0,\ b \neq 1,\ x > 0$일 때

(1) $\log_a x = \dfrac{\log_b x}{\log_b a}$　　(2) $\log_a b = \dfrac{1}{\log_b a}$

예 (1) $\log_2 5 = \dfrac{\log_3 5}{\log_3 2}$

(2) $\log_2 3 = \dfrac{\log_3 3}{\log_3 2} = \dfrac{1}{\log_3 2}$

10.2.4 밑의 변환과 관련된 로그의 여러 가지 성질

$a > 0,\ a \neq 1,\ b > 0,\ b \neq 1,\ c > 0$일 때

(1) $a^{\log_a b} = b$　　(2) $\log_{a^n} b^m = \dfrac{m}{n}\log_a b$ (m, n은 실수, $n \neq 0$)

(3) $a^{\log_b c} = c^{\log_b a}$　　(4) $\log_a b \times \log_b a = 1$

예 (1) $2^{\log_2 3} = 3$　　(2) $\log_{2^5} 3^7 = \dfrac{7}{5}\log_2 3$

(3) $2^{\log_3 4} = 4^{\log_3 2}$　　(4) $\log_3 7 \times \log_7 3 = 1$

10.2.5 상용로그

$\log_{10} N$과 같이 밑을 10으로 하는 로그를 상용로그라 하고, 보통 밑 10을 생략하여 $\log N$으로 나타낸다. $\log 10 = 1$, $\log 10^n = n$.

예 $\log_{10} 5 = \log 5$,　$\log 1000 = \log 10^3 = 3\log 10 = 3$

10.2.6 자연로그

밑이 e인 $\log_e x$를 자연로그라 하고 $\ln x$으로 나타낸다. 즉, $\ln x = \log_e x$이다. 여기에서

$e = \lim_{h \to 0}(1+h)^{\frac{1}{h}} = 2.718281 \cdots$ (무리수)이다.

❖ 십진법을 사용하는 수의 계산에는 상용로그를 사용하는 것이 편리하다. 그러나 공학 문제를 해석할 때 사용하는 로그는 대부분 자연로그이다.

10.2.7 로그함수

(1) 로그함수: 지수함수 $y = a^x$의 역함수 $y = \log_a x$ $(a \neq 1,\ a > 0)$를 a를 밑으로 하는 로그함수라 한다.

(2) 로그함수 $y = \log_a x$ $(a \neq 1,\ a > 0)$의 성질

① 정의역은 $\{x \mid x > 0\}$이고, 치역은 실수 전체의 집합이다.

② 그래프는 점 $(1, 0)$을 지나고 직선 $x = 0$(y축)을 점근선으로 한다.

③ $a > 1$일 때, x의 값이 증가하면 y의 값도 증가한다.

$0 < a < 1$일 때, x의 값이 증가하면 y의 값은 감소한다.

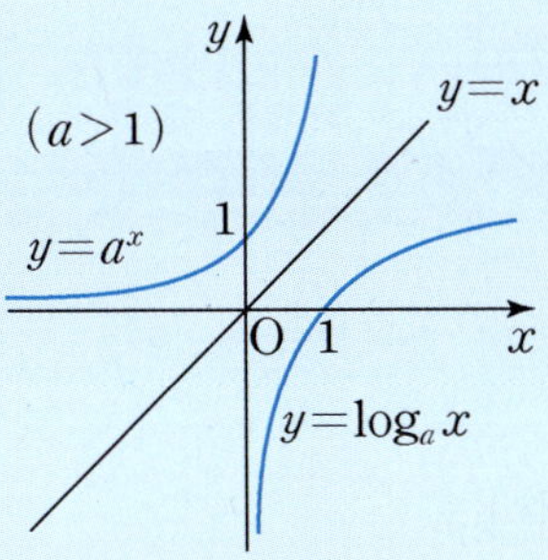

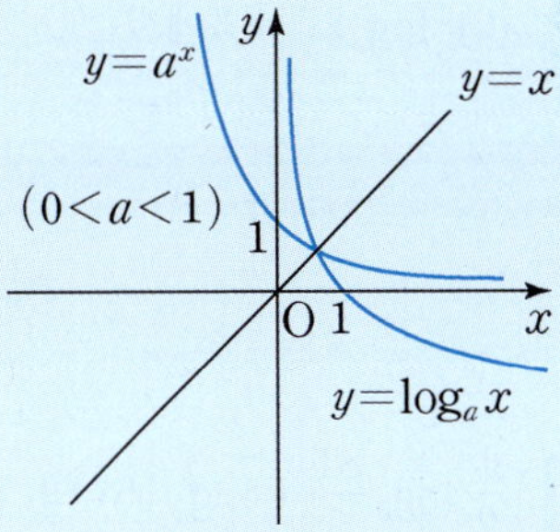

❖ $y = a^x$와 $y = \log_a x$의 그래프: 두 함수는 서로 역함수이므로 두 함수의 그래프는 $y = x$에 대하여 대칭이다.

설명 지수함수 $y = a^x$ $(a \neq 1,\ a > 0)$은 정의역이 실수 전체의 집합이고 치역이 양의 실수의 집합인 일대일 대응함수이므로 역함수가 존재한다. $y = a^x$에서 x를 구하면 로그의 정의에 의해 $x = \log_a y$이고, x와 y를 바꾸어 쓰면 $y = \log_a x$가 된다. 즉, 지수함수 $y = a^x$의 역함수는 $y = \log_a x$이다.

예 (1) 로그함수 예: $y=\log_2 x$, $y=\log x$, $y=\ln x$

(2) $y=2^x$ 의 역함수는 $y=\log_2 x$.

예제 10.2.1 다음을 간단히 하여라.

(1) $\log_2 4$　　(2) $\log_2 \sqrt[3]{16}$

(3) $\log_3 \sqrt{3}$　　(4) $\log_3 81$

풀이 (1) $\log_2 4=\log_2 2^2=2\log_2 2=2$

(2) $\log_2 \sqrt[3]{16}=\log_2 (2^4)^{\frac{1}{3}}=\log_2 2^{\frac{4}{3}}=\frac{4}{3}\log_2 2=\frac{4}{3}$

(3) $\log_3 \sqrt{3}=\log_3 3^{\frac{1}{2}}=\frac{1}{2}\log_3 3=\frac{1}{2}$

(4) $\log_3 81=\log_3 3^4=4\log_3 3=4$

예제 10.2.2 다음 식에서 x의 값을 구하여라.

(1) $\log_{10} x=4$　　(2) $\log_x 27=3$

풀이 (1) $\log_{10} x=4$에서 $x=10^4=10{,}000$

(2) $\log_x 27=3$에서

$$27=x^3$$
$$3^3=x^3$$
$$\therefore x=3$$

예제 10.2.3 $\frac{1}{2}\log_3 \frac{81}{5}+\log_3 \sqrt{5}$ 의 값을 구하여라.

풀이 $\frac{1}{2}\log_3 \frac{81}{5}+\log_3 \sqrt{5}=\frac{1}{2}(\log_3 81-\log_3 5)+\frac{1}{2}\log_3 5$

$$=\frac{1}{2}\log_3 81=\frac{1}{2}\log_3 3^4=\frac{1}{2}\times 4=2$$

예제 10.2.4 $\log_2 \sqrt{3}+\frac{1}{2}\log_2 \frac{1}{4}-\log_2 \sqrt{6}$ 의 값을 구하여라.

풀이 $\log_2\sqrt{3}+\frac{1}{2}\log_2\frac{1}{4}-\log_2\sqrt{6}=\frac{1}{2}\log_2 3+\frac{1}{2}(\log_2 1-\log_2 4)-\frac{1}{2}\log_2 6$

$$=\frac{1}{2}\log_2 3+\frac{1}{2}(0-2)-\frac{1}{2}(\log_2 2+\log_2 3)$$

$$=-1-\frac{1}{2}\times\log_2 2=-\frac{3}{2}$$

예제 10.2.5 $\log_2 3=a$, $\log_2 5=b$일 때 $\log_2 10-\log_2 12+\log_3 6$ 을 a, b로 나타내어라.

풀이 $\log_2 10-\log_2 12+\log_3 6=\log_2(2\times 5)-\log_2(2^2\times 3)+\frac{\log_2(2\times 3)}{\log_2 3}$

$$=1+\log_2 5-2-\log_2 3+\frac{1+\log_2 3}{\log_2 3}=\frac{1}{a}-a+b$$

예제 10.2.6 $\log_{10}2=0.3010$, $\log_{10}3=0.4771$일 때 $\log_{10}36$의 값을 구하여라.

풀이 $\log_{10}36=\log_{10}(2^2\times 3^2)=\log_{10}2^2+\log_{10}3^2=2\log_{10}2+2\log_{10}3$

$$=2\times 0.3010+2\times 0.4771=1.5562$$

예제 10.2.7 $2^{2x}=3^{x+1}$을 만족하는 x를 구하여 상용로그를 사용하여 나타내어라.

풀이 주어진 식 $2^{2x}=3^{x+1}$의 양변에 상용로그를 잡으면

$$\log(2^{2x})=\log(3^{x+1})$$

이다. 따라서

$$2x\log 2=(x+1)\log 3$$

$$(2\log 2-\log 3)x=\log 3$$

$$\therefore\ x=\frac{\log 3}{2\log 2-\log 3}$$

예제 10.2.8 $\log\frac{2^x\sqrt{x^4+1}}{\sqrt[3]{(x^2+1)^2}}$ 을 자연로그의 합과 차로 나타내어라.

풀이 밑변환 공식으로부터

$$\log\frac{2^x\sqrt{x^4+1}}{\sqrt[3]{(x^2+1)^2}}=\frac{\ln\frac{2^x\sqrt{x^4+1}}{\sqrt[3]{(x^2+1)^2}}}{\ln 10}$$
$$=\frac{1}{\ln 10}\left\{x\ln 2+\frac{1}{2}\ln(x^4+1)-\frac{2}{3}\ln(x^2+1)\right\}$$

예제 10.2.9 $y=\log_2(-2x)$의 그래프를 그리고 정의역, 치역, 점근선의 방정식을 구하여라.

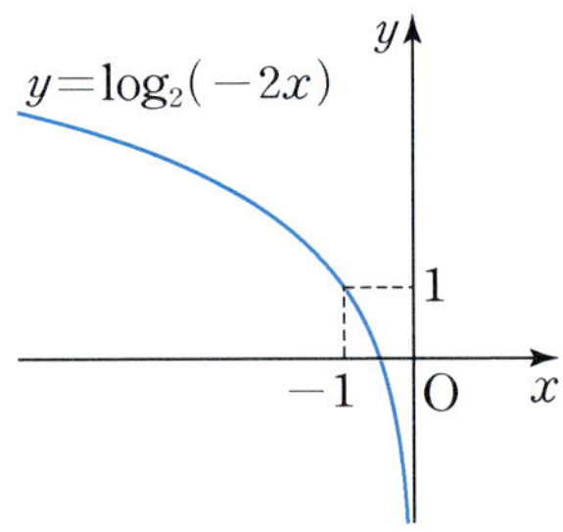

풀이 $y=\log_2(-2x)=\log_2(-x)+\log_2 2=\log_2(-x)+1$

정의역은 $\{x|x<0\}$, 치역은 실수 전체의 집합, 점근선은 $x=0$이다.

예제 10.2.10 $y=\log_2 8(x-2)-4$의 그래프를 그리고 정의역, 치역, 점근선의 방정식을 구하여라.

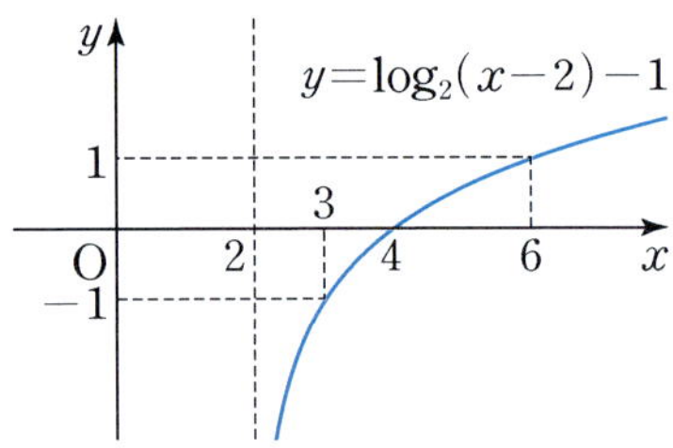

풀이 $y=\log_2 8(x-2)-4=\log_2 8+\log_2(x-2)-4=3+\log_2(x-2)-4$
$=\log_2(x-2)-1$

정의역 $\{x|x>2\}$, 치역은 실수 전체의 집합, 점근선은 $x=2$이다.

연습문제 10.2

1. 다음 값을 구하여라.

(1) $\log_2 64^2$

(2) $\log_2 4\sqrt{2\sqrt[3]{16}}$

(3) $\log_5 \sqrt[5]{5\sqrt[3]{25}}$

(4) $\log_7 49\sqrt{7}$

(5) $\log_3 \frac{2}{\sqrt{3}} + \log_3 \frac{\sqrt[3]{27}}{2}$

(6) $\log_2 24 + \log_2 \frac{\sqrt{2}}{3}$

(7) $2\log_2 6 - \log_{\sqrt{2}} 6 + \log_{\sqrt{2}} 4$

(8) $\log_2 \sqrt{3} \times \log_{\sqrt{3}} 4\sqrt{2}$

(9) $\log_3 \sqrt[3]{25} \times \log_5 \sqrt[4]{27}$

(10) $\log_{\sqrt{3}} \sqrt[5]{25} \times \log_{\sqrt{5}} \sqrt[3]{9}$

2. $\log_2 3 = a$일 때 $\log_{18} \sqrt[3]{12}$를 a로 나타내어라.

3. $\log_{10} 2 = a$, $\log_{10} 3 = b$일 때 $\log_{10} 0.12$를 a, b로 나타내어라.

4. $\log_a x = 2$, $\log_{\sqrt{a}} y = 3$ $(a > 0,\ a \neq 1,\ x > 0,\ y > 0)$일 때 $\log_{\sqrt{a}}(x^2 \sqrt[3]{y})$의 값을 구하여라.

5. $2^{2\log_2 \sqrt{2} - 3\log_2 3 + \log_2 9}$의 값을 구하여라.

❖ $a^{\log_a X} = X$이다.

6. $\log_{\sqrt{2}} 27 \times \log_{\sqrt{3}} \sqrt[8]{25} \times \log_{\sqrt{5}} \sqrt[3]{32}$의 값을 구하여라.

❖ 밑변환공식을 사용하여 밑을 하나로 통일한다.

7. $\log 2 = 0.301$일 때 $\log 5$의 값을 구하여라.

8. $\log 19.95 = 1.3$일 때 $\log \frac{1}{1995}$의 값을 구하여라.

9. $\log_3\sqrt{2}=a$, $\log_b\sqrt{3}=4$일 때 b^a의 값을 구하여라.

10. 이차방정식 $x^2-6x+2=0$의 두 근을 $\log_2\alpha$, $\log_2\beta$라고 할 때 $\log_\alpha\beta+\log_\beta\alpha$의 값을 구하여라.

11. $\log_2 10=a$, $\log_3 10=b$일 때 $12^x=18$ 을 만족하는 x를 a, b로 나타내어라.

12. $mn\neq 1$인 양수 m, n에 대하여 $m^a=n^b=k$ $(k>0,\ k\neq 1)$일 때 $\log_{mn}\sqrt{m}$ 을 a, b로 나타내어라.

13. $y=\log_3 27(-x+1)-2$의 정의역, 치역, 점근선의 방정식을 구하고 그래프를 그려라.

14. $2^a=x$, $2^b=y$, $2^c=z$일 때 $\log_2\left(\dfrac{x^2y^3}{z^4}\right)$을 a, b, c로 나타내어라.

15. 1이 아닌 양수 a, b, k에 대해 $\log_a k=2$, $\log_b k=3$일 때 $\log_{ab}k$의 값을 구하여라.

16. $\log_5 2=a$, $\log_5 3=b$일 때 $\log_6 12$를 a, b로 나타내어라.

17. $10^a=2$, $10^b=3$일 때 $\log_{12}18$을 a, b로 나타내어라.

18. 다음 방정식을 만족하는 x를 구하여 상용로그를 사용하여 나타내어라.

$$4\times 3^{x+2}-5\times 2^{2x+3}=0$$

❖ 밑이 다르므로 방정식의 양변에 상용로그를 잡는다. $\log A^m=m\log A$이다.

19. 다음 방정식을 만족하는 x를 구하여라.

$$\log_2(x+1)=\log_2(x-2)+1$$

❖ 로그의 기본성질(공식)을 이용한다.

20. 다음 방정식을 만족하는 x를 구하여라.

$$(\log x)^2 - 3\log x + 2 = 0$$

❖ $\log x = X$로 치환하여 $\log x$의 값을 구한다.

21. x, y가 다음 식을 만족할 때 $x+2y$의 값을 구하여라.

$$\log_2(\log_3 x) = \log_5(\log_7 y) = 0$$

❖ $\log_a 1 = 0$이다.

제 11 장

미분

11.1 기본 미분공식

11.1.1 미분계수

함수 $y=f(x)$의 $x=a$에서 미분계수 $f'(a)$를 다음과 같이 정의한다.

$$f'(a)=\lim_{\Delta x\to 0}\frac{f(a+\Delta x)-f(a)}{\Delta x}=\lim_{h\to 0}\frac{f(a+h)-f(a)}{h}=\lim_{x\to a}\frac{f(x)-f(a)}{x-a}$$

❖ $f'(a)$는 $y=f(x)$의 $x=a$에서 미분계수 또는 순간변화율이라 한다.

11.1.2 미분계수의 기하학적 의미

(1) 곡선 $y=f(x)$ 위의 $x=a$에서 미분계수 $f'(a)$는 점 $(a, f(a))$에서 곡선 $y=f(x)$에 접하는 접선의 기울기이다.

(2) 접선이 x축의 양의 방향과 이루는 각을 α라 하면 $\tan\alpha=f'(a)$이다.

(3) 곡선 $y=f(x)$ 위의 점 $(a, f(a))$에서 접선의 방정식은 다음과 같다.

$$y=f'(a)(x-a)+f(a)$$

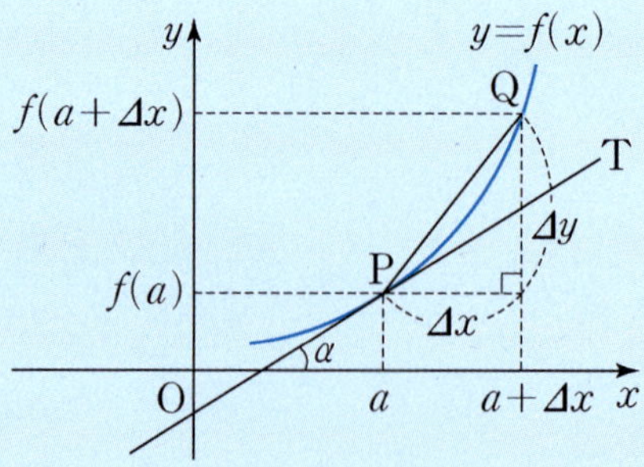

❖ 기울기가 k이고 점 (x_1, y_1)을 지나는 직선의 방정식은 $y=k(x-x_1)+y_1$이다.

11.1.3 도함수

(1) 점 x에서 함수 $y=f(x)$의 도함수(derivative) $f'(x)$는 다음과 같이 정의된다.

$$f'(x)=\lim_{h\to 0}\frac{f(x+h)-f(x)}{h}=\lim_{\Delta x\to 0}\frac{\Delta y}{\Delta x}=\frac{dy}{dx}$$

여기에서 $h=\Delta x$, $\Delta y=f(x+h)-f(x)=f(x+\Delta x)-f(x)$이다.

$y=f(x)$의 미분(differential)은 다음과 같이 정의된다.

$$dy=f'(x)dx$$

(2) $f(x)$의 도함수를 구하는 것을 $f(x)$를 x에 대하여 미분한다고 하고, 다음과 같은 여러 가지 방법으로 $y=f(x)$의 도함수를 나타낸다.

$$y',\ f'(x),\ \frac{dy}{dx},\ \frac{df(x)}{dx},\ \frac{d}{dx}f(x),\ D_xf(x),\ \cdots$$

11.1.4 미분법의 기본 공식

함수(y)	도함수(y')
(1) $y=c$ (c는 상수)	$y'=0$
(2) $y=x^n$ (n은 실수)	$y'=nx^{n-1}$
(3) $y=cf(x)$ (c는 상수)	$y'=cf'(x)$
(4) $y=f(x)\pm g(x)$	$y'=f'(x)\pm g'(x)$ (복호동순)
(5) $y=f(x)g(x)$	$y'=f'(x)g(x)+f(x)g'(x)$
(6) $y=\dfrac{f(x)}{g(x)}$, $g(x)\neq 0$	$y'=\dfrac{f'(x)g(x)-f(x)g'(x)}{[g(x)]^2}$

설명 미분법의 기본 공식은 모두 도함수의 정의로부터 유도된다. 가장 기본적인 공식인 $y=x^n$(n이 자연수일 때)의 도함수와 합과 곱의 미분공식에 대한 유도 과정은 다음과 같다.*

* 증명과정은 참고로 하고 [11.1.4]의 기본공식을 그대로 사용하면 된다.

(1) $y' = (x^n)'$: $y = f(x) = x^n$ 으로 하면

$$y' = \lim_{h \to 0} \frac{f(x+h) - f(x)}{h} = \lim_{h \to 0} \frac{(x+h)^n - x^n}{h}$$

$$= \lim_{h \to 0} \frac{\{(x+h) - x\}\{(x+h)^{n-1} + (x+h)^{n-2}x + \cdots + (x+h)x^{n-2} + x^{n-1}\}}{h}$$

$$= \lim_{h \to 0} \{(x+h)^{n-1} + (x+h)^{n-2}x + \cdots + (x+h)x^{n-2} + x^{n-1}\}$$

$$= \underbrace{(x^{n-1} + x^{n-2} \cdot x + \cdots + x \cdot x^{n-2} + x^{n-1})}_{x^{n-1}\text{이 } n \text{ 개}} = nx^{n-1}$$

❖ n이 자연수인 경우뿐만 아니라 모든 실수 n에 대하여 $y = x^n$의 도함수는 $y' = nx^{n-1}$이다. 이것은 로그함수 $y = \ln x$의 도함수는 $y' = \frac{1}{x}$ [11.4.1]이라는 것을 이용하여 다음과 같이 증명된다.

$y = x^n$의 양변에 자연로그를 취하면

$$\ln y = n \ln x$$

이고, 이 식을 x에 대해 미분하면

$$\frac{y'}{y} = n \times \frac{1}{x}$$

이다. 따라서 y'은 다음과 같다.

$$y' = y \times \frac{n}{x} = x^n \times \frac{n}{x} = nx^{n-1}$$

(2) $y' = \{f(x) + g(x)\}'$:

$$y' = \lim_{h \to 0} \frac{\{f(x+h) + g(x+h)\} - \{f(x) + g(x)\}}{h}$$

$$= \lim_{h \to 0} \frac{\{f(x+h) - f(x)\} + \{g(x+h) - g(x)\}}{h}$$

$$= \lim_{h \to 0} \frac{f(x+h) - f(x)}{h} + \lim_{h \to 0} \frac{g(x+h) - g(x)}{h}$$

$$= f'(x) + g'(x)$$

(3) $y' = \{f(x)g(x)\}'$:

$$y' = \lim_{h \to 0} \frac{f(x+h)g(x+h) - f(x)g(x)}{h}$$

$$= \lim_{h \to 0} \frac{f(x+h)g(x+h) - f(x)g(x+h) + f(x)g(x+h) - f(x)g(x)}{h}$$

$$= \lim_{h \to 0} \frac{\{f(x+h) - f(x)\}g(x+h) + f(x)\{g(x+h) - g(x)\}}{h}$$

$$= \lim_{h\to 0}\frac{f(x+h)-f(x)}{h}\times g(x+h)+\lim_{h\to 0}f(x)\times\frac{g(x+h)-g(x)}{h}$$
$$= f'(x)g(x)+f(x)g'(x)$$

❖ 세 함수 $f(x)$, $g(x)$, $h(x)$의 도함수가 존재할 때 $y=f(x)g(x)h(x)$의 도함수는 다음과 같다.

$$y' = f'(x)g(x)h(x)+f(x)g'(x)h(x)+f(x)g(x)h'(x)$$

예제 11.1.1 다음 함수를 미분하여라.

(1) $y = 2023$ (2) $y = x^3$

(3) $y = 5x^4$ (4) $y = 2x^3+x^2+5$

(5) $y = (x-1)(x^2+x)$ (6) $y = \dfrac{x+2}{x^2+1}$

풀이 (1) $y' = (2023)' = 0$

(2) $y' = (x^3)' = 3x^{3-1} = 3x^2$

(3) $y' = 5(x^4)' = 5\times 4x^{4-1} = 20x^3$

(4) $y' = (2x^3)'+(x^2)'+(5)' = 6x^2+2x$

(5) $y' = (x-1)'(x^2+x)+(x-1)(x^2+x)' = (x^2+x)+(x-1)(2x+1)$
$= 3x^2-1$

(6) $y' = \dfrac{(x+2)'(x^2+1)-(x+2)(x^2+1)'}{(x^2+1)^2} = \dfrac{(x^2+1)-(x+2)(2x)}{(x^2+1)^2}$
$= \dfrac{-x^2-4x+1}{(x^2+1)^2}$

예제 11.1.2 다음 함수의 도함수를 구하여라.

(1) $f(x) = 3x^4+5\sqrt{x}$ (2) $f(x) = 4x+x^2+\dfrac{1}{\sqrt{x}}$

(3) $f(x) = \dfrac{1}{x^{10}}+\sqrt[4]{x^3}+x^\pi+x^e$ (4) $f(x) = \dfrac{5x+4}{x^2+2x+3}$

(5) $f(x) = \dfrac{3x^3+2x^2+2\sqrt{x}+1}{x}$

풀이 (1) $f' = 3(x^4)'+5(x^{1/2})' = 3\times 4x^3+5\times\dfrac{1}{2}x^{\frac{1}{2}-1} = 12x^3+\dfrac{5}{2\sqrt{x}}$

(2) $f' = 4(x)'+(x^2)'+(x^{-1/2})' = 4+2x+\left(-\dfrac{1}{2}x^{-\frac{1}{2}-1}\right)$

$$= 4 + 2x - \frac{1}{2x\sqrt{x}}$$

(3) $f' = (x^{-10})' + (x^{3/4})' + (x^{\pi})' + (x^{e})'$

$$= -10x^{-10-1} + \frac{3}{4}x^{\frac{3}{4}-1} + \pi x^{\pi-1} + ex^{e-1}$$

$$= -\frac{10}{x^{11}} + \frac{3}{4\sqrt[4]{x}} + \pi x^{\pi-1} + ex^{e-1}$$

(4) $f' = \dfrac{(5x+4)'(x^2+2x+3) - (5x+4)(x^2+2x+3)'}{(x^2+2x+3)^2}$

$$= \frac{5(x^2+2x+3) - (5x+4)(2x+2)}{(x^2+2x+3)^2} = \frac{-5x^2-8x+7}{(x^2+2x+3)^2}$$

(5) $f(x) = \dfrac{3x^3+2x^2+2\sqrt{x}+1}{x} = 3x^2+2x+2x^{-1/2}+x^{-1}$

$$\therefore\ f' = 3(x^2)' + 2(x)' + 2(x^{-1/2})' + (x^{-1})'$$

$$= 3\times 2x + 2 + 2\times\left(-\frac{1}{2}x^{-\frac{1}{2}-1}\right) + (-x^{-1-1})$$

$$= 6x + 2 - \frac{1}{x\sqrt{x}} - \frac{1}{x^2}$$

예제 11.1.3 다음 함수의 $x = 2$에서 미분계수를 구하여라.

(1) $f(x) = (x^2-1)(x^3-4x+5)$

(2) $f(x) = (x-1)^2(2x-3)^2$

풀이 (1) $f'(x) = (x^2-1)'(x^3-4x+5) + (x^2-1)(x^3-4x+5)'$

$$= 2x(x^3-4x+5) + (x^2-1)(3x^2-4)$$

$$\therefore f'(2) = 2\cdot 2(2^3-4\cdot 2+5) + (2^2-1)(3\cdot 2^2-4)$$

$$= 4(8-8+5) + (4-1)(12-4) = 20+24 = 44$$

(2) $f(x) = (x-1)^2(2x-3)^2 = (x^2-2x+1)(4x^2-12x+9)$이므로

$$f'(x) = (x^2-2x+1)'(4x^2-12x+9) + (x^2-2x+1)(4x^2-12x+9)'$$

$$f'(x) = (2x-2)(4x^2-12x+9) + (x^2-2x+1)(8x-12)$$

$$\therefore f'(2) = 2(16-24+9) + (4-4+1)(16-12) = 2+4 = 6$$

예제 11.1.4 다음 함수의 2계 도함수를 구하여라.

(1) $y = x^4 + x^2$　　　　(2) $y = \sqrt{x}$

풀이 2계 도함수는 y를 두 번 미분한 함수이다.

(1) $y' = (x^4)' + (x^2)' = 4x^3 + 2x$

$y'' = 4(x^3)' + 2(x)' = 4 \times 3x^2 + 2 = 12x^2 + 2$

(2) $y' = (x^{1/2})' = \frac{1}{2}x^{\frac{1}{2}-1} = \frac{1}{2}x^{-\frac{1}{2}}$

$y'' = \frac{1}{2}\left(x^{-\frac{1}{2}}\right)' = \frac{1}{2} \times \left(-\frac{1}{2}x^{-\frac{1}{2}-1}\right) = -\frac{1}{4}x^{-\frac{3}{2}} = -\frac{1}{4x\sqrt{x}}$

❖ **[고계도함수]** 함수 $y = f(x)$의 도함수 $f'(x)$가 미분가능할 때 $y = f(x)$의 2계 도함수 (derivative of second order)는 다음과 같이 정의된다.

$$f''(x) = \lim_{h \to 0} \frac{f'(x+h) - f'(x)}{h}$$

2계 도함수는 다음과 같이 나타낸다.

$$y'',\ f''(x),\ \frac{d^2y}{dx^2},\ \frac{d^2f(x)}{dx^2},\ \cdots$$

2계 도함수 $f''(x)$가 미분 가능할 때 $f''(x)$를 미분하여 얻어지는 함수를 $y = f(x)$의 3계 도함수라 한다. 이와 같이 함수 $y = f(x)$를 거듭 n번 미분하여 얻어지는 함수를 n계 도함수라 하고 다음과 같이 나타낸다.

$$y^{(n)},\ f^{(n)}(x),\ \frac{d^ny}{dx^n},\ \frac{d^n}{dx^n}f(x),\ \cdots$$

$n \geq 2$일 때 $f^{(n)}(x)$를 $y = f(x)$의 고계도함수라 한다.

예제 11.1.5 포물선 $y = x^2 - x$ 위의 점 $(1, 0)$에 접하는 직선이 x 축과 이루는 각(α)을 구하여라.

풀이 $y' = (x^2)' - (x)' = 2x - 1$이므로 $x = 1$에서 기울기는

$$y' = 2 - 1 = 1$$

이다. 따라서 점 $(1, 0)$에 접하는 직선이 x 축과 이루는 각(α)는 다음과 같다.

$$\tan\alpha = y' = 1$$

$$\therefore \alpha = \tan^{-1}(1) = \frac{\pi}{4}$$

❖ 삼각함수 값으로부터 $\tan\alpha = 1$이 되는 $\alpha = 45° = \pi/4$이다.

예제 11.1.6 곡선 $y = x^4 - x + 2$ 위의 점 $(1, 2)$에서 접선의 방정식을 구하여라.

풀이 곡선 $y = f(x)$ 위의 점 $(a, f(a))$에 접하는 접선의 방정식은

$$y = f'(a)(x - a) + f(a)$$

이다. 여기에서 $a = 1$, $f(a) = 2$이고 기울기 $f'(a)$를 구하면

$$f(x) = x^4 - x + 2$$
$$f'(x) = 4x^3 - 1$$
$$\therefore\ f'(1) = 4 - 1 = 3$$

이다. 따라서 접선의 방정식은 다음과 같다

$$y = 3(x - 1) + 2 = 3x - 1$$

예제 11.1.7 곡선 $y = x^2 - 4x + 2$에 접하고 기울기가 2인 접선의 방정식을 구하여라.

풀이 곡선 $y = f(x) = x^2 - 4x + 2$에 접하는 접점의 x좌표를 a로 놓는다. 먼저 기울기가 2라는 조건에서

$$f'(x) = 2x - 4$$

이므로

$$f'(a) = 2a - 4 = 2$$
$$\therefore\ a = 3$$

이다. 따라서 접점의 x좌표는 $a = 3$이고 y좌표는

$$f(a) = a^2 - 4a + 2 = 3^2 - 4 \cdot 3 + 2 = -1$$

이다. 즉, 구하는 접선은 기울기가 2이고 접점의 좌표가 $(3, -1)$인 직선이므로 방정식은 다음과 같다.

$$y = 2(x - 3) - 1 = 2x - 7$$

예제 11.1.8 함수 $h(x) = 2x^3k(x)$이고 $k(1) = 1$, $k'(1) = 3$일 때 $h'(1)$의 값을 구하여라.

풀이 곱의 미분 공식 $y = f(x)g(x)$의 도함수 $y' = f'(x)g(x) + f(x)g'(x)$에 의해

$$h'(x) = (2x^3)'k(x) + (2x^3)k'(x) = 6x^2k(x) + 2x^3k'(x)$$

$$\therefore h'(1) = 6 \times 1^2 \times k(1) + 2 \times 1^3 \times k'(1) = 6k(1) + 2k'(1)$$
$$= 6 \times 1 + 2 \times 3 = 12$$

연습문제 11.1

1. 다음 함수 y의 도함수를 구하여라.

(1) $y = 4x^3 + 5x^2 - 3$

(2) $y = \dfrac{1}{\sqrt{x}}$

(3) $y = \sqrt[4]{x}$

(4) $y = x\sqrt{x}$

(5) $y = (x^2+1)(x^2+x+1)$

(6) $y = \dfrac{2x-1}{x+1}$

(7) $y = x(x+1)(x^2+2)$

(8) $y = \dfrac{1}{x^2+2x+3}$

(9) $y = \dfrac{x}{x^2+1}$

(10) $y = \dfrac{2}{x^2} + \dfrac{3}{x^3}$

(11) $y = \dfrac{x^2-2}{x^2+1}$

(12) $y = \dfrac{x(x+1)}{x^2+x+1}$

2. 곱의 미분공식을 사용하여 미분 가능한 함수 $f(x)$, $g(x)$, $h(x)$에 대하여 함수 $y = f(x)g(x)h(x)$의 도함수는 $y = f'gh + fg'h + fgh'$임을 보여라.

3. 다음 함수의 도함수를 구하여라.

(1) $f(x) = 3x^5 + 2\sqrt{x} + \dfrac{1}{x}$

(2) $f(x) = \dfrac{2x^2+3x+4\sqrt{x}}{x}$

4. 직선 운동을 하는 물체의 시간 t에서 위치가 $s(t)$일 때 물체의 속도 $v(t)$와 가속도 $a(t)$는 각각 다음과 같이 정의된다. $s(t) = 4t^2 + \sqrt{t}$일 때 $v(t)$와 $a(t)$를 구하여라.

$$v(t) = \frac{ds(t)}{dt}, \quad a(t) = \frac{dv(t)}{dt}$$

5. 함수 $f(x) = 3x^4 - 4x + 5$의 $x = 1$에서 미분계수를 구하여라.

6. 함수 $f(x) = (x^2-1)(x^3-2x-3)$의 $x = 2$에서 미분계수를 구하여라.

7. 곡선 $y=\dfrac{3}{x}$ 위의 점 $(3,1)$에서 곡선에 접하는 직선의 방정식을 구하여라.

8. 곡선 $y=2-2x+\dfrac{1}{x}$의 $x=1$에서 접선의 방정식을 구하여라.

9. 곡선 $y=\sqrt{x}$ 에서 $x=9$에서 법선의 방정식을 구하여라.

❖ 곡선 $y=f(x)$ 위의 점에서 접선에 수직인 직선을 법선이라 한다. 기울기 m인 직선에 수직인 직선의 기울기가 n이면 기울기의 곱 $mn=-1$이다.

10. 포물선 $y=ax^2+bx$ 위의 점 $(1,-1)$에서 접선의 방정식이 $y=2x-3$일 때 상수 a, b를 구하여라.

11. 포물선 $y=x^2+ax+b$는 점 $(1,0)$을 지나고, 이 점에서 접선의 기울기가 4일 때 상수 a, b의 값을 구하여라.

12. $f(1)=2$, $g(1)=3$, $f'(1)=4$, $g'(1)=5$일 때 다음 값을 구하여라.

(1) $(2f+g)'(1)$

(2) $4f'(1)-2g'(1)$

(3) $3f(1)g'(1)$

(4) $(fg)'(1)$

13. 함수 $f(x)=x^2g(x)$이고 $g(1)=1$, $g'(1)=2$일 때 $f'(1)$의 값을 구하여라.

14. 곡선 $y=x^3-x+3$ 위의 점 $(1,3)$을 지나고, 이 점에서 접선에 수직인 직선의 방정식을 구하여라.

15. 직선 $y=2x+1$에 평행하고 곡선 $y=x^2-4x+5$에 접하는 직선의 방정식을 구하여라.

16. $f(x)=x^3+ax+b$의 그래프 위의 점 $(1,f(1))$에서 접선의 방정식이 $y=5x-7$일 때 상수 a, b의 값을 구하여라.

17. $f(x)=\dfrac{x^2+x+1}{\sqrt{x}}$의 도함수를 구하여라.

18. 다음 함수의 2계 도함수를 구하여라.

(1) $y=\dfrac{1}{x^2}$ (2) $y=x\sqrt{x}$

19. 3차 함수 $f(x)=ax^3+bx^2+cx+d$가 다음 조건을 만족할 때 상수 a, b, c, d의 값을 구하여라.

$$f(0)=1,\ f'(0)=-3,\ f''(0)=4,\ f'''(0)=6$$

11.2 여러 가지 미분법

11.2.1 연쇄법칙 (합성함수 미분법)

함수 $g(x)$가 x에 대해 미분가능하고, 합성함수 $y=f[g(x)]$가 $g(x)$에 대하여 미분가능하면

$$\frac{d}{dx}[f(g(x))]=f'[g(x)]\cdot g'(x),\quad y'=f'[g(x)]\cdot g'(x)$$

이다. 이것은 $y=f(u)$, $u=g(x)$라 하면 $y=f[g(x)]$이고

$$\frac{dy}{dx}=\frac{dy}{du}\cdot\frac{du}{dx}$$

로 나타낼 수 있다.

11.2.2 기본적인 합성함수 미분공식

(1) $y=[f(x)]^n$ (n은 실수)일 때 $y'=\dfrac{dy}{dx}=n[f(x)]^{n-1}\cdot f'(x)$

(2) $y=\sqrt{f(x)}$일 때 $y'=\dfrac{dy}{dx}=\dfrac{f'(x)}{2\sqrt{f(x)}}$ $(f(x)\neq 0)$

(3) $y=f(ax+b)$일 때 $y'=\dfrac{dy}{dx}=af(ax+b)$

❖ (1), (2)에서는 $u=f(x)$, (3)에서는 $u=ax+b$로 치환하여 $\dfrac{dy}{dx}=\dfrac{dy}{du}\cdot\dfrac{du}{dx}$를 적용하면 위 공식이 유도된다.

예제 11.2.1 다음 함수를 미분하여라.

(1) $y=(x^2+5x+2)^4$ (2) $y=\sqrt{x^3+8}$

풀이 (I) 변수를 치환하여 구한다.

(1) $u=x^2+5x+2$로 놓으면 $y=u^4$이고 $\dfrac{dy}{du}=4u^3$, $\dfrac{du}{dx}=2x+5$이다.

$$\therefore y'=\frac{dy}{dx}=\frac{dy}{du}\cdot\frac{du}{dx}=4u^3\cdot(2x+5)=4(x^2+5x+2)^3(2x+5)$$

(2) $u=x^3+8$로 놓으면 $y=\sqrt{u}$이고 $\dfrac{dy}{du}=\dfrac{1}{2\sqrt{u}}$, $\dfrac{du}{dx}=3x^2$이다.

$$\therefore y'=\frac{dy}{dx}=\frac{dy}{du}\cdot\frac{du}{dx}=\frac{1}{2\sqrt{u}}\cdot(3x^2)=\frac{3x^2}{2\sqrt{x^3+8}}$$

풀이 (II) 공식을 사용하여 푼다.

(1) 공식 $y=[f(x)]^n$ (n은 실수)일 때 $y'=\dfrac{dy}{dx}=n[f(x)]^{n-1}\cdot f'(x)$을 사용하면 $f(x)=x^2+5x+2$, $f'(x)=2x+5$, $n=4$이므로

$$y'=\frac{dy}{dx}=n[f(x)]^{n-1}\cdot f'(x)=4(x^2+5x+2)^3(2x+5)$$

(2) 공식 $y=\sqrt{f(x)}$일 때 $y'=\dfrac{dy}{dx}=\dfrac{f'(x)}{2\sqrt{f(x)}}$ $(f(x)\neq 0)$을 사용하면 $f(x)=x^3+8$, $f'(x)=3x^2$이므로

$$y'=\frac{dy}{dx}=\frac{f'(x)}{2\sqrt{f(x)}}=\frac{3x^2}{2\sqrt{x^3+8}}$$

예제 11.2.2 다음 함수의 $x=2$에서 미분계수 $f'(2)$를 구하여라.

$$f(x)=(x^2-1)(2x-3)^{10}$$

풀이 곱의 미분 공식($y=fg$일 때 $y'=f'g+fg'$)과 합성함수 미분법을 사용한다.

$$\begin{aligned} f'(x)&=(x^2-1)'(2x-3)^{10}+(x^2-1)[(2x-3)^{10}]' \\ &=2x(2x-3)^{10}+(x^2-1)\times 10(2x-3)^{10-1}\times(2x-3)' \\ &=2x(2x-3)^{10}+(x^2-1)\times 10(2x-3)^9\times 2 \end{aligned}$$

$$\begin{aligned} \therefore f'(2)&=2\times 2(2\times 2-3)^{10}+(2^2-1)\times 10(2\times 2-3)^9\times 2 \\ &=4+60=64 \end{aligned}$$

❖ 주어진 식을 전개하면 복잡하지만 이와 같이 합성함수 미분법을 사용하여 쉽게 미분계수를 구할 수 있다.

11.2.3 매개변수로 나타내어진 함수의 미분법

두 함수 $x=f(t)$, $y=g(t)$가 t에 대해 미분가능하고 $f'(t)\neq 0$일 때

$$\frac{dy}{dx}=\frac{dy}{dt}\cdot\frac{dt}{dx}=\frac{dy}{dt}\cdot\frac{1}{\frac{dx}{dt}}=\frac{dy/dt}{dx/dt}=\frac{g'(t)}{f'(t)}$$

❖ 미분한 결과를 t 또는 x로 나타낼 수 있지만 대개 매개변수(t)로 나타낸다.

예제 11.2.3 $x=t^2+2t$, $y=t^3-3t$일 때 $\frac{dy}{dx}$를 구하여라.

풀이 $\frac{dx}{dt}=2t+2$, $\frac{dy}{dt}=3t^2-3$

$$\therefore\ \frac{dy}{dx}=\frac{dy/dt}{dx/dt}=\frac{3t^2-3}{2t+2}=\frac{3(t-1)(t+1)}{2(t+1)}=\frac{3}{2}(t-1)$$

예제 11.2.4 곡선 $x=t^3-t$, $y=t^4-5t^2+4$ 위의 매개변수 $t=1$에 대응하는 점에서 접선의 방정식을 구하여라.

풀이 $t=1$일 때 $x=0$, $y=0$이므로 고려하는 접점은 $(0,0)$이다. 주어진 관계식으로부터

$$\frac{dx}{dt}=3t^2-1,\quad \frac{dy}{dt}=4t^3-10t$$

$$\therefore\ \frac{dy}{dx}=\frac{dy/dt}{dx/dt}=\frac{4t^3-10t}{3t^2-1}$$

이므로 $t=1$일 때 접선의 기울기는

$$\left[\frac{dy}{dx}\right]_{t=1}=\frac{4-10}{3-1}=-3$$

이다. 따라서 기울기가 -3이고 점 $(0,0)$을 지나는 접선의 방정식은 다음과 같다.

$$y=-3(x-0)+0=-3x$$

11.2.4 음함수 미분법

음함수 $f(x, y)=0$에서 $y'=\dfrac{dy}{dx}$를 구할 때

(1) $f(x, y)=0$에서 $y=g(x)$를 구하여 미분한다.

(2) y를 x의 함수로 보고 $f(x, y)=0$의 각 항을 합성함수 미분법에 따라 x에 대해 미분한 후 y'에 관한 식을 풀어서 y'을 구한다. 이때는 다음 식을 이용한다.

$$\frac{d}{dx}(y^n)=\frac{d}{dy}(y^n)\frac{dy}{dx}=ny^{n-1}\frac{dy}{dx}=ny^{n-1}y'$$

- y가 종속변수이고, x가 독립변수일 때 $y=f(x)$로 정의되는 함수를 양함수, $f(x, y)=0$의 모양으로 정의되는 함수를 음함수라 한다.
- $f(x,y)=0$인 음함수 미분에서 사용하는 기본 공식
  (1) 같은 변수일 때 미분: $\dfrac{d}{dx}(x^n)=nx^{n-1}$
  (2) y가 x의 함수일 때 미분: $\dfrac{d}{dx}(y^n)=ny^{n-1}\dfrac{dy}{dx}$

예 $2x^2+3y^2=4$에서 $\dfrac{dy}{dx}$: 양변을 x에 대해 미분하면

$$\frac{d}{dx}(2x^2+3y^2)=\frac{d}{dx}(4)$$

$$2\frac{d}{dx}(x^2)+3\frac{d}{dx}(y^2)=0$$

이므로 위의 기본공식을 적용하면

$$2(2x)+3(2y)\frac{dy}{dx}=0$$

$$4x+6y\frac{dy}{dx}=0$$

$$\therefore\ \frac{dy}{dx}=-\frac{4x}{6y}=-\frac{2x}{3y}$$

예제 11.2.5 음함수 미분법을 사용하여 $\dfrac{dy}{dx}$를 구하여라.

(1) $x^2+3y^2-5=0$ (2) $x^3+y^3=2xy+3$

풀이 (1) 준 식을 x에 대해 미분하면

$$\frac{d}{dx}(x^2+3y^2-5)=0$$

$$2x+6y\frac{dy}{dx}=0 \quad \cdots ①$$

이다. 식 ①로부터 $\frac{dy}{dx}$를 구하면

$$\frac{dy}{dx}=-\frac{2x}{6y}=-\frac{x}{3y} \quad \cdots ②$$

(2) 준 식의 양 변을 x에 대해 미분하면

$$\frac{d}{dx}(x^3+y^3)=\frac{d}{dx}(2xy+3)$$

$$\frac{d}{dx}(x^3)+\frac{d}{dx}(y^3)=\frac{d}{dx}(2xy)+\frac{d}{dx}(3)$$

$$3x^2+3y^2\frac{dy}{dx}=\frac{d}{dx}(2x)\times y+2x\times\frac{d}{dx}(y)+0$$

$$3x^2+3y^2\frac{dy}{dx}=2y+2x\frac{dy}{dx} \quad \cdots ①$$

이다. 식 ①을 $\frac{dy}{dx}$에 대하여 정리하여 $\frac{dy}{dx}$를 구한다.

$$(3y^2-2x)\frac{dy}{dx}=-3x^2+2y$$

$$\therefore \quad \frac{dy}{dx}=\frac{-3x^2+2y}{3y^2-2x} \quad \cdots ②$$

❖ 두 함수의 곱의 미분 공식($y=fg$이면 $y'=f'g+fg'$)에 의해

$$\frac{d}{dx}(2xy)=\frac{d}{dx}(2x)\times y+2x\times\frac{d}{dx}(y)=2\times y+2x\frac{dy}{dx}$$

예제 11.2.6 곡선 $x^2+y^3-2y-5=0$ 위의 점 $(1, 2)$를 지나는 접선의 방정식을 구하여라.

풀이 준 식을 x에 대해 미분하면

$$\frac{d}{dx}(x^2+y^3-2y-5)=0$$

$$\frac{d}{dx}(x^2)+\frac{d}{dx}(y^3)-\frac{d}{dx}(2y)-\frac{d}{dx}(5)=0$$

$$2x+3y^2\frac{dy}{dx}-2\frac{dy}{dx}=0 \quad \cdots ①$$

이다. 식 ①에서 $\frac{dy}{dx}$를 구하면

$$(3y^2-2)\frac{dy}{dx}=-2x$$

$$\therefore \frac{dy}{dx}=-\frac{2x}{3y^2-2} \quad \cdots ②$$

이므로, 점 $(1, 2)$에서 접선의 기울기는

$$\left[\frac{dy}{dx}\right]_{(1,2)}=-\frac{2\times 1}{3\times 2^2-2}=-\frac{1}{5}$$

이다. 따라서 접선의 방정식은 다음과 같다.

$$y=-\frac{1}{5}(x-1)+2=-\frac{1}{5}x+\frac{11}{5}$$

11.2.5 역함수 미분법

$y=f(x)$가 미분가능하고 역함수 $x=f^{-1}(y)$가 존재할 때

$$\frac{dx}{dy}=\frac{1}{\frac{dy}{dx}} \text{ 이므로 } \frac{d}{dy}f^{-1}(y)=\frac{1}{\frac{d}{dx}f(x)} \quad (f'(x)\neq 0)$$

❖ 역함수의 정의: $y=f(x) \Leftrightarrow x=f^{-1}(y)$

예 $y=x^3+2x^2$일 때 역함수 $x=f^{-1}(y)$의 미분 $\frac{dx}{dy}$:

$$\frac{dx}{dy}=\frac{1}{\frac{dy}{dx}}=\frac{1}{3x^2+4x}$$

❖ 역함수 미분법을 사용하면 직접 역함수를 구하지 않고도 역함수의 도함수를 구할 수 있다.

예제 11.2.7 $y=x^4+5$일 때 $\dfrac{dx}{dy}$를 구하여라.

풀이 $y=x^4+5$에서 $\dfrac{dy}{dx}=4x^3$이므로

$$\frac{dx}{dy}=\frac{1}{\dfrac{dy}{dx}}=\frac{1}{4x^3}$$

예제 11.2.8 미분 가능한 함수 $f(x)$, $g(x)$, $F(x)$에 대하여 $f(1)=2$, $f'(1)=3$, $g(1)=2$, $g'(1)=4$일 때 $F(x)=[3f(x)-2g(x)]^4$의 미분계수 $F'(1)$의 값을 구하여라.

풀이 $h(x)=3f(x)-2g(x)$로 하면 $F(x)=[h(x)]^4$이므로

$$F'(x)=4[h(x)]^{4-1}h'(x)=4[3f(x)-2g(x)]^3[3f'(x)-2g'(x)]$$
$$\therefore F'(1)=4[3f(1)-2g(1)]^3[3f'(1)-2g'(1)]$$
$$=4(3\times2-2\times2)^3(3\times3-2\times4)=4\times2^3\times1=32$$

예제 11.2.9 다음 함수의 도함수를 구하여라.

(1) $y=\dfrac{1}{\sqrt[3]{x^4+x^2+1}}$ (2) $y=\sqrt[4]{(x^2+x+1)^3}$

풀이 (1) 먼저 y를 다음과 같이 지수형식으로 쓴다.

$$y=(x^4+x^2+1)^{-1/3}$$

$y=x^n$의 미분 공식과 합성함수 미분법에 의해

$$y'=-\frac{1}{3}(x^4+x^2+1)^{-\frac{1}{3}-1}(x^4+x^2+1)'$$
$$=-\frac{1}{3}(x^4+x^2+1)^{-\frac{4}{3}}(4x^3+2x)$$
$$=-\frac{4x^3+2x}{3(x^4+x^2+1)\sqrt[3]{x^4+x^2+1}}$$

(2) $y'=\left[(x^2+x+1)^{3/4}\right]'=\dfrac{3}{4}(x^2+x+1)^{\frac{3}{4}-1}(x^2+x+1)'$

$$= \frac{3}{4}(x^2+x+1)^{-\frac{1}{4}}(2x+1) = \frac{3(2x+1)}{4\sqrt[4]{x^2+x+1}}$$

- $y=\sqrt[n]{f^m}$ 의 미분은 y를 지수형식 $y=f^{m/n}$으로 바꾼 후 $y=x^k$의 미분 공식 $y'=kx^{k-1}$과 연쇄법칙(합성함수 미분법)을 사용한다.
- 연쇄법칙은 복잡한 함수를 미분할 때 가장 기본이 되는 것이므로 잘 알아두도록 한다. 이 법칙을 이해한다면 단순히 함수를 미분하는 것은 아주 쉬운 일이다.

연습문제 11.2

1. 다음 함수를 미분하여라.

(1) $y=(x^2+x+1)^3$

(2) $y=\sqrt{2x+5}$

(3) $y=\dfrac{1}{\sqrt{x^2+1}}$

(4) $y=\sqrt[4]{x^2+x+5}$

(5) $y=\dfrac{1}{(x^4+x^2+1)^{10}}$

(6) $y=\sqrt{x^2+x+2}\,(x^2+x+2)^2$

(7) $y=x^2\sqrt{x+1}$

(8) $y=\dfrac{1}{(\sqrt{x}+1)^{10}}$

(9) $y=\dfrac{x}{(x^2+1)^2}$

(10) $y=(\sqrt{x^2+1}+x)^2$

(11) $y=(\sqrt{x}+1)^{10}$

(12) $y=\dfrac{x}{\sqrt{2x+1}}$

(13) $y=\left(x+\dfrac{1}{x}\right)^3$

(14) $y=\dfrac{\sqrt{x+1}}{x}$

2. $f(x)$가 미분 가능한 함수일 때 다음 함수를 미분하여라.

(1) $f(\sqrt{x})$

(2) $f(x^2)$

❖ $\dfrac{d}{dx}f(t)=\dfrac{d}{dt}f(t)\dfrac{dt}{dx}$, $\dfrac{d}{dt}f(t)=f'(t)$

3. 미분 가능한 함수 $f(x)$, $g(x)$, $h(x)$에 대하여 $g(1)=2$, $g'(1)=5$, $f'(2)=3$이고, $h(x)=f[g(x)]$일 때 $h'(1)$의 값을 구하여라.

4. 미분 가능한 함수 $f(x)$, $g(x)$에 대하여 $f(x)=g\{2x+g(x)\}$이고, $g(1)=-1$, $g'(1)=2$일 때 $f'(1)$의 값을 구하여라.

5. 곡선 $y=\sqrt{25-x^2}$ 위의 점 $(3,4)$를 지나는 접선의 방정식을 구하여라.

6. 직선 운동을 하는 물체의 시간 t에서 위치가 $s(t)$일 때 물체의 속도 $v(t)=\dfrac{ds(t)}{dt}$이다. $s(t)=\dfrac{t}{\sqrt{t^2+1}}$일 때 $t=1$에서 속도를 구하여라.

7. 다음에서 $\dfrac{dy}{dx}$를 구하여라.

(1) $x=t^4+3t,\ y=\sqrt{t^2+1}$

(2) $x=t+\dfrac{1}{t},\ y=\sqrt{t}+\dfrac{1}{\sqrt{t}}$

(3) $x=\dfrac{t}{1+t^3},\ y=\dfrac{t^2}{1+t^3}$

(4) $x=\dfrac{1-t^2}{1+t^2},\ y=\dfrac{t}{1+t^2}$

8. 시간 t에서 좌표가 $(x, y)=(t^3-2t,\ t^4-t^2)$일 때 $t=1$에서 $\dfrac{dy}{dx}$의 값을 구하여라.

9. 다음에서 $\dfrac{dy}{dx}$를 구하여라.

(1) $x^2+y^2-2x-3y=0$

(2) $\sqrt{x}+\sqrt{y}=1$

(3) $x^2-xy+y^2-5=0$

(4) $\dfrac{y}{x}+\dfrac{x}{y}=1$

(5) $x^2y^2-3x-5y=0$

(6) $x^2+y^2-x^2y^2=0$

10. 쌍곡선 $2x^2-3y^2=6$ 위의 점 $(3, 2)$를 지나는 접선의 방정식을 구하여라.

11. 데카르트의 엽선 $x^3-4xy+y^3=0$ 위의 점 $(2, 2)$를 지나는 접선의 방정식을 구하여라.

12. 중심의 좌표가 $(0, 0)$이고 반지름이 R인 원의 방정식은 $x^2+y^2=R^2$이다. 원주상의 점 (x_1, y_1)을 지나는 접선의 방정식이 다음과 같음을 보여라.

$$x_1x+y_1y=R^2$$

13. $f(x)=\sqrt{x\sqrt{x\sqrt{x}}}$ 에 대하여 $f'(1)=\dfrac{n}{m}$ 일 때 $m+n$의 값을 구하여라. 단, m, n은 서로소인 자연수이다.

14. 미분 가능한 함수 $f(x)$가 있다. $f(2)=1$, $f'(2)=3$일 때 $y=x^2\sqrt{f(x)}$ 의 $x=2$에서 미분계수를 구하여라.

15. $x=\sqrt{2}\,a$에서 곡선 $x=\sqrt{y^2+a^2}$ ($a>0$인 상수)에 접하는 직선의 기울기 $\dfrac{dy}{dx}$를 구하여라.

11.3 삼각함수의 도함수

11.3.1 삼각함수의 도함수(1)

(1) $(\sin x)' = \cos x$

(2) $(\cos x)' = -\sin x$

(3) $(\tan x)' = \sec^2 x$

(4) $(\csc x)' = -\csc x \cot x$

(5) $(\sec x)' = \sec x \tan x$

(6) $(\cot x)' = -\csc^2 x$

❖ 'co'가 앞에 붙는 함수(코사인, 코시컨트, 코탄젠트 함수)의 도함수는 모두 '−' 부호를 갖는다.

증명 $\sin x$, $\cos x$, $\tan x$의 도함수는 다음과 같이 유도된다.*

(1) $f(x) = \sin x$로 하면

$$f'(x) = \lim_{h\to 0}\frac{f(x+h)-f(x)}{h} = \lim_{h\to 0}\frac{\sin(x+h)-\sin x}{h}$$

$$= \lim_{h\to 0}\frac{\sin x\cos h + \cos x \sin h - \sin x}{h}$$

$$(\leftarrow \sin(A+B) = \sin A\cos B + \cos A \sin B)$$

$$= \lim_{h\to 0}\frac{\sin x(\cos h - 1) + \cos x \sin h}{h}$$

$$= \lim_{h\to 0}\left[\sin x\frac{(\cos h - 1)}{h} + \cos x\frac{\sin h}{h}\right]$$

$$= \lim_{h\to 0}\left[\sin x\left(\frac{\cos h - 1}{h}\right)\right] + \lim_{h\to 0}\left[\cos x\left(\frac{\sin h}{h}\right)\right]$$

$$= \cos x \quad \left(\leftarrow \lim_{h\to 0}\frac{\cos h - 1}{h} = 0,\ \lim_{h\to 0}\frac{\sin h}{h} = 1\right)$$

* 증명 과정은 참고로 하고 결과로 나오는 [11.3.1]의 공식을 기억하고 사용하면 된다.

(2) $\dfrac{d}{dx}(\cos x) = \dfrac{d}{dx}\left[\sin\left(x+\dfrac{\pi}{2}\right)\right] = \cos\left(x+\dfrac{\pi}{2}\right) = -\sin x$

(3) $\dfrac{d}{dx}(\tan x) = \dfrac{d}{dx}\left(\dfrac{\sin x}{\cos x}\right) = \dfrac{(\sin x)'\cos x - \sin x\,(\cos x)'}{\cos^2 x}$

$= \dfrac{\cos x\cos x - \sin x(-\sin x)}{\cos^2 x} = \dfrac{\cos^2 x + \sin^2 x}{\cos^2 x} = \dfrac{1}{\cos^2 x}$

$= \sec^2 x$

❖ $\csc x$, $\sec x$, $\cot x$는 $\sin x$와 $\cos x$로 나타낼 수 있으므로 $\tan x$와 같이 분수함수 미분법을 이용하여 도함수를 구할 수 있다.

예제 11.3.1 다음 함수의 도함수를 구하여라.

(1) $y = 2\sin x + 3\cos x$

(2) $y = x^2\cos x$

(3) $y = \dfrac{\sin x}{x}$

(4) $y = \dfrac{\sec x}{1+\tan x}$

풀이 (1) $y' = (2\sin x + 3\cos x)' = 2(\sin x)' + 3(\cos x)' = 2\cos x - 3\sin x$

(2) $y' = (x^2\cos x)' = (x^2)'\cos x + x^2(\cos x)' = 2x\cos x - x^2\sin x$

(3) $y' = \left(\dfrac{\sin x}{x}\right)' = \dfrac{(\sin x)' \cdot x - \sin x \cdot (x)'}{x^2} = \dfrac{x\cos x - \sin x}{x^2}$

(4) $y' = \left(\dfrac{\sec x}{1+\tan x}\right)' = \dfrac{(\sec x)' \cdot (1+\tan x) - \sec x \cdot (1+\tan x)'}{(1+\tan x)^2}$

$= \dfrac{\sec x\tan x \cdot (1+\tan x) - \sec x \cdot \sec^2 x}{(1+\tan x)^2}$

$= \dfrac{\sec x(\tan x + \tan^2 x - \sec^2 x)}{(1+\tan x)^2}$ $\quad(\leftarrow 1+\tan^2 x = \sec^2 x)$

$= \dfrac{\sec x(\tan x - 1)}{(1+\tan x)^2}$

11.3.2 삼각함수의 도함수(2)

(1) $y = \sin f(x) \Rightarrow y' = \cos f(x) \cdot f'(x)$

(2) $y = \cos f(x) \Rightarrow y' = -\sin f(x) \cdot f'(x)$

(3) $y = \tan f(x) \Rightarrow y' = \sec^2 f(x) \cdot f'(x)$

(4) $y = \sin^n f(x) \Rightarrow y' = n\sin^{n-1} f(x) \cdot [\sin f(x)]'$

(5) $y=\cos^n f(x) \Rightarrow y'=n\cos^{n-1}f(x)\cdot[\cos f(x)]'$

(6) $y=\tan^n f(x) \Rightarrow y'=n\tan^{n-1}f(x)\cdot[\tan f(x)]'$

❖ $\sin^n x=(\sin x)^n$, $\cos^n x=(\cos x)^n$, $\tan^n x=(\tan x)^n$을 나타낸다.

증명 위 식은 모두 합성함수 미분법으로 증명된다. 예를 들어 $y=\sin f(x)$의 도함수는 다음과 같이 유도된다.

$u=f(x)$로 하면 $y=\sin u$이고 $\dfrac{du}{dx}=f'(x)$, $\dfrac{dy}{du}=\cos u$이다.

$$\therefore y'=\frac{dy}{dx}=\frac{dy}{du}\cdot\frac{du}{dx}=\cos u\cdot f'(x)=\cos f(x)\cdot f'(x)$$

예제 11.3.2 다음 함수의 도함수를 구하여라.

(1) $y=\sin 2x+\cos 3x$ (2) $y=\sin(x^2+1)$

(3) $y=\cos(x^3+5x+1)$ (4) $y=\tan^3 x$

풀이 (1) $y'=(\sin 2x+\cos 3x)'=(\sin 2x)'+(\cos 3x)'$
$=\cos 2x\cdot(2x)'-\sin 3x\cdot(3x)'=2\cos 2x-3\sin 3x$

(2) $y'=[\sin(x^2+1)]'=\cos(x^2+1)\cdot(x^2+1)'=\cos(x^2+1)\cdot(2x)$
$=2x\cos(x^2+1)$

(3) $y'=[\cos(x^3+5x+1)]'=-\sin(x^3+5x+1)\cdot(x^3+5x+1)'$
$=-\sin(x^3+5x+1)\cdot(3x^2+5)=-(3x^2+5)\sin(x^3+5x+1)$

(4) $y'=(\tan^3 x)'=3\tan^2 x\cdot(\tan x)'=3\tan^2 x\sec^2 x$

예제 11.3.3 다음 함수의 도함수를 구하여라.

(1) $y=\sin^2 4x$ (2) $y=-\dfrac{1}{2}\cos 8x$

풀이 (1) $y'=2\sin 4x\cdot(\sin 4x)'=2\sin 4x\cdot\cos 4x\cdot(4x)'=8\sin 4x\cos 4x$
$=4\sin 8x$

이상에서 $\sin 2\alpha=2\sin\alpha\cos\alpha$이다.

(2) $y'=-\dfrac{1}{2}(-\sin 8x)\cdot(8x)'=4\sin 8x$

삼각함수 반각공식에서 $\sin^2\frac{\alpha}{2}=\frac{1-\cos\alpha}{2}$ 이므로 $\sin^2 4x=\frac{1-\cos 8x}{2}$ 이다. 이 식의 양변을 미분하면

$$(\sin^2 4x)'=\left(\frac{1-\cos 8x}{2}\right)'=\left(-\frac{1}{2}\cos 8x\right)'$$

예제 11.3.4 [함수의 곱] 함수 $f(x)=\sin 2x\cos^2 x$의 $x=\frac{\pi}{3}$에서 미분계수를 구하여라.

풀이 곱의 미분공식($y=fg$일 때 $y'=f'g+fg'$)을 사용한다.

$$\begin{aligned} f'(x) &= (\sin 2x)'\cos^2 x+\sin 2x(\cos^2 x)' \\ &= \cos 2x \cdot (2x)' \cdot \cos^2 x+\sin 2x \cdot 2\cos x \cdot (\cos x)' \\ &= 2\cos 2x\cos^2 x-2\sin 2x\cos x\sin x \\ &= 2\cos x(\cos 2x\cos x-\sin 2x\sin x)=2\cos x\cos 3x \end{aligned}$$

$$\therefore f'\left(\frac{\pi}{3}\right)=2\cos\frac{\pi}{3}\cos\pi=2\times\frac{1}{2}\times(-1)=-1$$

❖ 삼각함수 덧셈정리: $\cos(\alpha+\beta)=\cos\alpha\cos\beta-\sin\alpha\sin\beta$

예제 11.3.5 [분수함수] 분수함수 미분공식($y=f/g$일 때 $y'=(f'g-fg')/g^2$)을 사용하여 함수 $f(x)=\frac{\sin^2 x}{1-\cos x}$의 $x=\frac{\pi}{6}$에서 미분계수를 구하여라.

풀이

$$\begin{aligned} f'(x) &= \frac{(\sin^2 x)'(1-\cos x)-\sin^2 x(1-\cos x)'}{(1-\cos x)^2} \\ &= \frac{2\sin x \cdot (\sin x)' \cdot (1-\cos x)-\sin^2 x\sin x}{(1-\cos x)^2} \\ &= \frac{2\sin x\cos x(1-\cos x)-\sin^2 x\sin x}{(1-\cos x)^2} \\ &= \frac{2\sin x\cos x(1-\cos x)-(1-\cos^2 x)\sin x}{(1-\cos x)^2} \\ &= \frac{2\sin x\cos x-(1+\cos x)\sin x}{1-\cos x}=\frac{\sin x(\cos x-1)}{1-\cos x}=-\sin x \end{aligned}$$

$$\therefore f'\left(\frac{\pi}{6}\right)=-\sin\frac{\pi}{6}=\frac{1}{2}$$

이상에서 $\sin^2 x + \cos^2 x = 1$, $1 - a^2 = (1-a)(1+a)$이다.

❖ $f(x) = \dfrac{\sin^2 x}{1-\cos x} = \dfrac{1-\cos^2 x}{1-\cos x} = \dfrac{(1-\cos x)(1+\cos x)}{1-\cos x} = 1 + \cos x$

$\therefore f'(x) = -\sin x$

예제 11.3.6 다음 함수의 도함수를 구하여라.

(1) $y = x^2 \cos 2x$ (2) $y = \dfrac{2-\sin x}{\cos x}$

풀이 (1) $y' = (x^2)' \cos 2x + x^2 (\cos 2x)' = 2x \cos 2x + x^2(-\sin 2x)(2x)'$

$= 2x\cos 2x - 2x^2 \sin 2x = 2x(\cos 2x - x\sin 2x)$

(2) $$y' = \frac{(2-\sin x)'\cos x - (2-\sin x)(\cos x)'}{\cos^2 x}$$

$$= \frac{-\cos^2 x + (2-\sin x)\sin x}{\cos^2 x} = \frac{-(\cos^2 x + \sin^2 x) + 2\sin x}{\cos^2 x}$$

$$= \frac{-1+2\sin x}{\cos^2 x} = -\frac{1}{\cos^2 x} + 2\frac{1}{\cos x}\left(\frac{\sin x}{\cos x}\right) = -\sec^2 x + 2\sec x \tan x$$

예제 11.3.7 $y = \sin^4(x^2+x+1)$의 도함수를 구하여라.

풀이 $y' = [\sin^4(x^2+x+1)]' = 4\sin^3(x^2+x+1) \cdot [\sin(x^2+x+1)]'$

$= 4\sin^3(x^2+x+1) \cdot \cos(x^2+x+1) \cdot [(x^2+x+1)]'$

$= 4\sin^3(x^2+x+1) \cdot \cos(x^2+x+1) \cdot (2x+1)$

$= 4(2x+1)\cos(x^2+x+1)\sin^3(x^2+x+1)$

[참고] 역삼각함수의 도함수*5)

(1) $(\sin^{-1}x)' = \dfrac{1}{\sqrt{1-x^2}}$ (2) $(\cos^{-1}x)' = \dfrac{-1}{\sqrt{1-x^2}}$

(3) $(\tan^{-1}x)' = \dfrac{1}{1+x^2}$ (4) $(\csc^{-1}x)' = \dfrac{-1}{|x|\sqrt{x^2-1}}$

(5) $(\sec^{-1}x)' = \dfrac{1}{|x|\sqrt{x^2-1}}$ (6) $(\cot^{-1}x)' = \dfrac{-1}{1+x^2}$

* 역삼각함수 도함수 중에서 $\tan^{-1}x$에 대한 공식이 많이 사용된다.

❖ 주기함수인 삼각함수는 일대일 대응함수가 아니므로 일반적으로는 역함수를 갖지 않는다. 그러나 삼각함수의 정의역을 제한하면 일대일 대응이 되어 역함수를 가질 수 있다. 역삼각함수는 다음과 같이 정의된다.

(1) $y = \sin^{-1}x \Leftrightarrow x = \sin y \quad \left(-\frac{\pi}{2} < y < \frac{\pi}{2}\right)$

(2) $y = \cos^{-1}x \Leftrightarrow x = \cos y \quad (0 < y < \pi)$

(3) $y = \tan^{-1}x \Leftrightarrow x = \tan y \quad \left(-\frac{\pi}{2} < y < \frac{\pi}{2}\right)$

증명 역삼각함수의 정의와 역함수의 미분법에 의해 도함수를 구할 수 있다. $\sin^{-1}x$, $\cos^{-1}x$, $\tan^{-1}x$의 도함수는 다음과 같이 유도된다.

(1) $y = \sin^{-1}x$이면 $x = \sin y$이고 $\frac{dx}{dy} = \cos y$이다.

$$\therefore y' = \frac{dy}{dx} = \frac{1}{\frac{dx}{dy}} = \frac{1}{\cos y} = \frac{1}{\sqrt{1-\sin^2 y}} = \frac{1}{\sqrt{1-x^2}}$$

이상에서 $-\frac{\pi}{2} < y < \frac{\pi}{2}$이므로 $\cos y > 0$이고, $x = 1$이 되는 $y = \pm\frac{\pi}{2}$는 제외한다.

(2) $y = \cos^{-1}x$이면 $x = \cos y$이고, $\frac{dx}{dx} = -\sin y$이다.

$$\therefore y' = \frac{dy}{dx} = \frac{1}{\frac{dx}{dy}} = \frac{1}{-\sin y} = \frac{-1}{\sqrt{1-\cos^2 y}} = \frac{-1}{\sqrt{1-x^2}}$$

여기에서 $0 < y < \pi$이므로 $\sin y > 0$이고, $x = 1$이 되는 $y = 0, \pi$는 제외한다.

(3) $y = \tan^{-1}x$이면 $x = \tan y$, $\frac{dx}{dy} = \sec^2 y$이다.

$$\therefore y' = \frac{dy}{dx} = \frac{1}{\frac{dx}{dy}} = \frac{1}{\sec^2 y} = \frac{1}{1+\tan^2 y} = \frac{1}{1+x^2}$$

연습문제 11.3

1. 다음 함수의 도함수를 구하여라.

(1) $y=\cos(3x+5)$

(2) $y=\tan(x^2+3x+5)$

(3) $y=\sin 3x\cos 5x$

(4) $y=\sin\left(\dfrac{4}{x}\right)$

(5) $y=kx-\tan kx$ (k는 상수)

(6) $y=\sin^2 x+2\cos x$

(7) $y=\sin^4 5x$

(8) $y=(\sin 2x+\cos 3x)^4$

(9) $y=(-x+\tan x)^3$

(10) $y=\dfrac{\sin x}{1-\cos x}$

(11) $y=\cos\left(\dfrac{x}{x+1}\right)$

(12) $y=x^4\cos x$

(13) $y=\sin(\cos 2x)$

(14) $y=\sqrt{x+\sin x}$

2. 다음 함수 $f(x)$, $g(x)$, $h(x)$의 도함수를 각각 구하여라.

$$f(x)=\sin(4x),\ g(x)=\sin(x^4),\ h(x)=\sin^4 x$$

❖ $\sin^4 x=(\sin x)^4$을 나타낸다.

3. 곡선 $y=x\cos\pi x$ 위의 점 $(1,-1)$을 지나는 접선의 방정식을 구하여라.

4. $y=\sin x$의 41계 도함수를 구하여라.

❖ $y'=\cos x$, $y''=-\sin x$, $y'''=-\cos x$, $y''''=\sin x$이다.

5. $y=\cos 2x$의 5계 도함수를 구하여라.

6. x, y 좌표가 다음과 같이 θ의 함수로 주어질 때 $\dfrac{dy}{dx}=\cot\theta$임을 보여라.

$$x=a(2\theta-\sin 2\theta),\ y=a(1-\cos 2\theta)\ (a\neq 0)$$

7. 시간 t에서 위치가 $s(t)$일 때 속도 $v(t)=\dfrac{ds(t)}{dt}$이다. $s(t)$가 다음과 같을 때 초기 속도($t=0$에서의 속도)를 구하여라.

$$s(t)=t^2+\sin(2t)$$

8. 용수철에 매달려 아래위로 진동하고 있는 물체의 시간 t에서 위치가 다음과 같을 때 물체의 최대속력($v_{\max}$)을 구하여라.

$$s(t)=2\sin 3t$$

9. xy-평면에서 운동하는 물체의 시간 t에서 좌표 (x, y)가 다음과 같이 t의 함수로 주어질 때 $t=\dfrac{1}{3}$에서 물체의 운동방향 $\dfrac{dy}{dx}$를 구하여라.

$$x=\cos\pi t+\pi t\sin\pi t,\quad y=\sin\pi t-\pi t\cos\pi t$$

❖ 시간 t에서 속도벡터는 $\vec{v}=(dx/dt, dy/dt)$이고 속도벡터가 x축과 이루는 각을 α라 하면 $\tan\alpha=(dy/dt)/(dx/dt)=dy/dx$가 된다.

10. RLC 전기회로에서 기전력 $E(t)=E_0\sin\omega t$가 인가될 때 정상상태 전하량 $Q(t)$는 다음과 같이 표현된다. 전류 $I(t)=\dfrac{dQ(t)}{dt}$를 구하여라. 단, a, b, ω는 상수이다.

$$Q(t)=a\sin\omega t+b\cos\omega t$$

11. 곡선 $y=\cos x+\sin x$ 위의 점 $(0, 1)$을 지나는 접선과 x축 및 y축이 이루는 삼각형의 넓이를 구하여라.

12. 함수 $f(x)=\cos 2x\sin^2 x$의 $x=\dfrac{\pi}{3}$에서 미분계수를 구하여라.

13. 함수 $f(x)=\dfrac{\cos^2 x}{1-\sin x}$의 $x=\dfrac{\pi}{6}$에서 미분계수를 구하여라.

14. 곡선 $y=\tan^{-1}x$의 $x=1$에서 접선의 방정식을 구하여라.

❖ $y'=(\tan^{-1}x)=\dfrac{1}{1+x^2}$ 이다.

15. 매개변수 θ로 나타내어진 함수 $x=2\cos^3\theta$, $y=3\sin^3\theta$에 대하여 $\theta=\dfrac{\pi}{3}$에서 $\dfrac{dy}{dx}$의 값을 구하여라.

11.4 지수함수와 로그함수의 도함수

11.4.1 기본 공식

(1) $(e^x)' = e^x$ (2) $(a^x)' = a^x \ln a \ (a \neq 1,\ a > 0)$

(3) $(\ln x)' = \dfrac{1}{x}$ (4) $(\log_a x)' = \dfrac{1}{x \ln a} \ (a \neq 1,\ a > 0)$

- $(e^{kx})' = ke^{kx}$, $(e^{-x})' = -e^{-x}$, $(e^{kx+\alpha})' = ke^{kx+\alpha}$
- $\log_a x = \dfrac{\log_e x}{\log_e a} = \dfrac{\ln x}{\ln a}$ (자연로그의 정의: $\ln x = \log_e x$)

증명 도함수의 정의와 무리수 e의 정의를 사용하여 기본공식을 유도할 수 있다. $f(x) = e^x$와 $f(x) = \ln x$의 도함수는 다음과 같이 구해진다.*

(1) $f(x) = e^x$로 하면 도함수의 정의에 의해

$$f'(x) = \lim_{h \to 0} \frac{f(x+h) - f(x)}{h} = \lim_{h \to 0} \frac{e^{x+h} - e^x}{h} = \lim_{h \to 0} \frac{e^x(e^h - 1)}{h} \quad \cdots ①$$

이다. 여기에서 $e^h - 1 = t$로 하면 $h \to 0$일 때 $t \to 0$이고 $h = \ln(1+t)$이므로

$$\lim_{h \to 0} \frac{e^h - 1}{h} = \lim_{t \to 0} \frac{t}{\ln(1+t)} = \lim_{t \to 0} \frac{1}{\ln(1+t)^{\frac{1}{t}}} = \frac{1}{\ln e} = 1 \quad \cdots ②$$

$$(\leftarrow e\text{의 정의: } e = \lim_{x \to 0}(1+x)^{\frac{1}{x}})$$

이다. 식 ②를 ①에 대입하면

* 증명 과정은 참고로 하고 [11.4.1]의 공식을 기억하고 사용하면 된다.

$$f'(x) = \lim_{h\to 0}\frac{e^x(e^h-1)}{h} = e^x\lim_{h\to 0}\frac{e^h-1}{h} = e^x \quad \cdots ③$$

가 된다. 즉, $f'(x) = (e^x)' = e^x$이다.

(2) $f(x) = \ln x$로 하면 도함수의 정의에 의해

$$\begin{aligned} f'(x) &= \lim_{h\to 0}\frac{f(x+h)-f(x)}{h} = \lim_{h\to 0}\frac{\ln(x+h)-\ln(x)}{h} \\ &= \lim_{h\to 0}\frac{\ln\left(\frac{x+h}{x}\right)}{h} = \lim_{h\to 0}\frac{\ln\left(1+\frac{h}{x}\right)}{h} = \lim_{h\to 0}\ln\left(1+\frac{h}{x}\right)^{\frac{1}{h}} \\ &= \lim_{h\to 0}\frac{1}{x}\ln\left(1+\frac{h}{x}\right)^{\frac{x}{h}} = \frac{1}{x}\times\ln e \quad (\because h\to 0\text{이므로 } \frac{h}{x}\to 0) \\ &= \frac{1}{x} \end{aligned}$$

예 (1) $y = e^{4x} \Rightarrow y' = e^{4x}(4x)' = 4e^{4x}$

(2) $y = 3^x \Rightarrow y' = 3^x\ln 3$

(3) $y = \ln 2x \Rightarrow y' = \frac{1}{2x}(2x)' = \frac{1}{2x}\times 2 = \frac{1}{x}$

(4) $y = \log_5 x \Rightarrow y' = \frac{1}{x\ln 5}$

$y = \log_5 x = \frac{\ln x}{\ln 5}$이다.

❖ $y = \ln ax = \ln a + \ln x$이므로 $y = \ln ax$의 도함수는 $y' = (\ln a + \ln x)' = \frac{1}{x}$이다.

예제 11.4.1 다음 함수의 도함수를 구하여라.

(1) $y = e^{2x}$

(2) $y = 5^x$

(3) $y = \ln(x^2+3)$

(4) $y = \log_2 x$

(5) $y = 2^{x^4+3x+1}$

(6) $y = e^{\sin x}$

(7) $y = \ln(\sqrt[3]{x+1}\sqrt[4]{x+5})$

(8) $y = \ln(\ln x)$

(9) $y = \ln(e^x + \sin x)$

(10) $y = \sin(\ln x + 1)$

풀이 (1) $y' = (e^{2x})' = e^{2x}\times(2x)' = 2e^{2x}$

(2) $y' = (5^x)' = 5^x \ln 5$

(3) $y' = [\ln(x^2+3)]' = \dfrac{1}{x^2+3} \times (x^2+3)' = \dfrac{2x}{x^2+3}$

(4) $y' = [\log_2 x]' = \dfrac{1}{x \ln 2}$

(5) $y' = (2^{x^4+3x+1})' = 2^{x^4+3x+1} \ln 2 \times (x^4+3x+1)'$

$= 2^{x^4+3x+1} \ln 2 \times (4x^3+3)$

$= (4x^3+3) 2^{x^4+3x+1} \ln 2$

(6) $y' = (e^{\sin x})' = e^{\sin x} (\sin x)' = e^{\sin x} \cos x$

(7) $\ln AB = \ln A + \ln B$, $\ln A^m = m \ln A$ 이므로

$$y = \ln(\sqrt[3]{x+1}\sqrt[4]{x+5}) = \frac{1}{3}\ln(x+1) + \frac{1}{4}\ln(x+5)$$

$$\therefore\ y' = \frac{1}{3(x+1)} + \frac{1}{4(x+5)}$$

(8) $y' = [\ln(\ln x)]' = \dfrac{1}{\ln x} \times (\ln x)' = \dfrac{1}{x \ln x}$

(9) $y' = [\ln(e^x + \sin x)]' = \dfrac{1}{e^x + \sin x} \times (e^x + \sin x)' = \dfrac{e^x + \cos x}{e^x + \sin x}$

(10) $y' = [\sin(\ln x + 1)]' = \cos(\ln x + 1) \times (\ln x + 1)' = \dfrac{\cos(\ln x + 1)}{x}$

예제 11.4.2 다음 함수의 도함수를 구하여라.

(1) $y = (\ln x)^2$ (2) $y = \ln 7x$

(3) $y = xe^x$ (4) $y = e^x \sin x$

(5) $y = 3^{\sin x}$ (6) $y = e^x \ln(2x-4)$

풀이 (1) $y' = 2(\ln x) \cdot (\ln x)' = 2\ln x \times \dfrac{1}{x} = \dfrac{2\ln x}{x}$

(2) $y' = \dfrac{1}{7x}(7x)' = \dfrac{1}{7x} \times 7 = \dfrac{1}{x}$

(3) $y' = (x)'e^x + x(e^x)' = e^x + xe^x = e^x(1+x)$

(4) $y' = (e^x)' \sin x + e^x (\sin x)' = e^x \sin x + e^x \cos x = e^x(\sin x + \cos x)$

(5) $y' = 3^{\sin x} \ln 3 \cdot (\sin x)' = 3^{\sin x} \ln 3 \cos x$

(6) $y' = (e^x)' \ln(2x-4) + e^x [\ln(2x-4)]'$

$$= e^x \ln(2x-4) + e^x \cdot \frac{(2x-4)'}{2x-4} = e^x \ln(2x-4) + e^x \cdot \frac{2}{2x-4}$$

$$= e^x \left[\ln(2x-4) + \frac{1}{x-2} \right]$$

예제 11.4.3 함수 $y = x^p$의 양변에 자연로그를 잡아서 도함수 $y' = px^{p-1}$임을 보여라. 단, p는 실수이다.

풀이 $y = x^p$의 양변에 자연로그를 잡으면

$$\ln y = \ln x^p = p \ln x$$

이므로 이 식의 양변을 x에 대하여 미분하면

$$\frac{1}{y}\frac{dy}{dx} = \frac{p}{x} \quad \cdots ①$$

가 된다. 식 ①로부터 다음과 같이 y'이 구해진다.

$$y' = \frac{dy}{dx} = y \times \frac{p}{x} = x^p \times \frac{p}{x} = px^{p-1} \quad \cdots ②$$

❖ 실수 p에 대하여 $y = x^p$의 도함수는 $y' = px^{p-1}$이다. 즉, $y = x^n$에 대한 도함수 공식 $y' = nx^{n-1}$은 자연수 n뿐만 아니라 모든 실수 n에 대해 성립한다.

예제 11.4.4 로그함수의 도함수를 이용하여 함수 $y = x^x$의 도함수를 구하여라.

풀이 $y = x^x$의 양변에 자연로그를 잡으면

$$\ln y = \ln x^x = x \ln x$$

이고, 이 식의 양변을 x에 대해 미분하면

$$\frac{1}{y}y' = (x)'\ln x + x(\ln x)' = \ln x + x \times \frac{1}{x} = \ln x + 1$$

$$\therefore y' = y(\ln x + 1) = x^x(\ln x + 1)$$

예제 11.4.5 함수 $y = e^{-x}\cos x$에 대하여 $y'' + 2y' + ky = 0$가 성립할 때 상수 k의 값을 구하여라.

풀이

$$y' = (e^{-x})'\cos x + e^{-x}(\cos x)' = -e^{-x}\cos x - e^{-x}\sin x$$

$$= -e^{-x}(\cos x + \sin x)$$

$$y'' = (-e^{-x})'(\cos x + \sin x) - e^{-x}(\cos x + \sin x)'$$

$$= e^{-x}(\cos x + \sin x) - e^{-x}(-\sin x + \cos x) = 2e^{-x}\sin x$$

y, y', y''을 식 $y'' + 2y' + ky = 0$에 대입하여 정리하면

$$2e^{-x}\sin x - 2e^{-x}(\cos x + \sin x) + ke^{-x}\cos x = 0$$

$$-2e^{-x}\cos x + ke^{-x}\cos x = 0$$

$$(-2+k)e^{-x}\cos x = 0$$

$$\therefore\ k = 2$$

예제 11.4.6 함수 $f(x) = xe^{kx}$에 대하여 $f''(0) = 8$이 되는 상수 k의 값을 구하여라.

풀이

$$f'(x) = (x)'e^{kx} + x(e^{kx})' = e^{kx} + kxe^{kx} = e^{kx}(1+kx)$$

$$f''(x) = (e^{kx})'(1+kx) + e^{kx}(1+kx)' = ke^{kx}(1+kx) + ke^{kx}$$

$$= ke^{kx}(2+kx)$$

$$\therefore\ f''(0) = 2k$$

여기에서 $f''(0) = 8$이므로 $k = 4$이다.

예제 11.4.7 곡선 $y = 2^x + 1$ 위의 점 $(1, 3)$에서 접선의 기울기가 a일 때 e^a의 값을 구하여라.

풀이 $y' = (2^x + 1)' = 2^x \ln 2$이므로 점 $(1, 3)$에서 접선의 기울기는

$$a = 2^1 \ln 2 = \ln 2^2 = \ln 4$$

이고 e^a의 값은 다음과 같다.

$$e^a = e^{\ln 4} = 4$$

여기에서 $e^{\ln X} = X\ (X > 0)$이다.

예제 11.4.8 음함수 미분법을 사용하여 다음과 같이 주어진 함수 $y(x)$의 도함수 $\dfrac{dy}{dx}$를 구하여라.

$$e^{3y} - \ln y = x^2$$

풀이 $e^{3y} - \ln y = x^2$의 양변을 x에 대해 미분하면

$$\frac{d}{dx}(e^{3y} - \ln y) = \frac{d}{dx}(x^2)$$

$$e^{3y}\frac{d}{dx}(3y) - \frac{1}{y}\frac{dy}{dx} = 2x$$

$$3e^{3y}\frac{dy}{dx} - \frac{1}{y}\frac{dy}{dx} = 2x \quad \cdots ①$$

이다. 식 ①을 $\dfrac{dy}{dx}$에 대해 정리하면

$$\left(3e^{3y} - \frac{1}{y}\right)\frac{dy}{dx} = 2x$$

$$\therefore \frac{dy}{dx} = \frac{2x}{\left(3e^{3y} - \dfrac{1}{y}\right)} = \frac{2xy}{(3ye^{3y} - 1)} \quad \cdots ②$$

예제 11.4.9 공기 저항이 있는 질량-용수철 계에서 용수철에 매달려 있는 물체의 평형 상태로부터 변위가 $s(t) = e^{-2t}\cos 3t$일 때 시간 $t = 0$에서 초기속도 $v(0)$을 구하여라.

풀이 시간 t에서 속도는

$$v(t) = \frac{ds(t)}{dt} = (e^{-2t}\cos 3t)' = (e^{-2t})'\cos 3t + e^{-2t}(\cos 3t)'$$
$$= (-2e^{-2t})\cos 3t + e^{-2t}(-3\sin 3t) = -2e^{-2t}\cos 3t - 3e^{-2t}\sin 3t$$

이므로 이 식에 $t = 0$을 대입하면 초기속도는 다음과 같다.

$$v(0) = -2e^0\cos 0 - 3e^0\sin 0 = -2$$

이상에서 $e^0 = 1$, $\cos 0 = 1$, $\sin 0 = 0$이다.

[참고] 쌍곡선함수의 도함수

(1) $(\sinh x)' = \cosh x$ (2) $(\cosh x)' = \sinh x$

(3) $(\tanh x)' = \mathrm{sech}^2 x$ (4) $(\mathrm{csch}\, x)' = -\mathrm{csch}\, x \coth x$

(5) $(\mathrm{sech}\, x)' = -\mathrm{sech}\, x \tanh x$ (6) $(\coth x)' = -\mathrm{csch}^2 x$

증명 쌍곡선함수의 정의와 지수함수 $y=e^x$의 미분을 이용하면 쌍곡선함수의 도함수를 바로 구할 수 있다. $(\sinh x)'$, $(\cosh x)'$, $(\tanh x)'$의 유도과정은 다음과 같다.

(1) $(\sinh x)' = \dfrac{d}{dx}\left(\dfrac{e^x - e^{-x}}{2}\right) = \dfrac{e^x + e^{-x}}{2} = \cosh x$

(2) $(\cosh x)' = \dfrac{d}{dx}\left(\dfrac{e^x + e^{-x}}{2}\right) = \dfrac{e^x - e^{-x}}{2} = \sinh x$

(3) $(\tanh x) = \dfrac{d}{dx}\left(\dfrac{\sinh x}{\cosh x}\right) = \dfrac{(\sinh x)'\cosh x - \sinh x(\cosh x)'}{\cosh^2 x}$

$$= \frac{\cosh^2 x - \sinh^2 x}{\cosh^2 x} = \frac{1}{\cosh^2 x} = \operatorname{sech}^2 x$$

연습문제 11.4

1. 다음 함수의 도함수를 구하여라.

(1) $y = e^{4x+1}$

(2) $y = e^{x^2}$

(3) $y = xe^{\frac{4}{x}}$

(4) $y = 3^{x^2}$

(5) $y = x^3 e^x$

(6) $y = e^{4x}\sin 5x$

(7) $y = \left(\frac{1}{e}\right)^x$

(8) $y = e^{\sin 4x}$

(9) $y = \left(\frac{1}{2}\right)^x$

(10) $y = \frac{e^{2x}}{x}$

(11) $y = \frac{e^x}{3^x}$

(12) $y = \frac{e^{kx} - e^{-kx}}{e^{kx} + e^{-kx}}$ (k는 상수)

2. 다음 함수의 도함수를 구하여라.

(1) $y = x\ln x$

(2) $y = \ln x^2$

(3) $y = \ln(x^2 + 3)$

(4) $y = \log_2(\ln x)$

(5) $y = \ln\sqrt{3x}$

(6) $y = \frac{\sqrt{\ln x^2}}{x}$

(7) $y = \ln(\sin x + \tan x)$

(8) $y = e^{2x}\ln x$

(9) $y = \sin(\ln x)$

(10) $y = \cos[\ln(\sin^2 x)]$

3. 음함수 미분법을 사용하여 도함수 $\frac{dy}{dx}$를 구하여라.

(1) $e^x + e^y = e^{x+y}$

(2) $e^{xy} + e^y = x + 10$

(3) $e^{x^2 y} - e^y = x$

(4) $e^{4y} - \ln y = x + 1$

(5) $e^{xy} - y^2 = \cos x$

(6) $y^2 - e^{-xy} = 1$

(7) $e^{xy} + 3x - 5y = \cos y$

(8) $x^2 y - e^{2x} = \sin y$

4. 로그함수 미분법을 사용하여 $y = a^x$의 도함수는 $y' = a^x \ln a$임을 보여라.

5. 로그함수 미분법을 사용하여 $y = \dfrac{\sqrt{x}}{\sqrt[4]{x+2}}$의 도함수를 구하여라.

6. $y = \ln(x + \sqrt{1+x^2})$의 도함수를 구하여라.

7. 곡선 $y = 2^x$의 $x = 1$에서 접선의 방정식을 구하여라.

❖ 곡선 $y = 2^x$는 점 $(1, 2)$를 지나고 접선의 기울기는 $y'(x=1)$이다.

8. $y_1 = e^x \cos x$, $y_2 = e^x \sin x$의 1계 도함수와 2계 도함수를 구하고, y_1과 y_2가 각각 방정식 $y'' - 2y' + 2y = 0$을 만족함을 보여라.

9. 함수 $f(x) = xe^{kx+2}$에 대하여 $f''(0) = 6e^2$이 되는 상수 k의 값을 구하여라.

10. 용수철에 매달려 있는 물체의 평형 상태로부터 변위 $s(t) = e^{-t/4}\cos 2t$일 때 시간 t에서 속도 $v(t)$와 $t = 0$에서 초기속도 $v(0)$을 구하여라. 속도 $v(t) = \dfrac{ds(t)}{dt}$이다.

11. 함수 $y = e^{2x}\sin x$에 대하여 $y'' - 4y' + ky = 0$가 성립할 때 상수 k의 값을 구하여라.

12. 곡선 $y = 3^x + 2$ 위의 점 $(1, 5)$에서 접선의 기울기가 a일 때 e^a의 값을 구하여라.

13. 함수 $f(x) = e^{ax}\sin bx$가 $f'(0) = 3$, $f''(0) = 12$를 만족할 때 상수 a, b의 값을 구하여라.

14. 로그함수 미분법을 사용하여 $f(x) = x^{\sin x}$ $(x > 0)$의 도함수를 구하고 $f'\left(\dfrac{\pi}{2}\right)$의 값을 구하여라.

15. 함수 $f(x) = \ln(\ln x)$에 대하여 방정식 $f''(x) = 0$을 만족하는 x를 구하여라.

16. 함수 $f(x)=\ln(\cos^3 2x)$에 대하여 $f'\left(\frac{\pi}{8}\right)$의 값을 구하여라.

17. 미분 가능한 함수 $f(x)$가 $f(e^x)=x^2+5x+4$를 만족할 때 $f'\left(\frac{1}{e}\right)$의 값을 구하여라.

11.5 함수의 증가와 감소

11.5.1 증가함수와 감소함수

(1) 증가함수: 함수 $f(x)$가 어떤 구간의 임의의 두 수 a, b에 대하여 $a<b$이면 $f(a)<f(b)$일 때, 함수 $f(x)$는 그 구간에서 증가한다고 하고, 그 구간에서 증가함수라 한다.

(2) 감소함수: 함수 $f(x)$가 어떤 구간의 임의의 두 수 a, b에 대하여 $a<b$이면 $f(a)>f(b)$일 때, 함수 $f(x)$는 그 구간에서 감소한다고 하고, 그 구간에서 감소함수라 한다.

11.5.2 함수의 증가와 감소의 판정

함수 $f(x)$가 어떤 구간에서 미분가능하고, 그 구간의 모든 x에 대하여

(1) $f'(x)>0$이면 함수 $f(x)$는 그 구간에서 증가함수이다.

(2) $f'(x)<0$이면 함수 $f(x)$는 그 구간에서 감소함수이다.

증명 미분계수의 정의에 의하여 함수 $f(x)$의 임의의 점 α에서의 미분계수

$$f'(\alpha)=\lim_{\Delta x\to 0}\frac{f(\alpha+\Delta x)-f(\alpha)}{\Delta x}$$

이므로 $\Delta x\to 0$이면 $f'(\alpha)\approx\dfrac{f(\alpha+\Delta x)-f(\alpha)}{\Delta x}$이다.

(1) $f'(\alpha)>0$일 때: $\Delta x>0$이면 $\alpha+\Delta x>\alpha$이고 $f(\alpha+\Delta x)>f(\alpha)$이다. $\Delta x<0$이면 $\alpha+\Delta x<\alpha$이고 $f(\alpha+\Delta x)<f(\alpha)$이다. 따라서 함수 $f(x)$는 $x=\alpha$에서 증가상태에 있다.

(2) $f'(\alpha)<0$일 때: $\Delta x>0$이면 $\alpha+\Delta x>\alpha$이고 $f(\alpha+\Delta x)<f(\alpha)$이다. $\Delta x<0$이면 $\alpha+\Delta x<\alpha$이고 $f(\alpha+\Delta x)>f(\alpha)$이다. 따라서 함수 $f(x)$는 $x=\alpha$에서 감소상태에 있다.

예제 11.5.1 다음 함수가 주어진 x값에서 증가상태에 있는지 감소상태에 있는지 조사하여라.

(1) $f(x)=x^3+7x^2-5x+4,\ x=0$

(2) $f(x)=-x^3+3x^2+4x-2,\ x=1$

풀이 주어진 $x=a$에 대해 $f'(a)$의 부호를 조사한다.

(1) $f(x)=x^3+7x^2-5x+4$를 미분하면

$$f'(x)=3x^2+14x-5$$

$f'(x)$에 $x=0$을 대입하면

$$f'(0)=-5<0$$

따라서 함수 $f(x)$는 $x=0$에서 감소상태에 있다.

(2) $f(x)=-x^3+3x^2+4x-2$를 미분하면

$$f'(x)=-3x^2+6x+4$$

$f'(x)$에 $x=1$을 대입하면

$$f'(1)=7>0$$

따라서 함수 $f(x)$는 $x=1$에서 증가상태에 있다.

예제 11.5.2 함수 $f(x)=x^3-3x^2+2$의 증가와 감소를 조사하여라.

풀이 $f'(x)=3x^2-6x=3x(x-2)$이므로 $f'(x)=0$에서 $x=0,\ 2$이다. 이때 함수 $f(x)$의 증가와 감소를 조사하면 다음과 같다.

x	$\cdots$	0	$\cdots$	2	$\cdots$
$f'(x)$	$+$	0	$-$	0	$+$
$f(x)$	↗	2	↘	-2	↗

따라서 $f(x)$는 $x<0,\ x>2$에서 증가하고 $0<x<2$에서 감소한다.

❖ 위의 표와 같이 함수의 증가와 감소를 나타내는 표를 증감표라 한다. 여기에서 ↗는 함수 $f(x)$의 증가, ↘는 함수 $f(x)$의 감소를 나타낸다.

예제 11.5.3 함수 $f(x)=2x^3-9x^2+12x-7$이 감소하는 구간을 구하여라.

풀이 $f'(x)=6x^2-18x+12=6(x-1)(x-2)$이므로 $f'(x)=0$에서 $x=1, 2$이다. 이때 함수 $f(x)$의 증가와 감소를 조사하면 다음과 같다.

x	$\cdots$	1	$\cdots$	2	$\cdots$
$f'(x)$	$+$	0	$-$	0	$+$
$f(x)$	↗	-2	↘	-3	↗

따라서 $f(x)$가 감소하는 구간은 $1<x<2$이다.

❖ 함수 $f(x)$가 감소하는 구간에서 기울기 $f'(x)<0$이다. 따라서 [예제 11.5.3]의 구간은 다음과 같이 구할 수 있다.

$$f'(x)=6x^2-18x+12=6(x-1)(x-2)<0$$
$$\therefore\ 1<x<2$$

예제 11.5.4 함수 $f(x)=-x^3+ax+5$가 $x=2$에서 증가상태일 때 상수 a값의 범위를 구하여라.

풀이 함수 $f(x)$가 $x=\alpha$에서 증가상태일 때 $f'(\alpha)>0$이다.

$$f'(x)=-3x^2+a$$
$$\therefore f'(2)=-3\cdot 2^2+a>0$$
$$\therefore a>12$$

❖ 함수 $f(x)$가 $x=\alpha$에서 미분 가능할 때, $f'(\alpha)>0$이면 $f(x)$는 $x=\alpha$에서 증가상태에 있고, $f'(\alpha)<0$이면 $f(x)$는 $x=\alpha$에서 감소상태에 있다

예제 11.5.5 함수 $f(x)=3x^4-8x^3-6x^2+24x+5$가 증가하는 구간과 감소하는 구간을 각각 구하여라.

풀이 $f'(x)=12x^3-24x^2-12x+24=12(x+1)(x-1)(x-2)$이므로

$$f'(x)>0 \Leftrightarrow -1<x<1,\ x>2$$
$$f'(x)<0 \Leftrightarrow x<-1,\ 1<x<2$$

이다. 따라서 $-1<x<1$, $x>2$에서 증가하고, $x<-1$, $1<x<2$에서 감소한다.

❖ $f(x)=(x-\alpha)(x-\beta)(x-\gamma)$는 $\alpha<x<\beta$, $x>\gamma$에서 $f(x)>0$이고, $x<\alpha$, $\beta<x<\gamma$에서 $f(x)<0$이다. 단, $\alpha<\beta<\gamma$.

11.5.3 함수의 극값

(1) 극댓값: x가 증가할 때 $x=\alpha$를 경계로 하여 $f(x)$가 증가상태에서 감소상태로 변하면 $f(x)$는 $x=\alpha$에서 극대라 하고 $f(\alpha)$를 극댓값이라 한다.

(2) 극솟값: x가 증가할 때 $x=\beta$를 경계로 하여 $f(x)$가 감소상태에서 증가상태로 변하면 $f(x)$는 $x=\beta$에서 극소라 하고 $f(\beta)$를 극솟값이라 한다.

(3) 극값: 극댓값과 극솟값을 통틀어 극값이라 한다.

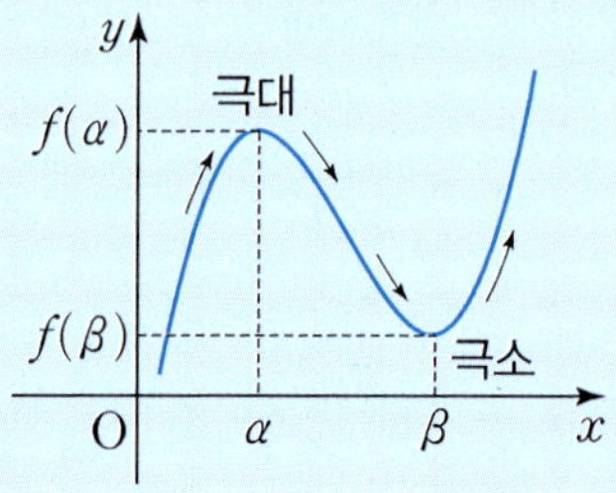

11.5.4 극값 판정

함수 $f(x)$가 $x=a$에서 극값을 가지고 $f'(a)$가 존재하면 $f'(a)=0$이다.

증명 함수 $f(x)$가 $x=\alpha$에서 극댓값을 갖는다고 하면 $x=\alpha$에 가까운 x에 대하여 $f(\alpha)>f(x)$이므로 충분히 작은 h에 대하여 $f(\alpha)>f(\alpha+h)$이다. 따라서 $f(\alpha+h)-f(\alpha)<0$이므로 $h>0$이면

$$\frac{f(\alpha+h)-f(\alpha)}{h}\le 0$$

이고, $h<0$이면

$$\frac{f(\alpha+h)-f(\alpha)}{h}\ge 0$$

이다. 여기에서 $h \to 0$의 극한을 취하면

$$\lim_{h \to 0+} \frac{f(\alpha+h)-f(\alpha)}{h} \le 0 \le \lim_{h \to 0-} \frac{f(\alpha+h)-f(\alpha)}{h}$$

의 부등식이 성립한다. 따라서

$$f'(\alpha) = \lim_{h \to 0} \frac{f(\alpha+h)-f(\alpha)}{h} = 0$$

이다.

$f(x)$가 $x = \beta$에서 극솟값을 갖는 경우도 같은 방법으로 증명된다.

11.5.5 극대·극소 판정법

$f'(a) = 0$이고, $x = a$의 좌우에서 $f'(a)$의 부호가

(1) $+$에서 $-$로 변하면 $f(x)$는 $x = a$에서 극대이고, 극댓값은 $f(a)$이다.

(2) $-$에서 $+$로 변하면 $f(x)$는 $x = a$에서 극소이고, 극솟값은 $f(a)$이다.

설명 일반적으로 [11.5.4]의 역은 성립하지 않는다. 즉, $f'(a) = 0$을 만족하는 $x = a$에서 $f(x)$가 반드시 극값을 갖는 것은 아니다. $f'(a) = 0$는 $x = a$에서 극값을 가지기 위한 필요조건이지만 충분조건은 아니다. 예를 들어 $f(x) = x^3$은 $f'(x) = 2x^2$이므로 $f'(0) = 0$이다. 그러나 $f'(x)$의 부호가 $x = 0$를 경계로 하여 바뀌지 않고 $x \neq 0$인 모든 x에 대하여 $f'(x) > 0$이므로 $x = 0$에서 극값을 가지지 않는다.

극값의 정의에 의해 함수가 증가상태에서 감소상태로, 혹은 감소상태에서 증가상태로의 변화가 있어야 하므로 $f'(a) = 0$가 되는 $x = a$의 좌우에서 $f'(a)$의 부호가 바뀔 때 극값을 갖는다.

예제 11.5.6 다음 함수의 극값을 구하여라.

(1) $f(x) = x^2 - 4x + 1$

(2) $f(x) = x^3 + 3x^2 - 9x + 1$

풀이 (1) $f'(x) = 2x - 4 = 2(x-2)$이므로 $f'(x) = 0$에서 $x = 2$이다. 이때 $f(x)$의 증감표는 다음과 같다.

x	$\cdots$	2	$\cdots$
$f'(x)$	$+$	0	$-$
$f(x)$	↘	(극소) -3	↗

따라서 극솟값은 $f(2)=-3$이고, 극댓값은 없다.

(2) $$f'(x)=3x^2+6x-9=3(x-1)(x+3)$$

$f'(x)=0$에서 $x=-3, 1$이고 함수 $f(x)$의 증감표는 다음과 같다.

x	$\cdots$	-3	$\cdots$	1	$\cdots$
$f'(x)$	$+$	0	$-$	0	$+$
$f(x)$	↗	(극대) 28	↘	(극소) -4	↗

따라서 $x=-3$에서 극댓값 28, $x=1$에서 극솟값 -4를 갖는다.

예제 11.5.7 함수 $f(x)=x^3+3x^2+3x+2$의 극값이 있는지 판별하여라.

풀이 $f'(x)=3x^2+6x+3=3(x+1)^2$이므로 $f'(x)=0$에서 $x=-1$이다. 그런데 $x\neq-1$일 때 $f'(x)=3(x+1)^2>0$이다. 즉 $x=-1$에서 $f'(x)=0$이지만 $x=-1$의 좌우에서 $f'(x)$의 부호가 바뀌지 않고 항상 양(+)이다. 따라서 함수 $f(x)$는 극값을 가지지 않는다.

- 다항함수 $f(x)$의 도함수 $f'(x)$에 대해 방정식 $f'(x)=0$이 $x=\alpha$를 중근(이중근)으로 가지면 $f(x)$는 $x=\alpha$에서 극값을 가지지 않는다. 또한 $f'(x)=0$이 허근을 가질 때도 극값을 갖지 않는다.
- 다항함수 $f(x)$에 대해 방정식 $f'(x)=0$이 $x=\alpha$를 삼중근으로 가지면 $f(x)$는 $x=\alpha$에서 극값을 가진다. 예를 들어 $f(x)=x^4$은 $x=0$에서 극솟값을 가진다.

즉, 극값을 가지기 위해서는 $x=\alpha$의 좌우에서 $f'(x)$의 부호가 바뀌어야 한다.

예제 11.5.8 함수 $f(x)=x^3+ax^2+3x+5$가 극값을 갖도록 상수 a값의 범위를 구하여라.

풀이 $f'(x)=3x^2+2ax+3=0$가 서로 다른 두 실근을 가져야 하므로

$$D/4 = a^2 - 3 \cdot 3 > 0$$
$$(a-3)(a+3) > 0$$
$$\therefore\ a < -3,\ a > 3$$

❖ 삼차함수 $f(x) = ax^3 + bx^2 + cx + d$에 대해 이차방정식 $f'(x) = 0$가 서로 다른 두 실근을 가질 때 $f(x)$는 극값을 갖는다. $f'(x) = 0$가 중근 또는 허근을 가지면 극값을 갖지 않는다.

예제 11.5.9 함수 $f(x) = x^3 - 12x + 3$이 $x = a$에서 극댓값 b를 가질 때 $a + b$의 값을 구하여라.

풀이

$$f'(x) = 3x^2 - 12 = 3(x^2 - 4) = 3(x-2)(x+2)$$

$f'(x) = 0$에서 $x = -2, 2$이고 함수 $f(x)$의 증감표는 다음과 같다.

$$f(-2) = (-2)^3 - 12(-2) + 3 = 19$$
$$f(2) = (2)^3 - 12(2) + 3 = -13$$

x	$\cdots$	-2	$\cdots$	2	$\cdots$
$f'(x)$	$+$	0	$-$	0	$+$
$f(x)$	↗	(극대) 19	↘	(극소) -13	↗

$x = -2$에서 극댓값 19를 가지므로 $a = -2,\ b = 19$이다.

$$\therefore a + b = -2 + 19 = 17$$

연습문제 11.5

1. 다음 함수가 증가하는 구간과 감소하는 구간을 각각 구하여라.

(1) $f(x)=-x^2+4x+3$

(2) $f(x)=x^3-6x^2+9x+2$

(3) $f(x)=-x^3+3x+4$

(4) $f(x)=x^3-3x^2-45x+4$

2. 함수 $f(x)=-\frac{1}{3}x^3+\frac{1}{2}ax^2+bx+5$가 증가하는 구간이 $3<x<4$일 때 상수 a, b의 값을 구하여라.

3. 함수 $f(x)=2x^3+3ax^2+6bx+1$이 감소하는 구간이 $2<x<3$일 때 상수 a, b의 값을 구하여라.

4. 함수 $f(x)=-2x^3+ax+3$이 $x=1$에서 증가상태일 때 상수 a값의 범위를 구하여라.

5. 다음 함수의 극값을 구하여라.

(1) $f(x)=x^2+6x-3$

(2) $f(x)=2x^3-9x^2+12x-2$

(3) $f(x)=-x^3+3x^2+9x+4$

(4) $f(x)=x^3-6x^2+9x$

6. 함수 $f(x)=2x^3-6x^2+a$가 $x=b$에서 극솟값 4를 가질 때 상수 a, b와 극댓값을 구하여라.

7. 함수 $f(x)=2x^3-15x^2+6ax+4$가 감소하는 구간이 $2<x<3$일 때 상수 a의 값을 구하여라.

8. 함수 $f(x)=x^3-3a^2x$ $(a>0)$가 극댓값과 극솟값을 가지고, 그 값의 차이가 32일 때 상수 a의 값을 구하여라.

9. 함수 $f(x)=x^3+ax^2+ax+4$가 극값을 가지지 않을 때 상수 a 값의 범위를 구하여라.

10. 함수 $f(x)=x^3-3x^2+a$의 극댓값은 5, 극솟값은 b일 때 $a+b$의 값을 구하여라.

11.6 함수의 최댓값과 최솟값

11.6.1 함수의 최댓값과 최솟값

함수 $f(x)$가 폐구간(닫힌구간) $[a, b]$에서 정의되고 $a \le \alpha \le b$일 때,

(1) 주어진 구간에 있는 모든 x에 대하여 $f(\alpha) \ge f(x)$, 즉 $f(\alpha)$가 $f(x)$에서 가장 큰 값이면 $f(x)$는 $x = \alpha$에서 최대라 하고, $f(\alpha)$를 함수 $f(x)$의 최댓값이라고 한다.

(2) 주어진 구간에 있는 모든 x에 대하여 $f(\alpha) \le f(x)$, 즉 $f(\alpha)$가 $f(x)$에서 가장 작은 값이면 $f(x)$는 $x = \alpha$에서 최소라 하고, $f(\alpha)$를 함수 $f(x)$의 최솟값이라고 한다.

11.6.2 최댓값과 최솟값을 구하는 방법*

연속함수 $f(x)$의 폐구간 $[a, b]$에서의 최댓값과 최솟값은 이 구간에서의 $f(x)$의 극댓값, 극솟값, $f(a)$, $f(b)$ 중에서 가장 큰 값이 최댓값, 가장 작은 값이 최솟값이 된다.

(1) $y = f(x)$의 극댓값과 극솟값을 모두 구한다.

(2) 주어진 범위의 양 끝점에서의 함숫값 $f(a)$, $f(b)$를 구한다.

(3) 극댓값, 극솟값, $f(a)$, $f(b)$ 중에서 $\begin{cases} \text{가장 큰 값이 최댓값} \\ \text{가장 작은 값이 최솟값} \end{cases}$ 이 된다.

- 이차함수의 최댓값과 최솟값 $\Rightarrow$ 식 $y = a(x-m)^2 + n$을 이용한다.
- 삼차함수 이상의 최댓값과 최솟값 $\Rightarrow$ 미분을 이용한다.
- 구간이 닫힌구간이 아닐 때는 최댓값 또는 최솟값이 존재하지 않을 수 있다.

* 함수의 증감표를 이용하여 그래프를 그려보면 최댓값, 최솟값을 쉽게 알 수 있다.

예제 11.6.1 다음 함수의 극값을 구하고 그래프를 그려라.

(1) $f(x) = x^3 - 3x - 3$

(2) $f(x) = 3x^4 + 4x^3 - 12x^2 + 20$

풀이 (1)
$$f'(x) = 3x^2 - 3 = 3(x-1)(x+1)$$

$f'(x) = 0$에서 $x = -1, 1$이고 함수 $f(x)$의 증감표는 다음과 같다.

x	$-\infty$	$\cdots$	-1	$\cdots$	1	$\cdots$	$+\infty$
$f'(x)$		$+$	0	$-$	0	$+$	
$f(x)$	$-\infty$	↗	(극대) -1	↘	(극소) -5	↗	$+\infty$

따라서 $x = -1$에서 극댓값 -1, $x = 1$에서 극솟값 -5를 갖는다. 그래프는 그림과 같다.

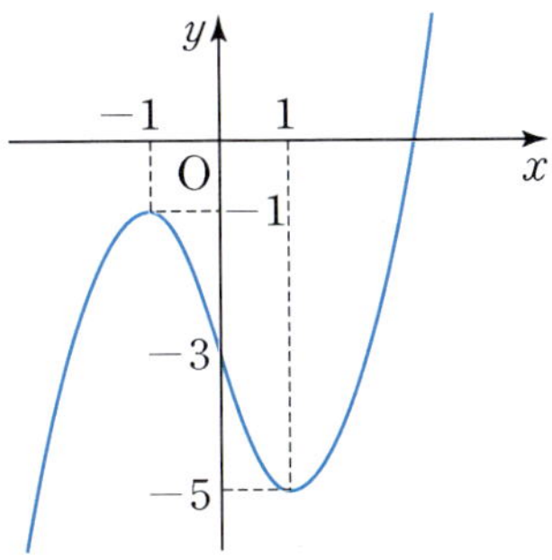

(2)
$$f'(x) = 12x^3 + 12x^2 - 24x = 12x(x+2)(x-1)$$

$f'(x) = 0$에서 $x = -2, 0, 1$이고 함수 $f(x)$의 증감표는 다음과 같다.

x	$-\infty$	$\cdots$	-2	$\cdots$	0	$\cdots$	1	$\cdots$	$+\infty$
$f'(x)$		$-$	0	$+$	0	$-$	0	$+$	
$f(x)$	$+\infty$	↘	(극소) -12	↗	(극대) 20	↘	(극소) 15	↗	$+\infty$

$x = -2$에서 극솟값 $f(-2) = -12$,

$x = 0$에서 극댓값 $f(0) = 20$,

$x = 1$에서 극솟값 $f(1) = 15$를 갖는다. 그래프는 그림과 같다.

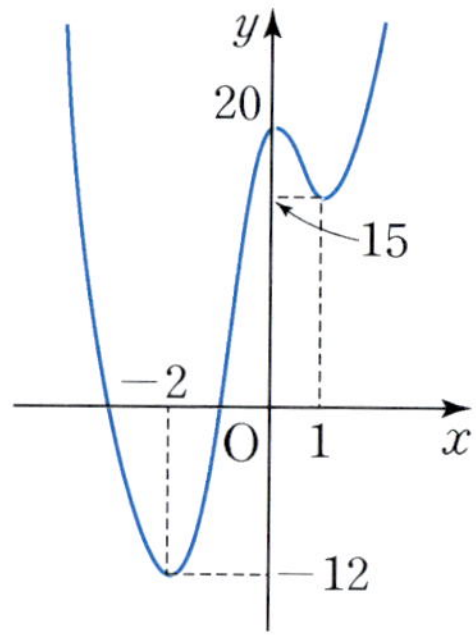

예제 11.6.2 닫힌구간 $[-2, 3]$에서 함수 $f(x) = -x^3 + 3x^2 + 4$의 최댓값과 최솟값을 구하여라.

풀이 (1)
$$f'(x) = -3x^2 + 6x = -3x(x-2)$$

$f'(x) = 0$에서 $x = 0, 2$이고 함수 $f(x)$의 증감표는 다음과 같다.

x	-2	$\cdots$	0	$\cdots$	2	$\cdots$	3
$f'(x)$		$-$	0	$+$	0	$-$	
$f(x)$	24	↘	(극소) 4	↗	(극대) 8	↘	4

따라서 양 끝 값과 극값을 비교하면

$x = -2$에서 최댓값 $f(-2) = 24$,

$x = 0$ 또는 $x = 3$에서 최솟값 $f(0) = f(3) = 4$를 갖는다.

예제 11.6.3 구간 $(-\infty, \infty)$에서 함수 $f(x) = 3x^4 - 4x^3 - 12x^2 + 10$의 최댓값과 최솟값을 구하여라.

풀이
$$f'(x) = 12x^3 - 12x^2 - 24x = 12x(x+1)(x-2)$$

$f'(x) = 0$에서 $x = -1,\ 0,\ 2$이고 함수 $f(x)$의 증감표는 다음과 같다.

x	$\cdots$	-1	$\cdots$	0	$\cdots$	2	$\cdots$
$f'(x)$	$-$	0	$+$	0	$-$	0	$+$
$f(x)$	↘	(극소) 5	↗	(극대) 10	↘	(극소) -22	↗

따라서 $x=2$에서 최솟값 -22를 갖고 최댓값은 없다.

❖ 사차함수는 구간 $(-\infty, \infty)$에서 최댓값 또는 최솟값 중 하나를 갖는다. 이차함수와 마찬가지로 최고차항의 계수가 양이면 최솟값, 음이면 최댓값을 갖는다.

예제 11.6.4 $-2 \le x \le 2$에서 함수 $f(x)=2x^3-6x^2+a$의 최댓값이 5일 때 최솟값을 구하여라. 단, a는 상수이다.

풀이

$$f'(x)=6x^2-12x=6x(x-2)$$

$f'(x)=0$에서 $x=0, 2$이고 함수 $f(x)$의 증감표는 다음과 같다.

$$f(0)=a$$
$$f(2)=2(2)^3-6(2)^2+a=-8+a$$

x	$\cdots$	-2	$\cdots$	0	$\cdots$	2	$\cdots$
$f'(x)$	$+$	$+$	$+$	0	$-$	0	$+$
$f(x)$	↗	$a-40$	↗	(극대) a	↘	(극소) $a-8$	↗

$-2 \le x \le 2$에서 최댓값은 극댓값이므로 $a=5$이다. 그리고

$$f(-2)=2(-2)^3-6(-2)^2+a=a-40<a-8$$

이므로 최솟값은 $x=-2$에서

$$a-40=5-40=-35$$

이다.

예제 11.6.5 함수 $y=\cos^3x+3\sin^2x\,(0 \le x \le \pi)$의 최댓값과 최솟값을 구하여라.

풀이 $\sin^2x+\cos^2x=1$을 이용하여 $\cos x=t$로 통일한 후 계산한다.

$$y=\cos^3x+3\sin^2x=\cos^3x+3(1-\cos^2x)=t^3-3t^2+3$$

이고, $(0 \le x \le \pi)$이므로 $-1 \le t \le 1$이다.

따라서 이 문제는 $f(t)=t^3-3t^2+3\ (-1 \le t \le 1)$의 최댓값과 최솟값을 구하는 문제가 된다. $f(t)$를 t에 대해 미분하면

$$f'(t)=3t^2-6t=3t(t-2)=0$$

에서 $t=0,2$이다. 고려하는 구간이 $-1 \le t \le 1$이므로 $t=-1,0,1$에서 최댓값 또는 최솟값을 가진다. ($t=2$는 구간 밖에 있다.)

$$f(-1)=-1,\ f(0)=3,\ f(1)=1$$

따라서 최솟값은 $y_{min}=-1$, 최댓값 $y_{max}=3$이다.

t	-1	$\cdots$	0	$\cdots$	1
$f'(t)$	$+$	$+$	0	$-$	$-$
$y=f(t)$	-1	$\nearrow$	3	$\searrow$	1

예제 11.6.6 함수 $f(x)=2^{3x+1}-3 \cdot 2^{x+1}+7$의 최댓값과 최솟값을 구하여라.

풀이 지수법칙을 적용하면 주어진 함수는

$$f(x)=2^{3x+1}-3 \cdot 2^{x+1}+7=2 \cdot (2^x)^3-3 \cdot 2 \cdot 2^x+7$$

이다. 여기에서 $2^x=t$로 놓으면 $t>0$이고

$$f(t)=2t^3-6t+7$$

로 쓸 수 있다. 이때 주어진 문제는 $t>0$에서 $f(t)$의 최댓값과 최솟값을 구하는 문제가 된다. $f(t)$를 t에 대해 미분하면

$$f'(t)=6t^2-6=6(t-1)(t+1)=0$$

에서 $t=-1,1$이다. $t>0$에서 $f(t)$의 증감을 조사하면 $t=1$에서 최솟값

$$f(1)=2 \times 1^3-6 \times 1+7=3$$

을 가지고, 최댓값은 없다.

t	(0)	$\cdots$	1	$\cdots$
$f'(t)$		$-$	0	$-$
$y=f(t)$		$\searrow$	3	$\nearrow$

예제 11.6.7 곡선 $y=9-x^2$과 x축으로 둘러싸인 부분에 내접하고 한 변이 x축 위에 있는 직사각형의 넓이의 최댓값을 구하여라.

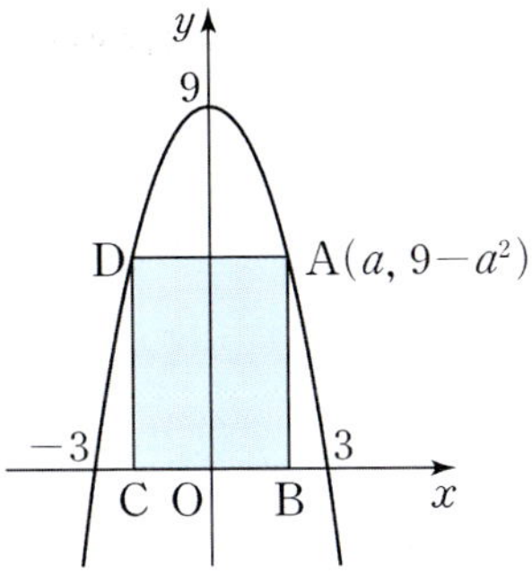

풀이 그림과 같이 직사각형 ABCD의 꼭짓점 A의 x좌표를 $a(a>0)$로 하면 점 A는 곡선 위에 있으므로 점 A의 y좌표는 $9-a^2$이다. 따라서 직사각형 ABCD는 밑변의 길이가 $2a$이고 높이가 $9-a^2$이므로 넓이 $S(a)$는 다음과 같다.

$$S(a)=2a(9-a^2)=18a-2a^3$$

한편 포물선이 x축과 만나는 점은

$$y=9-x^2=0$$
$$(3-x)(3+x)=0$$
$$\therefore\ x=-3,\ 3$$

이다. 이에 따라 주어진 문제는 $S(a)=18a-2a^3\ (0<a<3)$의 최댓값을 구하는 문제가 된다.

$$S'(a)=18-6a^2=6(3-a^2)=0$$
$$\therefore\ a=\sqrt{3}\ \ (\because\ 0<a<3)$$

이고 $0<a<3$에서 $S(a)$의 증감표는 그림과 같다.

a	(0)	$\cdots$	$\sqrt{3}$	$\cdots$	(3)
$S'(a)$		$+$	0	$-$	
$S(a)$		↗	$12\sqrt{3}$	↘	

따라서 $S(a)$는 $a=\sqrt{3}$에서 최댓값

$$S(\sqrt{3})=18\sqrt{3}-2(\sqrt{3})^3=12\sqrt{3}$$

을 가지므로 직사각형의 넓이의 최댓값은 $12\sqrt{3}$이다.

❖ 여기에서 $S'(a)$는 변수 a에 대한 미분 $S'(a)=\dfrac{dS}{da}$을 나타낸다.

예제 11.6.8 그림과 같이 가로와 세로의 길이가 각각 16, 10인 직사각형 모양의 종이가 있다. 이 종이의 네 모서리에서 한 변의 길이가 x인 정사각형을 잘라내고 남은 부분으로 직육면체 모양의 상자를 만들 때 상자의 부피 $f(x)$의 최댓값을 구하여라. 단, 상자의 윗면은 열려 있다.

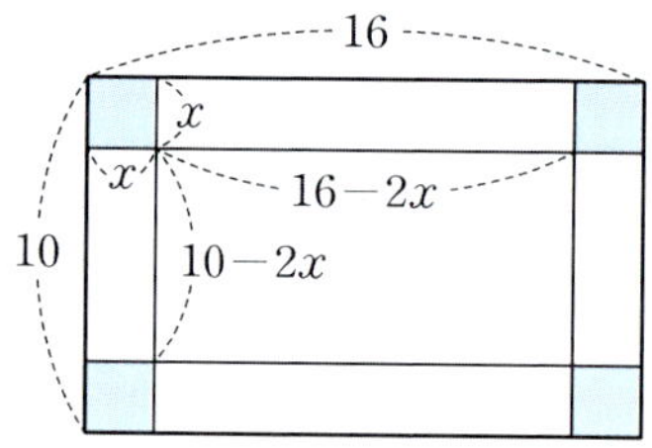

풀이 네 모서리에서 정사각형을 잘라내고 윗면이 열린 직육면체 모양의 상자를 만들면 상자의 가로, 세로, 높이는 각각 $16-2x$, $10-2x$, x가 된다. 따라서 변의 길이

$$16-2x>0,\ 10-2x>0,\ x>0$$

에서 x의 범위는

$$0<x<5$$

이다. 상자의 부피

$$f(x)=x(16-2x)(10-2x)=4x(8-x)(5-x)=4(x^3-13x^2+40x)$$

이므로

$$f'(x)=4(3x^2-26x+40)=3(x-2)(3x-20)$$

이다. $f'(x)=0$에서 $x=2,\ \dfrac{20}{3}$인데 $0<x<5$이므로 $x=\dfrac{20}{3}$은 부적당한 값이다.

x	(0)	$\cdots$	2	$\cdots$	(5)	$\frac{20}{3}$
$f'(x)$		$+$	0	$-$		0
$f(x)$	0	$\nearrow$	(극대) 144 (최댓값)	$\searrow$	0	(극소)

$f(x)$의 증감표를 만들어 보면 $x=2$에서 극대이고 이때 $f(x)$의 최댓값은

$$f(2)=2\times(16-4)\times(10-4)=144$$

이다.

연습문제 11.6

1. 다음 함수의 극값을 구하고 그래프를 그려라.

(1) $f(x)=x^3-3x^2-9x+7$

(2) $f(x)=3x^4-8x^3-6x^2+24x+4$

2. 다음 함수의 주어진 구간에서의 최댓값과 최솟값을 구하여라.

(1) $f(x)=x^3-3x^2+4,\ -1\le x\le 3$

(2) $f(x)=-x^3+3x^2+9x-10,\ -2\le x\le 2$

(3) $f(x)=3x^4-4x^3-12x^2+1,\ -2\le x\le 3$

(4) $f(x)=x^4-4x^3+4x^2,\ -2\le x\le 2$

3. 밑면의 반지름이 R이고 높이가 h인 원뿔에 내접하는 원기둥의 최대 부피를 구하여라.

4. 똑바로 위로 던진 물체의 시간 t(sec)에서 높이 $h(t)=9.8t-4.9t^2$(m)이다. 초기속도(m/s)와 물체가 도달할 수 있는 최대 높이(m)를 구하여라.

5. 함수 $f(x)=-2\sin x\cos^2 x-3\sin^2 x+2\sin x\,(0\le x\le 2\pi)$의 최댓값과 최솟값을 구하여라.

6. $y=(\log x)^3+3(\log x)^2-9\log x\ \ (1\le x\le 100)$의 최댓값과 최솟값을 구하여라.

7. $y=2^{3x+1}-3\cdot 4^x-3\cdot 2^{x+2}+10$의 최댓값과 최솟값을 구하여라.

8. 밑변이 x축 위에 있고 두 꼭짓점이 곡선 $y=-x^2+3$ 위에 있는 직사각형의 최대 넓이를 구하여라.

9. 함수 $y=x^3-12x+a\ (1 \le x \le 3)$의 최솟값이 -12일 때 상수 a 값과 y의 최댓값을 구하여라.

10. 구간 $1 \le x \le 4$에서 함수 $f(x)=x^3-3x^2+a$의 최댓값을 M, 최솟값을 N이라고 할 때, $M+N=2$가 되는 상수 a값을 구하여라.

제 12 장

적분

12.1 부정적분

12.1.1 원시함수, 부정적분, 적분상수, 적분법

(1) 원시함수: 함수 $F(x)$의 도함수가 $f(x)$일 때, 즉 $F'(x)=f(x)$가 되는 $F(x)$를 $f(x)$의 원시함수 또는 역도함수라 한다.

(2) 부정적분: 함수 $f(x)$의 모든 원시함수를 $\int f(x)dx$로 나타내고 $f(x)$를 피적분함수, $\int f(x)dx$를 $f(x)$의 부정적분이라 한다.

(3) 적분상수: $F(x)$가 $f(x)$의 부정적분 중 하나일 때

$$\int f(x)dx = F(x) + C$$

이다. 여기에서 x를 적분변수, C를 적분상수라 한다.

(4) 적분법: 어떤 함수($f(x)$)의 부정적분을 구하는 것을 그 함수($f(x)$)를 적분한다고 하고 이러한 계산 방법을 적분법이라 한다.

12.1.2 부정적분과 미분

적분법은 미분법의 역연산이다.

(1) 부정적분

$$F'(x) = f(x) \Leftrightarrow \int f(x)dx = F(x) + C \quad (C\text{는 적분상수})$$

(2) 부정적분과 미분의 관계

$$\frac{d}{dx}\left[\int f(x)dx\right] = f(x)$$

$$\int\left[\frac{d}{dx}f(x)\right]dx = f(x) + C \ (C\text{는 적분상수})$$

증명 (1) $\int f(x)dx = F(x) + C$를 x에 대해 미분하면 적분의 정의에 의해

$$\frac{d}{dx}\left[\int f(x)dx\right] = \frac{d}{dx}[F(x) + C] = \frac{d}{dx}F(x) = f(x)$$

$$\therefore \ \frac{d}{dx}\left[\int f(x)dx\right] = f(x)$$

(2) $\int\left[\frac{d}{dx}f(x)\right]dx = F(x)$로 하면 적분의 정의에 의해

$$\frac{d}{dx}F(x) = \frac{d}{dx}f(x)$$

이므로

$$\frac{d}{dx}F(x) - \frac{d}{dx}f(x) = 0$$

$$\therefore \ \frac{d}{dx}[F(x) - f(x)] = 0$$

따라서 $F(x) - f(x) = C$ (C는 상수)에서 $F(x) = f(x) + C$

$$\therefore \ \int\left[\frac{d}{dx}f(x)\right]dx = f(x) + C$$

❖ $f(x)$를 적분한다는 것은 미분하여 $f(x)$가 되는, 즉 $\frac{d}{dx}F(x) = f(x)$가 되는 $F(x)$를 구하는 것과 같으므로 적분은 미분의 역연산이라 할 수 있다.

예 (1) $(3x)' = 3$이므로 $\int 3dx = 3x + C$ (C는 적분상수)

(2) $(e^x)' = e^x$이므로 $\int e^x dx = e^x + C$

(3) $(\ln x)' = \frac{1}{x}$이므로 $\int \frac{1}{x}dx = \ln x + C$

(4) $(\sin x)' = \cos x$이므로 $\int \cos x dx = \sin x + C$

(5) $(\cos 2x)' = -2\sin x$이므로 $\int (-2\sin x)dx = \cos 2x + C$

12.1.3 부정적분의 성질

(1) $\int kf(x)dx = k\int f(x)dx$ (k는 상수)

(2) $\int [f(x)+g(x)]dx = \int f(x)dx + \int g(x)dx$

(3) $\int [f(x)-g(x)]dx = \int f(x)dx - \int g(x)dx$

12.1.4 부정적분 공식(C는 적분상수)

(1) $\int kdx = kx + C$ (k는 상수)	(2) $\int x^n dx = \frac{1}{n+1}x^{n+1} + C$ $(n \neq -1)$
(3) $\int \frac{1}{x}dx = \ln\lvert x\rvert + C$	(4) $\int e^x dx = e^x + C$
(5) $\int a^x dx = \frac{a^x}{\ln a} + C$ $\begin{pmatrix} a>0 \\ a\neq 1 \end{pmatrix}$	(6) $\int \sin x dx = -\cos x + C$
(7) $\int \cos x dx = \sin x + C$	(8) $\int \tan x dx = -\ln\lvert\cos x\rvert + C$
(9) $\int \sec^2 x dx = \tan x + C$	(10) $\int \csc^2 x dx = -\cot x + C$
(11) $\int \sec x \tan x dx = \sec x + C$	(12) $\int \csc x \cot x dx = -\csc x + C$
(13) $\int \frac{1}{\sqrt{1-x^2}}dx = \sin^{-1}x + C$	(14) $\int \frac{1}{1+x^2}dx = \tan^{-1}x + C$

설명 적분은 미분의 역연산이므로 앞에서 공부한 미분법의 공식으로부터 부정적분의 공식을 얻을 수 있다. 예를 들어 $\int x^n dx$의 적분공식은 다음과 같이 얻어진다. 미분법에 의해

$$\frac{d}{dx}(x^{n+1}) = (n+1)x^n$$

이므로

$$\frac{d}{dx}\left(\frac{1}{n+1}x^{n+1}\right) = x^n$$

따라서 적분의 정의에 의해

$$\int x^n dx = \frac{1}{n+1}x^{n+1} + C \ (n \neq -1,\ C\text{는 적분상수})$$

$n = -1$인 경우 $\frac{d}{dx}(\ln x) = \frac{1}{x}$이므로

$$\int \frac{1}{x} dx = \ln x + C \ (C\text{는 적분상수})$$

예제 12.1.1 **[부정적분의 정의]** 다음 식을 만족하는 $f(x)$를 구하여라. 단, C는 상수이다.

(1) $\int f(x)dx = 2x^3 + 4x + C$

(2) $\int f(x)dx = \sin 2x + \cos x + \ln x + C$

풀이 부정적분의 정의 $F'(x) = f(x) \Leftrightarrow \int f(x)dx = F(x) + C$ (C는 적분상수)에 의해

(1) $f(x) = (2x^3 + 4x)' = 6x^2 + 4$

(2) $f(x) = (\sin 2x + \cos x + \ln x)' = 2\cos 2x - \sin x + \frac{1}{x}$

예제 12.1.2 **[부정적분과 미분의 관계]** $f(x) = \int \left[\frac{d}{dx}(x^2 + 4x + 3)\right] dx$에 대하여 $f(0) = 3$일 때 $f(1)$의 값을 구하여라.

풀이 $g(x) = x^2 + 4x + 3$으로 하면

$$\int \left[\frac{d}{dx} g(x)\right] dx = g(x) + C \ (C\text{는 적분상수})$$

이므로

$$f(x) = \int \left[\frac{d}{dx}(x^2 + 4x + 3)\right] dx = (x^2 + 4x + 3) + C$$

이다. 여기에서 $f(0) = 3$인 조건을 적용하면

$$f(0) = 0 + 0 + 3 + C = 3$$

에서 $C = 0$이다. 따라서

$$f(x) = x^2 + 4x + 3$$

이고, $f(1)$의 값은 다음과 같다.

$$f(1) = 1 + 4 + 3 = 8$$

예제 12.1.3 [부정적분과 미분의 관계] 함수 $f(x)$가 다음과 같을 때 $f(0)$의 값을 구하여라.

$$f(x) = \frac{d}{dx}\left[\int (x^2 + e^{4x} + 2\cos x)dx\right]$$

풀이 $\frac{d}{dx}\left[\int f(x)dx\right] = f(x)$이므로

$$f(x) = \frac{d}{dx}\left[\int (x^2 + e^{4x} + 2\cos x)dx\right] = x^2 + e^{4x} + 2\cos x$$

이고, $f(0)$의 값은 다음과 같다.

$$f(0) = 0 + 1 + 2 = 3$$

예제 12.1.4 [부정적분 공식] 다음 부정적분을 구하여라.

(1) $\int (8x^3 + 2x + 3)dx$ (2) $\int (x^2 + 1)(x^2 - 1)dx$

(3) $\int (x\sqrt{x} + \sqrt[4]{x})dx$ (4) $\int (e^x + 2x + \sin x)dx$

풀이 (1)
$$\begin{aligned}\int (8x^3 + 2x + 3)dx &= \int 8x^3 dx + \int 2x dx + \int 3dx \\ &= 8\int x^3 dx + 2\int x dx + 3\int dx \\ &= 8 \cdot \frac{1}{4}x^4 + 2 \cdot \frac{1}{2}x^2 + 3 \cdot x + C \\ &= 2x^4 + x^2 + 3x + C\end{aligned}$$

(2)
$$\begin{aligned}\int (x^2 + 1)(x^2 - 1)dx &= \int (x^4 - 1)dx = \int x^4 dx - \int dx \\ &= \frac{1}{5}x^5 - x + C\end{aligned}$$

(3)
$$\int (x\sqrt{x} + \sqrt[4]{x})dx = \int (x^{\frac{3}{2}} + x^{\frac{1}{4}})dx = \int x^{\frac{3}{2}} dx + \int x^{\frac{1}{4}} dx$$

$$= \frac{1}{\frac{3}{2}+1} x^{\frac{3}{2}+1} + \frac{1}{\frac{1}{4}+1} x^{\frac{1}{4}+1} + C$$

$$= \frac{2}{5} x^{\frac{5}{2}} + \frac{4}{5} x^{\frac{5}{4}} + C = \frac{2}{5} x^2 \sqrt{x} + \frac{4}{5} x \sqrt[4]{x} + C$$

(4) $\int (e^x + 2x + \sin x) dx = \int e^x dx + 2\int x dx + \int \sin x dx$

$$= e^x + x^2 - \cos x + C$$

예제 12.1.5 함수 $f(x)$의 도함수 $f'(x) = 3x^2 + 4x - 1$이고, $f(0) = 3$일 때 $f(-2)$의 값을 구하여라.

풀이 부정적분의 정의에 의해

$$f(x) = \int f'(x) dx = \int (3x^2 + 4x - 1) dx = x^3 + 2x^2 - x + C$$

이다. 여기에서 $f(0) = 3$인 조건을 적용하면

$$f(0) = 0 + 0 - 0 + C = 3$$

$$\therefore \quad C = 3$$

이므로

$$f(x) = x^3 + 2x^2 - x + 3$$

이고, $f(-2)$의 값은 다음과 같다.

$$f(-2) = -8 + 8 + 2 + 3 = 5$$

연습문제 12.1

1. 다음 부정적분을 구하여라.

(1) $\int 42x^{20}dx$

(2) $\int\left(\frac{9}{x^{10}}+\frac{2}{\sqrt[3]{x}}\right)dx$

(3) $\int 10x^{\frac{3}{2}}dx$

(4) $\int\left(\frac{2}{x^{3/2}}+4\sqrt[3]{x}\right)dx$

(5) $\int(\sqrt{x}+\sqrt[3]{x})dx$

(6) $\int\left(2e^{x}+5^{x+1}+\frac{3}{x}\right)dx$

(7) $\int(6T^{2}+2T+1)dT$

(8) $\int\frac{mRT}{V}dV$ (mRT는 상수)

(9) $\int\frac{1}{\sqrt{x+2}+\sqrt{x}}dx$

(10) $\int\left(x^{5}+\frac{1}{2}\right)^{2}dx-\int\left(x^{5}-\frac{1}{2}\right)^{2}dx$

2. 함수 $f(x)$의 도함수 $f'(x)=3x^{2}-2x+1$이고 $f(1)=4$일 때 $f(x)$를 구하여라.

3. $\int(x^{2}+1)f(x)dx=4x^{5}-10x^{2}+8x+C$일 때 $f(1)$의 값을 구하여라.

4. $\int f(x)dx=x^{3}+2x^{2}+5x+C$일 때 $f(-1)$의 값을 구하여라.

5. $f(x)=\int\left[\frac{d}{dx}(3x^{2}-4x+5)\right]dx$에 대하여 $f(0)=5$일 때 $f(2)$의 값을 구하여라.

6. $f(x)=\int(x+1)^{3}dx-\int x^{2}(x+1)dx$에 대하여 $f(0)=-1$일 때 $f(1)$의 값을 구하여라.

7. 함수 $f(x) = ax + b$에 대하여 다음 식이 성립할 때 $f(x)$를 구하여라.

$$\int f(x)dx = (x+1)\{f(x)+1\} + \frac{1}{2}x^2,\ f(0) = 2$$

8. 부정적분 $\int (\sin\theta + \cos\theta)^2 d\theta + \int (\sin\theta - \cos\theta)^2 d\theta$를 구하여라.

12.2 치환적분

12.2.1 치환적분법

함수 $t=g(x)$가 미분가능하면

$$\int f\{g(x)\}g'(x)dx=\int f(t)dt$$

◆ 변수를 치환할 때 $t=g(x)$이면 $dt=g'(x)dx$

증명 $t=g(x)$일 때

$$\frac{d}{dx}\left\{\int f(t)dt\right\}=\frac{d}{dt}\left\{\int f(t)dt\right\}\frac{dt}{dx}=f(t)\times\frac{dt}{dx}=f\{g(x)\}\times g'(x)$$

∴ 적분의 정의에 의해 $\int f(t)dt$는 $f\{g(x)\}\times g'(x)$의 부정적분이므로

$$\int f\{g(x)\}g'(x)dx=\int f(t)dt$$

예 (1) $I=\int(x+2)^5dx$:

$t=x+2$로 하면 $dt=(x+2)'dx=dx$

$$\therefore I=\int(x+2)^5dx=\int t^5dt=\frac{1}{5+1}t^{5+1}+C$$
$$=\frac{1}{6}t^6+C=\frac{1}{6}(x+2)^6+C$$

(2) $I=\int e^{3x+5}dx$:

$t=3x+5$로 하면 $dt=(3x+5)'dx=3dx$에서 $dx=\frac{1}{3}dt$

$$\therefore I = \int e^{3x+5}dx = \int e^t \cdot \frac{1}{3}dt = \frac{1}{3}\int e^t dt = \frac{1}{3}e^t + C$$
$$= \frac{1}{3}e^{3x+5} + C$$

(3) $I = \int \frac{1}{4x-7}dx$:

$t = 4x - 7$로 하면 $dt = (4x-7)'dx = 4dx$에서 $dx = \frac{1}{4}dt$

$$\therefore I = \int \frac{1}{4x-7}dx = \int \frac{1}{t} \cdot \frac{1}{4}dt = \frac{1}{4}\int \frac{1}{t}dt = \frac{1}{4}\ln t + C$$
$$= \frac{1}{4}\ln(4x-7) + C$$

(4) $I = \int \sin(2x+1)dx$:

$t = 2x + 1$로 하면 $dt = (2x+1)'dx = 2dx$에서 $dx = \frac{1}{2}dt$

$$\therefore I = \int \sin(2x+1)dx = \int \sin t \cdot \frac{1}{2}dt = \frac{1}{2}\int \sin t\, dt$$
$$= -\frac{1}{2}\cos t + C = -\frac{1}{2}\cos(2x+1) + C$$

12.2.2 치환적분법에 의한 적분공식

a, b는 상수이고 $a \neq 0$, C는 적분상수.

(1) $\int (ax+b)^n dx = \frac{1}{a(n+1)}(ax+b)^{n+1} + C \quad (n \neq -1)$

(2) $\int \frac{1}{ax+b}dx = \frac{1}{a}\ln(ax+b) + C$

(3) $\int e^{ax+b}dx = \frac{1}{a}e^{ax+b} + C$

(4) $\int \sin(ax+b)dx = -\frac{1}{a}\cos(ax+b) + C$

(5) $\int \cos(ax+b)dx = \frac{1}{a}\sin(ax+b) + C$

예제 12.2.1 다음 부정적분을 구하여라.

(1) $\int 30x^2(x^3+1)^4 dx$

(2) $\int (2x+1)(x^2+x+1)^{100} dx$

(3) $\int \frac{1}{\sqrt[4]{2x+1}} dx$

풀이 (1) $x^3+1=t$로 하여 양변을 미분하면 $3x^2dx=dt$이므로

$$\int 30x^2(x^3+1)^4 dx = \int 10(x^3+1)^4(3x^2dx) = \int 10t^4 dt$$

$$= 10 \cdot \frac{1}{5}t^5 + C = 2(x^3+1)^5 + C$$

(2) $x^2+x+1=t$로 하면 $(2x+1)dx=dt$이므로

$$\int (2x+1)(x^2+x+1)^{100} dx = \int (x^2+x+1)^{100}(2x+1)dx = \int t^{100} dt$$

$$= \frac{1}{101}t^{101} + C = \frac{1}{101}(x^2+x+1)^{101} + C$$

(3) 피적분함수를 $\int (ax+b)^n dx$의 형태로 변형하여 적분한다.

$$\int \frac{1}{\sqrt[4]{2x+1}} dx = \int (2x+1)^{-\frac{1}{4}} dx = \frac{1}{2\left(-\frac{1}{4}+1\right)}(2x+1)^{-\frac{1}{4}+1} + C$$

$$= \frac{2}{3}(2x+1)^{\frac{3}{4}} + C = \frac{2}{3}\sqrt[4]{(2x+1)^3} + C$$

예제 12.2.2 다음 부정적분을 구하여라.

(1) $\int \sin^4 x \cos x dx$

(2) $\int 2xe^{x^2} dx$

(3) $\int \frac{x^2}{x^3+1} dx$

풀이 (1) $\sin x = t$로 하면 $\cos x dx = dt$이므로

$$\therefore \int \sin^4 x \cos x dx = \int \sin^4 x(\cos x dx) = \int t^4 dt = \frac{1}{5}t^5 + C$$

$$= \frac{1}{5}\sin^5 x + C$$

(2) $x^2 = t$로 하면 $2xdx = dt$

$$\therefore \int 2xe^{x^2}dx = \int e^{x^2}(2xdx) = \int e^t dt = e^t + C = e^{x^2} + C$$

(3) $x^3 + 1 = t$로 하면 $3x^2dx = dt$에서 $x^2dx = \frac{1}{3}dt$

$$\therefore \int \frac{x^2}{x^3+1}dx = \int \frac{1}{x^3+1}(x^2dx) = \int \frac{1}{t}\left(\frac{1}{3}dt\right) = \frac{1}{3}\int \frac{1}{t}dt$$

$$= \frac{1}{3}\ln t + C = \frac{1}{3}\ln(x^3+1) + C$$

예제 12.2.3 다음 부정적분을 구하여라.

(1) $\int \sin^2 x dx$ (2) $\int \cos^2 2x dx$

(3) $\int (\sin x + \cos x)^2 dx$

풀이 (1) $\int \sin^2 x dx = \int \frac{1-\cos 2x}{2}dx = \frac{1}{2}\left(\int dx - \int \cos 2x dx\right)$

$$= \frac{1}{2}\left(x - \frac{1}{2}\sin 2x\right) + C$$

(2) $\int \cos^2 2x dx = \int \frac{1+\cos 4x}{2}dx = \frac{1}{2}\left(\int dx + \int \cos 4x dx\right)$

$$= \frac{1}{2}\left(x + \frac{1}{4}\sin 4x\right) + C$$

(3) $\int (\sin x + \cos x)^2 dx = \int (\sin^2 x + \cos^2 x + 2\sin x \cos x)dx$

$$= \int (1 + \sin 2x)dx = x - \frac{1}{2}\cos 2x + C$$

연습문제 12.2

1. 다음 부정적분을 구하여라.

(1) $\int 30(2x+3)^4 dx$

(2) $\int 20e^{-5x+2} dx$

(3) $\int \frac{6}{3x-7} dx$

(4) $\int 12\cos(-4x+7) dx$

(5) $\int x(x^2+1)^3 dx$

(6) $\int \frac{4x+2}{x^2+x+1} dx$

(7) $\int x^3(x^4+1)^5 dx$

(8) $\int x\sqrt{x^2+1}\, dx$

(9) $\int 15x\sqrt{x-1}\, dx$

(10) $\int \frac{3x}{\sqrt{x+1}} dx$

2. 다음 부정적분을 구하여라.

(1) $\int e^x(e^x+1)^4 dx$

(2) $\int \frac{e^x}{e^x+1} dx$

3. 부정적분 $I = \int \frac{e^x+1}{(e^x+x)^2} dx$를 구하여라.

4. 다음 부정적분을 구하여라. 단, $a(a \neq 0)$, b, $n(n \neq -1)$은 상수이다.

(1) $\int \frac{1}{\sqrt[n]{ax+b}} dx$

(2) $\int \cos^2(ax+b) dx$

5. 다음 관계식을 만족하는 다항함수 $f(x)$를 구하여라.

$$\int f(x)dx = xf(x) + f(x) - 4(x+1)^3 + C,\ f(0) = 0$$

6. 연속 함수 $f(x)$와 $g(x)$가 다음 관계식을 만족할 때 $g\left(\frac{1}{2}\right)$의 값을 구하여라.

$$\int f(x)dx = (x^2-1)^5 + C,\ g(x) = \int f(2x+1)dx,\ g(0) = 0$$

12.3 부분적분

12.3.1 부분적분법

두 함수 $f(x)$, $g(x)$가 미분가능할 때

$$\int f'(x)g(x)dx = f(x)g(x) - \int f(x)g'(x)dx$$

$$\int u'vdx = uv - \int uv'dx \text{ (단, } u = f(x),\ v = g(x))$$

증명 $\frac{d}{dx}[f(x)g(x)] = f'(x)g(x) + f(x)g'(x)$이므로 적분의 정의에 의해

$$\begin{aligned} f(x)g(x) &= \int [f'(x)g(x) + f(x)g'(x)]dx \\ &= \int f'(x)g(x)dx + \int f(x)g'(x)dx \end{aligned}$$

$$\therefore \int f'(x)g(x)dx = f(x)g(x) - \int f(x)g'(x)dx$$

예 (1) $I = \int xe^x dx$: $u' = e^x$, $v = x$로 하면 $u = e^x$, $v' = 1$

$$\begin{aligned} I &= \int xe^x dx = \int e^x \cdot xdx = \int (e^x)'xdx = e^x x - \int e^x (x)'dx \\ &= xe^x - \int e^x dx = xe^x - e^x + C \end{aligned}$$

(2) $I = \int x\cos x dx$: $u' = \cos x$, $v = x$로 하면 $u = \sin x$, $v' = 1$

$$\begin{aligned} I &= \int x\cos x dx = \int \cos x \cdot xdx = \int (\sin x)'xdx \\ &= (\sin x) \cdot x - \int \sin x \cdot (x)'dx = x\sin x - \int \sin x dx \end{aligned}$$

$$= x\sin x + \cos x + C$$

❖ 일반적으로 $\int uv'dx$가 (적분가능한) 간단한 형태가 되도록 u', v를 선택한다.

예제 12.3.1 다음 부정적분을 구하여라.

(1) $\int 3xe^{3x}dx$ (2) $\int 2x\ln x dx$ (3) $\int x\sin x dx$

풀이 (1) $I = \int 3xe^{3x}dx = \int (e^{3x})'xdx = e^{3x}x - \int e^{3x}(x)'dx$

$$= xe^{3x} - \int e^{3x}dx = xe^{3x} - \frac{1}{3}e^{3x} + C$$

(2) $I = \int 2x\ln x dx = \int (x^2)'\ln x dx = x^2\ln x - \int x^2(\ln x)'dx$

$$= x^2\ln x - \int x^2 \times \frac{1}{x}dx = x^2\ln x - \int xdx = x^2\ln x - \frac{1}{2}x^2 + C$$

(3) $I = \int x\sin x dx = \int (-\cos)'xdx = -x\cos x - \int (-\cos x)\cdot(x)'dx$

$$= -x\cos x + \int \cos x dx = -x\cos x + \sin x + C$$

예제 12.3.2 다음 부정적분을 구하여라.

(1) $\int \ln(x+1)dx$ (2) $\int x^2\ln x dx$

(3) $\int 2xe^{2x+1}dx$

풀이 (1) $\int \ln(x+1)dx = \int (x)'\ln(x+1)dx$

$$= x\ln(x+1) - \int x\left(\frac{1}{x+1}\right)dx$$

$$= x\ln(x+1) - \int \left(1 - \frac{1}{x+1}\right)dx$$

$$= x\ln(x+1) - x + \ln(x+1) + C$$

$$= (x+1)\ln(x+1) - x + C$$

(2) $\int x^2\ln x dx = \int \left(\frac{x^3}{3}\right)'\ln x dx = \frac{x^3}{3}\ln x - \int \frac{x^3}{3}\cdot\frac{1}{x}dx$

$$= \frac{x^3}{3}\ln x - \frac{x^3}{9} + C = \frac{x^3}{9}(3\ln x - 1) + C$$

(3) $\int 2xe^{2x+1}dx = \int (e^{2x+1})' x dx = xe^{2x+1} - \int e^{2x+1}dx$

$$= xe^{2x+1} - \frac{e^{2x+1}}{2} + C = e^{2x+1}\left(x - \frac{1}{2}\right) + C$$

$$= \frac{1}{2}e^{2x+1}(2x-1) + C$$

[Note] [예제 12.3.2]의 (1)번에서 $u = x+1,\ v = \ln(x+1)$로 하면

$$\int \ln(x+1)dx = \int (x+1)'\ln(x+1)dx$$

$$= (x+1)\ln(x+1) - \int (x+1)\left(\frac{1}{x+1}\right)dx$$

$$= (x+1)\ln(x+1) - \int (1)dx = (x+1)\ln(x+1) - x + C$$

예제 12.3.3 부분적분을 이용하여 $\int e^x \sin x dx$를 구하여라.

풀이 $I = \int e^x \sin x dx = \int (e^x)' \sin x dx = e^x \sin x - \int e^x \cos x dx$

$$= e^x \sin x - \int (e^x)' \cos x dx$$

$$= e^x \sin x - \left(e^x \cos x + \int e^x \sin x dx\right)$$

$$= e^x \sin x - e^x \cos x - \int e^x \sin x dx$$

$$= e^x \sin x - e^x \cos x - I$$

위 식을 I에 대해 풀면

$$2I = e^x(\sin x - \cos x)$$

$$\therefore\ I = \frac{1}{2}e^x(\sin x - \cos x)$$

이므로 적분상수를 더하면

$$\int e^x \sin x\, dx = \frac{1}{2}e^x(\sin x - \cos x) + C$$

이다.

연습문제 10.3

1. 다음 부정적분을 구하여라.

(1) $\int 2x e^{2x} dx$ (2) $\int \ln(x+3)dx$

(3) $\int x\cos 2x dx$ (4) $\int xe^{-x}dx$

(5) $\int 2x\sin(2x+1)dx$ (6) $\int e^{2x}\sin 3x dx$

(7) $\int 2(x+1)\cos 2x dx$ (8) $\int (x+2)e^{x}dx$

(9) $\int \frac{\ln x}{x^2}dx$ (10) $\int 2(3x+1)e^{2x}dx$

2. 함수 $f(x)$와 그 부정적분 $F(x)$ 사이에 다음 관계가 성립할 때 $f(1)$의 값을 구하여라. ($F'(x)=f(x)$이다.)

$$F(x)=xf(x)-x^2e^x,\ f(0)=0$$

3. 함수 $f(x)$가 다음 관계식을 만족할 때 $f(\pi)$의 값을 구하여라.

$$\frac{d}{dx}f(x)=\sin x+x\sin x,\ f(0)=0$$

4. 부분적분을 이용하여 다음 식이 성립함을 증명하여라. (단, $a\neq 0,\ b\neq 0$)

(1) $\int e^{ax}\sin bx dx=\frac{e^{ax}}{a^2+b^2}(a\sin bx-b\cos bx)+C$

(2) $\int e^{ax}\cos bx dx=\frac{e^{ax}}{a^2+b^2}(a\cos bx+b\sin bx)+C$

5. 변수치환과 부분적분을 이용하여 부정적분 $\int \frac{\cos\sqrt{x}}{2}dx$를 구하여라.

12.4 정적분

12.4.1 구분구적법

주어진 도형을 아주 작은 n개의 기본 도형으로 나누어 이 기본 도형들의 넓이 또는 부피의 합을 S_n이라 할 때 S_n의 극한값($\lim\limits_{n\to\infty} S_n$)을 구하여 그 도형의 넓이 또는 부피를 구하는 방법을 구분구적법이라 한다.

12.4.2 정적분

(1) 정적분: 함수 $f(x)$가 폐구간 $[a, b]$에서 연속일 때 극한값 $\lim\limits_{n\to\infty}\sum\limits_{k=1}^{n} f(x_k)\Delta x$를 $\int_a^b f(x)dx$로 나타내고 이 극한값을 함수 $f(x)$의 a에서 b까지의 정적분이라 한다.

$$\int_a^b f(x)dx = \lim_{n\to\infty}\sum_{k=1}^{n} f(x_k)\Delta x,\ \ \Delta x = \frac{b-a}{n},\ \ x_k = a + k\Delta x$$

(2) $\int_a^b f(x)dx$: $f(x)$를 피적분함수, x를 적분변수라 하고, a를 정적분의 아래끝, b를 정적분의 위끝, 구간 $[a, b]$를 적분구간이라고 한다.

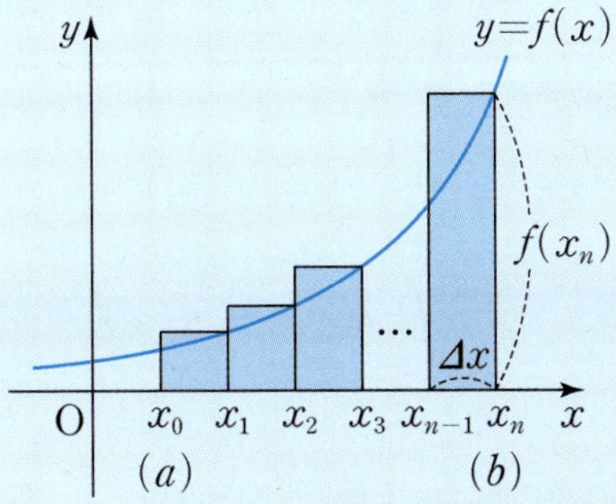

설명 위 그림과 같이 함수 $f(x)$가 폐구간 $[a, b]$에서 연속이고 $f(x) \geq 0$일 때, 구간 $[a, b]$를 n등분하여 분점과 양 끝점을 차례로 $x_0(=a)$, x_1, x_2, $\cdots$, x_{n-1}, $x_n(=b)$이라 하고 각 소구간의 길이를 $\Delta x = \dfrac{b-a}{n}$이라 하면 n 개의 직사각형의 넓이의 합은

$$S_n = f(x_1)\Delta x + f(x_2)\Delta x + \cdots + f(x_{n-1})\Delta x + f(x_n)\Delta x = \sum_{k=1}^{n} f(x_k)\Delta x$$

여기에서 $\Delta x \to 0$, 즉 $n \to \infty$이면 S_n은 곡선 $y=f(x)$와 x축 및 직선 $x=a$, $x=b$로 둘러싸인 도형의 넓이 S에 한없이 가까워지므로 이것을 극한으로 나타내면 다음과 같이 된다.

$$S = \lim_{n\to\infty} S_n = \lim_{n\to\infty}\sum_{k=1}^{n} f(\Delta x_k)\Delta x$$

함수 $f(x)$가 폐구간 $[a, b]$에서 연속이고 $f(x) < 0$일 때는 $f(x_k)\Delta x < 0$이므로

$$\lim_{n\to\infty} S_n = \lim_{n\to\infty}\sum_{k=1}^{n} f(\Delta x_k)\Delta x = -S$$

가 된다. 일반적으로 함수 $f(x)$가 폐구간 $[a, b]$에서 연속일 때 극한값 $\lim_{n\to\infty}\sum_{k=1}^{n} f(\Delta x_k)\Delta x$가 존재하고, 이 극한값을 함수 $f(x)$의 a에서 b까지의 정적분이라 하고 기호로는 $\int_a^b f(x)dx$로 나타낸다.

12.4.3 정적분과 넓이의 관계

그림과 같이 함수 $y=f(x)$가 연속이고 구간 $[a, b]$에서 양과 음의 값을 모두 가질 때, x축 위와 아래의 넓이를 각각 S_1, S_2라 하면 정적분 $\int_a^b f(x)dx$의 값은 다음과 같다.

$$\int_a^b f(x)dx = S_1 - S_2$$

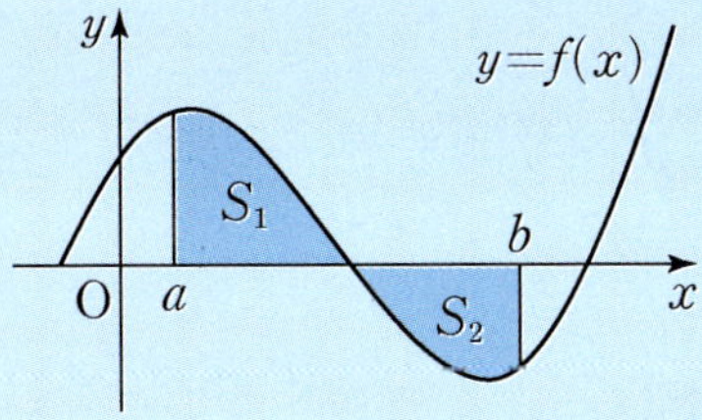

12.4.4 정적분으로 표시된 함수의 미분

함수 $f(x)$가 닫힌구간 $[a, b]$에서 연속일 때 다음 식이 성립한다.

$$\frac{d}{dx}\int_a^x f(t)dt = f(x) \ (\text{단, } a \le x \le b)$$

예 (1) $y = \int_1^x (t^5 - 3t + 2)dt$일 때 $\frac{dy}{dx} = x^5 - 3x + 2$

(2) $y = \int_2^x (u^3 + 4u^2 + 7)du$일 때 $\frac{dy}{dx} = x^3 + 4x^2 + 7$

예제 12.4.1 함수 $f(x)$가 다음과 같을 때 $f(-2)$의 값을 구하여라.

$$f(x) = \frac{d}{dx}\int_{-4}^x (t+3)^4 dt$$

풀이 $\frac{d}{dx}\int_a^x f(t)dt = f(x)$이므로

$$f(x) = \frac{d}{dx}\int_{-4}^x (t+3)^4 dt = (x+3)^4$$

$$\therefore \ f(-2) = (-2+3)^4 = 1$$

예제 12.4.2 다음 관계식을 만족하는 함수 $f(x)$를 구하여라. 단, a는 상수이다.

$$\int_2^x f(t)dt = x^3 - 2x^2 + 5x + a$$

풀이 주어진 식의 양변을 x에 대해 미분하면

$$f(x) = \frac{d}{dx}\int_a^x f(t)dt = (x^3)' - (2x^2)' + (5x)' + (a)' = 3x^2 - 4x + 5$$

12.4.5 정적분의 기본정리

함수 $f(x)$가 닫힌구간 $[a, b]$에서 연속이고 $\int f(x)dx = F(x) + C$이면

$$\int_a^b f(x)dx = [F(x)]_a^b = F(b) - F(a)$$

예 (1) $\int_1^2 2xdx = [x^2]_1^2 = 2^2 - 1^2 = 3$

(2) $\int_0^1 e^x dx = [e^x]_0^1 = e^1 - e^0 = e - 1$

(3) $\int_0^\pi \cos x dx = [\sin x]_0^\pi = \sin\pi - \sin 0 = 0$

12.4.6 정적분의 성질

함수 $f(x)$, $g(x)$가 구간 $[a, b]$에서 연속일 때 다음 식이 성립한다.

(1) $\int_a^a f(x)dx = 0$

(2) $\int_a^b f(x)dx = -\int_b^a f(x)dx$

(3) $\int_a^b kf(x)dx = k\int_a^b f(x)dx$ (단, k는 상수)

(4) $\int_a^b [f(x) + g(x)]dx = \int_a^b f(x)dx + \int_a^b g(x)dx$

(5) $\int_a^b [f(x) - g(x)]dx = \int_a^b f(x)dx - \int_a^b g(x)dx$

(6) $\int_a^b f(x)dx = \int_a^c f(x)dx + \int_c^b f(x)dx$ $(a < c < b)$

12.4.7 정적분의 치환적분법

함수 $f(x)$가 폐구간 $[a, b]$에서 연속이고, 함수 $t=g(x)$는 $\alpha=g(a)$, $\beta=g(b)$인 폐구간 $[\alpha, \beta]$에서 미분가능하며 $\frac{d}{dx}g(x)$가 연속이다. 이때 $g(x)=t$의 변수치환에 의한 정적분은 다음과 같이 된다.

$$\int_a^b f\{g(x)\}g'(x)dx=\int_\alpha^\beta f(t)dt,\ \alpha=g(a),\ \beta=g(b)$$

증명 $F(t)=\int_\alpha^t f(t)dt$로 하면 $\frac{d}{dt}F(t)=f(t)$이므로

$$\int_\alpha^\beta f(t)dt=[F(t)]_\alpha^\beta=F(\beta)-F(\alpha)\ \cdots\cdots ①$$

$t=g(x)$로 치환하였을 때 부정적분의 치환적분에서

$$\int f\{g(x)\}g'(x)dx=\int f(t)dt=F(t)=F\{g(x)\}$$

$\therefore\ \alpha=g(a),\ \beta=g(b)$일 때

$$\int_a^b f\{g(x)\}g'(x)dx=[F\{g(t)\}]_\alpha^\beta=F(\beta)-F(\alpha)\ \cdots\cdots ②$$

①, ②로부터

$$\int_a^b f\{g(x)\}g'(x)dx=\int_\alpha^\beta f(t)dt$$

이다.

예 $\int_0^1 (x+2)^2dx$의 적분값: $t=x+2$로 하면 $dx=dt$, $x=0$일 때 $t=2$, $x=1$일 때 $t=3$

$$\therefore \int_0^1 (x+2)^2dx=\int_2^3 t^2dt=\left[\frac{1}{3}t^3\right]_2^3=\frac{1}{3}(3^3-2^2)=\frac{23}{3}$$

12.4.8 정적분의 부분적분법

두 함수 $f(x)$, $g(x)$가 폐구간 $[a, b]$에서 미분가능하고 $f'(x)$, $g'(x)$가 연속일 때

$$\int_a^b f'(x)g(x)dx = [f(x)g(x)]_a^b - \int_a^b f(x)g'(x)dx$$

증명 $\frac{d}{dx}\{f(x)g(x)\} = f'(x)g(x) + f(x)g'(x)$이므로 적분의 정의에 의해

$$\int \{f'(x)g(x) + f(x)g'(x)\}dx = f(x)g(x)$$

$$\therefore \int_a^b \{f'(x)g(x) + f(x)g'(x)\}dx = [f(x)g(x)]_a^b$$

$$\therefore \int_a^b f'(x)g(x)dx = [f(x)g(x)]_a^b - \int_a^b f(x)g'(x)dx$$

예 (1) $I = \int_0^1 xe^x dx = \int_0^1 (e^x)' x dx = [e^x x]_0^1 - \int_0^1 e^x (x)' dx$

$= e - \int_0^1 e^x dx = e - [e^x]_0^1 = e - (e-1) = 1$

(2) $I = \int_0^\pi x \sin x dx = \int_0^\pi (-\cos x)' x dx$

$= [-x\cos x]_0^\pi + \int_0^\pi \cos x \cdot (x)' dx = \pi + \int_0^\pi \cos x dx$

$= \pi + [\sin x]_0^\pi = \pi + (0-0) = \pi$

예제 12.4.3 [정적분의 성질] 함수 $f(x)$가 모든 실수 x에 대해 다음 관계식을 만족할 때 상수 k값을 구하여라.

$$\int_1^x f(t)dt = 3x^2 - 5x + k$$

풀이 $\int_a^a f(t)dt = 0$이므로 주어진 식의 양변에 $x = 1$을 대입하면

$$\int_1^1 f(t)dt = 0$$

이다. 따라서

$$\int_{1}^{1} f(t)dt = 3 - 5 + k = 0$$

$$\therefore \ k = 2$$

예제 12.4.4 [정적분의 성질] 다음 정적분의 값을 구하여라.

(1) $\int_{0}^{1} x^n \, dx \ \ (n \neq -1)$

(2) $\int_{1}^{2} (4x^3 + 4x + 1) dx$

(3) $\int_{-a}^{a} (5x^4 + 3x^2) dx$

(4) $\int_{-a}^{a} (4x^3 + 2x) dx$

(5) $\int_{0}^{1} (x+1)^3 dx + \int_{1}^{0} (x-1)^3 dx$

(6) $\int_{0}^{1} (x^3 + 3x^2 + 2x) dx + \int_{1}^{2} (x^3 + 3x^2 + 2x) dx$

풀이 (1) $\int_{0}^{1} x^n \, dx = \left[\frac{1}{n+1} x^{n+1} \right]_{0}^{1} = \frac{1}{n+1}(1-0) = \frac{1}{n+1}$

(2) $\int_{1}^{2} (4x^3 + 4x + 1) dx = \left[x^4 + 2x^2 + x \right]_{1}^{2}$

$$= (2^4 - 1) + 2 \times (2^2 - 1) + (2 - 1) = 22$$

[또는, $(2^4 + 2 \times 2^2 + 2) - (1^4 + 2 \times 1^2 + 1) = 26 - 4 = 22$]

(3) $\int_{-a}^{a} (5x^4 + 3x^2) dx = \left[x^5 + x^3 \right]_{-a}^{a} = \{a^5 - (-a)^5\} + \{a^3 - (-a)^3\}$

$$= 2(a^5 + a^3)$$

[또는, $(a^5 + a^3) - \{(-a)^5 + (-a)^3\} = 2(a^5 + a^3)$]

(4) $\int_{-a}^{a} (4x^3 + 2x) dx = \left[x^4 + x^2 \right]_{-a}^{a} = \{a^4 - (-a)^4\} + \{a^2 - (-a)^2\}$

$$= (a^4 - a^4) + (a^2 - a^2) = 0$$

[또는, $(a^4 + a^2) - \{(-a)^4 + (-a)^2\} = 0$]

(5) $\int_0^1 (x+1)^3 dx + \int_1^0 (x-1)^3 dx = \int_0^1 \{(x+1)^3 - (x-1)^3\} dx$

$$= \int_0^1 (6x^2+2)dx = \left[2x^3+2x\right]_0^1$$

$$= (2+2)-(0+0) = 4$$

(6) $\int_0^1 (x^3+3x^2+2x)dx + \int_1^2 (x^3+3x^2+2x)dx = \int_0^2 (x^3+3x^2+2x)dx$

$$= \left[\frac{1}{4}x^4+x^3+x^2\right]_0^2 = \left(\frac{2^4}{4}+2^3+2^2\right)-(0+0+0) = 16$$

예제 12.4.5 적분변수를 치환하여 다음 정적분의 값을 구하여라.

(1) $\int_0^1 (2x+1)^n dx \ (n \neq -1)$

(2) $\int_0^1 2x(x^2+1)^4 dx$

(3) $\int_0^3 \frac{x}{16+x^2} dx$

풀이 (1) $2x+1=t$로 하면 $dx = \frac{1}{2}dt$, $x=0$일 때 $t=1$, $x=1$일 때 $t=3$

$$\therefore \int_0^1 (2x+1)^n dx = \int_1^3 t^n \cdot \frac{1}{2}dt = \frac{1}{2}\int_1^3 t^n dt$$

$$= \left[\frac{1}{2(n+1)}t^{n+1}\right]_1^3 = \frac{1}{2(n+1)}(3^{n+1}-1)$$

(2) $x^2+1=t$로 하면 $2xdx = dt$, $x=0$일 때 $t=1$, $x=1$일 때 $t=2$

$$\therefore \int_0^1 2x(x^2+1)^4 dx = \int_0^1 (x^2+1)^4 2xdx = \int_1^2 t^4 dt$$

$$= \left[\frac{1}{5}t^5\right]_1^2 = \frac{1}{5}\times(2^5-1^5) = \frac{31}{2}$$

(3) $16+x^2=t$로 하면 $2xdx = dt$, $x=0$일 때 $t=16$, $x=3$일 때 $t=25$

$$\therefore \int_0^3 \frac{x}{16+x^2}dx = \int_0^3 \frac{1}{2(16+x^2)}2xdx = \int_{16}^{25}\frac{1}{2t}dt$$

$$= \left[\frac{1}{2}\ln t\right]_{16}^{25} = \frac{1}{2}\times(\ln 25 - \ln 16) = \frac{1}{2}\ln\frac{25}{16}$$

$$= \frac{1}{2}\ln\left(\frac{5}{4}\right)^2 = \ln\frac{5}{4}$$

예제 12.4.6 부분적분법을 사용하여 다음 정적분의 값을 구하여라.

(1) $\displaystyle\int_1^3 x^2 \ln x\, dx$ (2) $\displaystyle\int_{-1}^2 \ln(x+2)dx$

풀이 (1) $\displaystyle\int_1^3 x^2\ln x\, dx = \int_1^3\left(\frac{x^3}{3}\right)'\ln x\, dx = \left[\frac{x^3\ln x}{3}\right]_1^3 - \int_1^3\frac{x^3}{3}\times\frac{1}{x}dx$

$$= 9\ln 3 - \int_1^3\frac{x^2}{3}dx = 9\ln 3 - \left[\frac{x^3}{9}\right]_1^3$$

$$= 9\ln 3 - \frac{1}{9}\times(3^3 - 1^3) = 9\ln 3 - \frac{26}{9}$$

(2) $\displaystyle\int_{-1}^2 \ln(x+2)dx = \int_{-1}^2 (x)'\ln(x+2)dx$

$$= [x\ln(x+2)]_{-1}^2 - \int_{-1}^2 x\times\frac{1}{x+2}dx$$

$$= 2\ln 4 - \int_{-1}^2\left(1 - \frac{2}{x+2}\right)dx$$

$$= 2\ln 4 - [x - 2\ln(x+2)]_{-1}^2$$

$$= 2\ln 4 - \{(2 - 2\ln 4) - (-1 - 0)\} = 4\ln 4 - 3$$

$$= 8\ln 2 - 3$$

❖ 부분적분법에 의해 정적분 $\int_a^b f(x)dx$의 값을 구할 때 각 과정마다 수치를 대입하면 계산 과정이 복잡한 경우에는, 부정적분 $\int f(x)dx = F(x) + C$의 원시함수 $F(x)$를 구한 후 최종적으로 수치를 대입하여

$$\int_a^b f(x)dx = F(b) - F(a)$$

로써 적분 값을 구하는 게 편리할 수도 있다.

12.4.9 우함수와 기함수의 정적분

함수 $f(x)$가 폐구간 $[-a, a]$에서 연속일 때

(1) $f(x)$가 우함수$[f(-x)=f(x)]$이면 $\int_{-a}^{a} f(x)dx = 2\int_{0}^{a} f(x)dx$

(2) $f(x)$가 기함수$[f(-x)=-f(x)]$이면 $\int_{-a}^{a} f(x)dx = 0$

예 (1) $\int_{-1}^{1} x^4 dx = 2\int_{0}^{1} x^4 dx = 2\times\frac{1}{5}\left[x^5\right]_0^1 = \frac{2}{5}(1-0) = \frac{2}{5}$

(2) $\int_{-\pi/2}^{\pi/2} \cos x dx = 2\int_{0}^{\pi/2} \cos x dx = 2\left[\sin x\right]_0^{\pi/2} = 2(1-0) = 2$

(3) $\int_{-2}^{2} (x^5 + 2x^3 - 3x)dx = 0$

(4) $\int_{-\pi}^{\pi} (\sin x + x^5 + x^3 + x)dx = 0$

❖ $\cos(-x) = \cos x$, $\sin(-x) = -\sin x$, $\tan(-x) = -\tan x$

예제 12.4.7 [우함수와 기함수의 성질] 다음 정적분을 구하여라.

(1) $\int_{-2}^{2} (8x^3 + 3x + 7)dx$

(2) $\int_{-2}^{2} (2x^7 + 4x^5 + 5x^3 + 3x^2 + 4)dx$

(3) $\int_{-1}^{1} \left(5x^4 + 3x^2 + 1 + \frac{4x}{5x^4 + 3x^2 + 1}\right)dx$

(4) $\int_{-\pi/4}^{\pi/4} (3\cos x - 5\sin 7x + 4\tan x)dx$

풀이 (1) $\int_{-2}^{2} (8x^3 + 3x + 7)dx = \int_{-2}^{2} (8x^3 + 3x)dx + \int_{-2}^{2} 7dx$

$$= 0 + 2\cdot 7\int_{0}^{2} dx = 14\left[x\right]_0^2 = 14\cdot 2 = 28$$

(2) $\int_{-2}^{2} (2x^7 + 4x^5 + 5x^3 + 3x^2 + 4)dx$

$$= \int_{-2}^{2} (2x^7 + 4x^5 + 5x^3)dx + \int_{-2}^{2} (3x^2 + 4)dx$$

$$= 0 + 2\int_{0}^{2} (3x^2 + 4)dx = 2\left[x^3 + 4x\right]_0^2 = 2 \cdot (8+8) = 32$$

(3) $\int_{-1}^{1} \left(5x^4 + 3x^2 + 1 + \frac{4x}{5x^4 + 3x^2 + 1}\right)dx$

$$= \int_{-1}^{1} (5x^4 + 3x^2 + 1)dx + \int_{-1}^{1} \left(\frac{4x}{5x^4 + 3x^2 + 1}\right)dx$$

$$= 2\int_{0}^{1} (5x^4 + 3x^2 + 1)dx + 0 = 2\left[x^5 + x^3 + x\right]_0^1$$

$$= 2 \cdot (1+1+1-0) = 6$$

(4) $\int_{-\pi/4}^{\pi/4} (4\cos x - 5\sin 7x + 3\tan x)dx$

$$= 4\int_{-\pi/4}^{\pi/4} \cos x dx - 5\int_{-\pi/4}^{\pi/4} \sin 7x dx + 3\int_{-\pi/4}^{\pi/4} \tan x dx$$

$$= 4 \cdot 2\int_{0}^{\pi/4} \cos x dx - 0 + 0 = 8\left[\sin x\right]_0^{\pi/4} = 8 \cdot \left(\frac{1}{\sqrt{2}} - 0\right)$$

$$= 4\sqrt{2}$$

연습문제 10.4

1. 다음 정적분의 값을 구하여라.

(1) $\int_0^2 (x^3 - x + 1)dx$

(2) $\int_1^2 (4x^3 - 3x^2 + 1)dx$

(3) $\int_{-2}^2 (4x^5 + 5x^3 + 3x^2 + 2x + 1)dx$

(4) $\int_{-\pi/2}^{\pi/2} (\sin x + \cos x)dx$

(5) $\int_{-\pi/4}^{\pi/4} \left(\frac{4\sin x}{2\cos^2 x + 3\tan^2 x}\right)dx$

(6) $\int_{-2}^2 \left(\frac{5x}{3x^4 + 2x^2 + 1}\right)dx$

(7) $\int_0^1 \sin \pi x dx$

(8) $\int_0^1 (e^x + \cos \pi x)dx$

(9) $\int_0^{\frac{\pi}{2}} \cos 2x dx$

(10) $\int_{-2}^2 (x^2 + \sin \pi x)dx$

❖ $f(x)$가 기함수이면 $\int_{-a}^a f(x)dx = 0$이다.

2. 다음 정적분의 값을 구하여라.

(1) $\int_{-1}^1 (x+1)^5 dx$

(2) $\int_0^1 \sqrt{3x+1}\, dx$

(3) $\int_0^2 \frac{1}{(2x+1)^2} dx$

(4) $\int_{50}^{52} (x-50)^4 dx$

3. 부분적분법을 이용하여 다음 정적분의 값을 구하여라.

(1) $\int_0^1 x e^{2x} dx$

(2) $\int_1^2 x \ln 2x dx$

(3) $\int_1^3 x^2 \ln x dx$

(4) $\int_0^{\frac{\pi}{2}} x \cos x dx$

4. 함수 $f(x)$가 모든 실수 x에 대해 다음 관계식을 만족할 때 상수 a값을 구하여라.

$$\int_a^x f(t)dt = x^2 - x - 12$$

5. 다음 등식이 성립함을 보여라. 단, a, b, m은 상수.

(1) $f(x)$가 우함수이면 $\int_{-a}^{a} f(x)dx = 2\int_{0}^{a} f(x)dx$

(2) $f(x)$가 기함수이면 $\int_{-a}^{a} f(x)dx = 0$

(3) $\int_{0}^{a} f(a-x)dx = \int_{0}^{a} f(x)dx$

(4) $\int_{a+m}^{b+m} f(x-m)dx = \int_{a}^{b} f(x)dx$

6. 함수 $f(x) = 3x^2 - 2x + \int_{0}^{2} f(t)dt$에 대하여 $f(1)$의 값을 구하여라.

7. $\int_{-1}^{1} x^7(x+4)^2 dx$의 값을 구하여라.

8. $\int_{0}^{\pi} (\sin\theta + \cos\theta)^2 d\theta - \int_{\pi}^{0} (\sin x - \cos x)^2 dx$의 값을 구하여라.

❖ $\int_{a}^{b} f(\theta)d\theta = \int_{a}^{b} f(x)dx$, $\int_{a}^{b} f(x)dx = -\int_{b}^{a} f(x)dx$, $\sin^2 x + \cos^2 x = 1$

9. 함수 $f(x) = \frac{d}{dx}\int_{2}^{x} (3t-7)^4 dt$에 대하여 $f(3)$의 값을 구하여라.

10. 다음 관계식을 만족하는 함수 $f(x)$와 상수 k에 대해 $f(5)+k$의 값을 구하여라.

$$\int_{1}^{x} f(t)dt = x^2 + 7x + k$$

12.5 적분과 넓이

12.5.1 넓이 (1): x축과 곡선 사이 넓이

함수 $y=f(x)$가 닫힌구간 $[a, b]$에서 연속일 때 곡선 $y=f(x)$와 x축 및 두 직선 $x=a$, $x=b$로 둘러싸인 도형의 넓이(S)는 다음과 같다.

$$S=\int_a^b |f(x)|dx$$

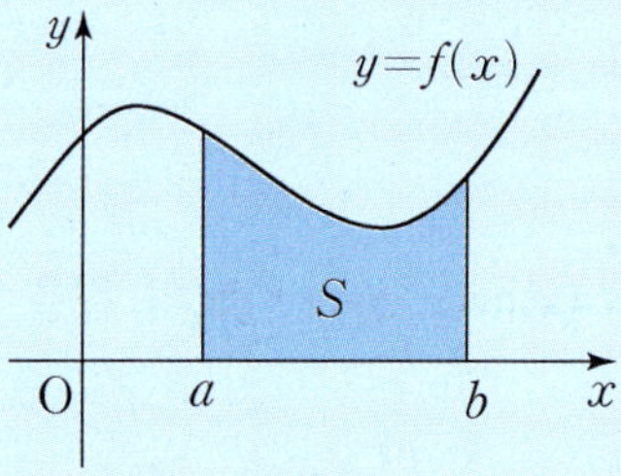

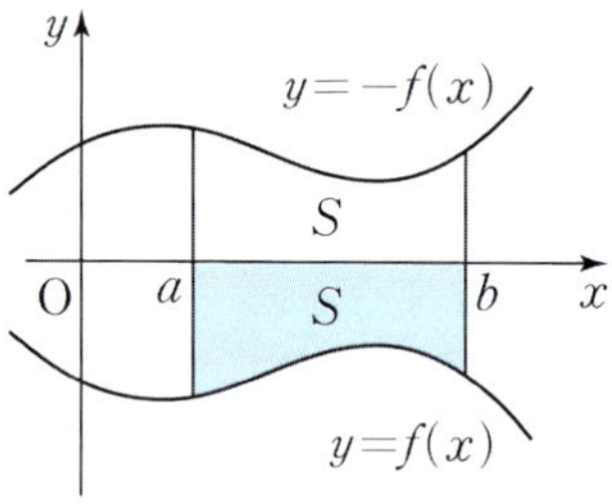

설명 정적분의 정의에 의해 닫힌구간 $[a, b]$에서 $f(x) \geq 0$이면 곡선 $y=f(x)$와 x축 및 두 직선 $x=a$, $x=b$로 둘러싸인 도형의 넓이는

$$S=\int_a^b f(x)dx$$

이다. 닫힌구간 $[a, b]$에서 $y=f(x) \le 0$이면 도형의 넓이 S는 $y=f(x)$와 x축에 대해 대칭인 $y=-f(x)$와 x축 및 두 직선 $x=a$, $x=b$로 둘러싸인 도형의 넓이와 같으므로 $S=\int_a^b \{-f(x)\}dx$.

$$\therefore\ S=\int_a^b |f(x)|dx$$

예 직선 $y=4x-1$과 x축 및 두 직선 $x=1$, $x=2$로 둘러싸인 도형의 넓이(S): 적분구간 $[1, 2]$에서 $y=f(x)=4x-1>0$이므로

$$S=\int_1^2 |f(x)|dx=\int_1^2 (4x-1)dx=\left[2x^2-x\right]_1^2$$
$$=(8-2)-(2-1)=5$$

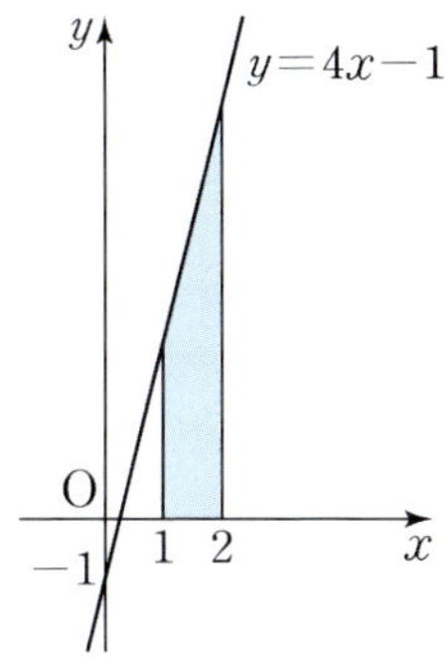

❖ 도형의 넓이를 구할 때는 그래프를 그려서 도형의 모양을 살펴보면 이해하기 쉽다.

예제 12.5.1 곡선 $y=-x^2+4$와 x축 및 두 직선 $x=0$, $x=1$로 둘러싸인 도형의 넓이(S)를 구하여라.

풀이 적분구간 $[0, 1]$에서 $y=f(x)=-x^2+4>0$이므로

$$S=\int_0^1 |f(x)|dx=\int_0^1 (-x^2+4)dx=\left[-\frac{1}{3}x^3+4x\right]_0^1$$
$$=\left(-\frac{1}{3}+4\right)-0=\frac{11}{3}$$

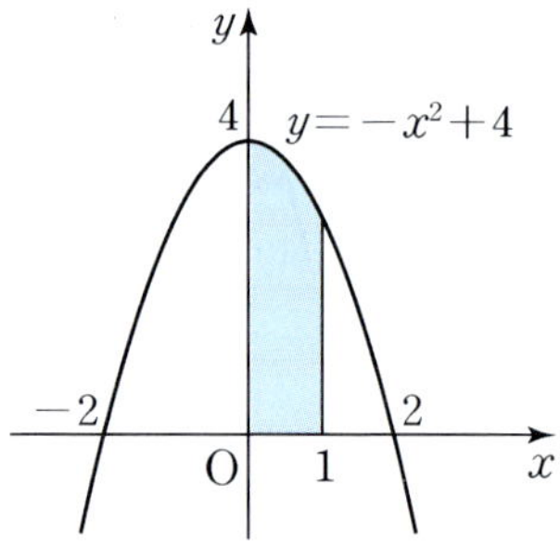

12.5.2 넓이 (2): y축과 곡선 사이 넓이

함수 $x=g(y)$가 닫힌구간 $[c, d]$에서 연속일 때 곡선 $x=g(y)$와 y축 및 두 직선 $y=c$, $y=d$로 둘러싸인 도형의 넓이(S)는 다음과 같다.

$$S=\int_c^d |g(y)|\,dy$$

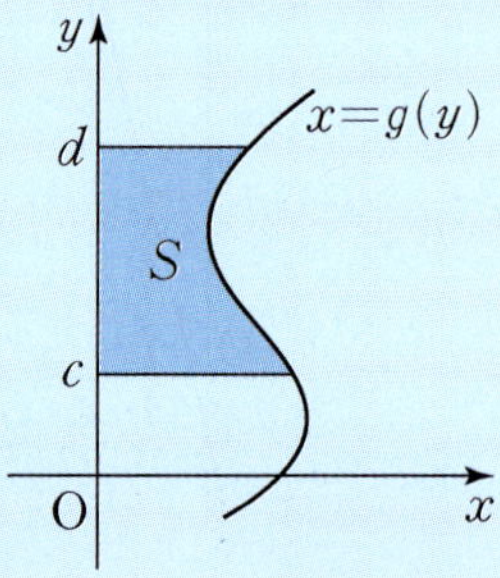

예 직선 $y=\frac{1}{2}x-1$과 y축 및 두 직선 $y=1$, $y=2$로 둘러싸인 도형의 넓이(S):

먼저 $x=g(y)$를 구하면

$$y=\frac{1}{2}x-1$$

$$\therefore x=g(y)=2y+2$$

이고, 적분구간 $1 \le y \le 2$에서 $x=2y+2>0$이므로

$$S=\int_1^2 |g(y)|\,dy=\int_1^2 (2y+2)\,dy=\left[y^2+2y\right]_1^2$$

$$=(4+4)-(1+2)=5$$

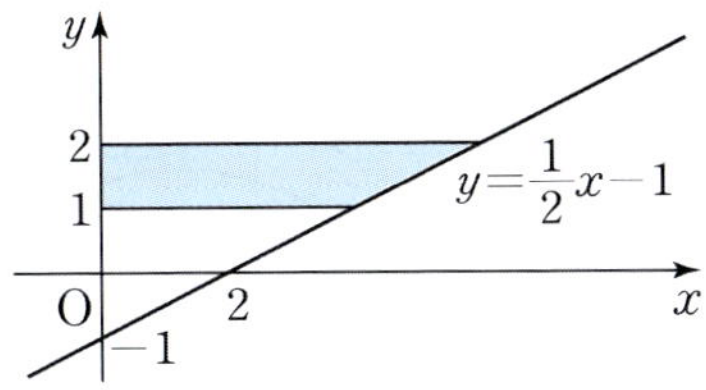

예제 12.5.2 곡선 $y=\sqrt{x}$와 y축 및 직선 $y=3$으로 둘러싸인 도형의 넓이(S)를 구하여라.

풀이 먼저 $x=g(y)$를 구한다.

$$y=\sqrt{x}$$

$$\therefore x=g(y)=y^2$$

곡선 $y=\sqrt{x}$는 원점을 지나므로 적분구간은 $0\le y\le 3$이다.

$$\therefore S=\int_0^3 |x(y)|\,dy=\int_0^3 y^3 dy=\left[\frac{y^3}{3}\right]_0^3=\left(\frac{3^3}{3}\right)-0=9$$

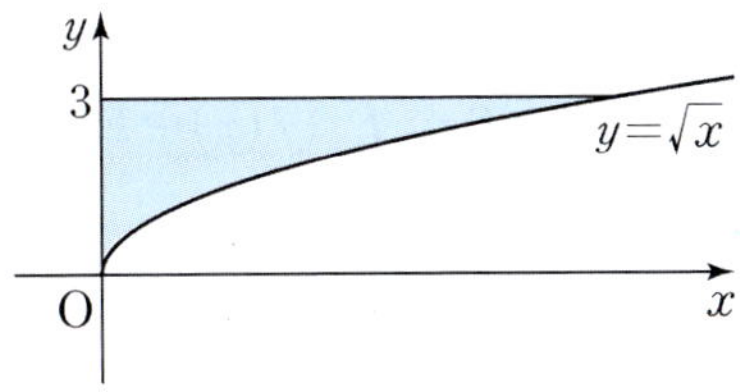

12.5.3 넓이 (3): 두 곡선 사이 넓이

두 함수 $f(x)$, $g(x)$가 닫힌구간 $[a, b]$에서 연속일 때 두 곡선 $y=f(x)$, $y=g(x)$ 및 두 직선 $x=a$, $x=b$로 둘러싸인 도형의 넓이(S)는 다음과 같다.

$$S=\int_a^b |f(x)-g(x)|\,dx$$

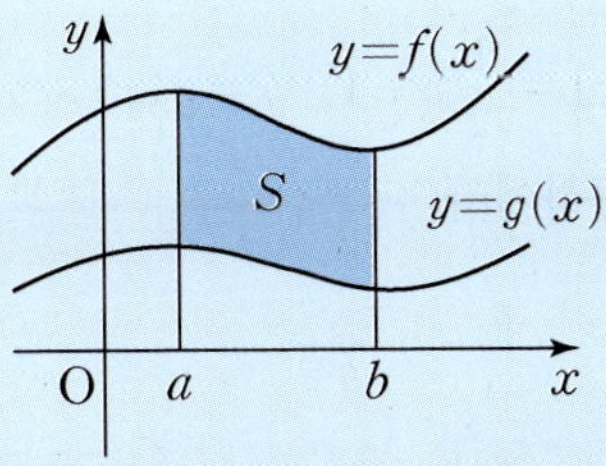

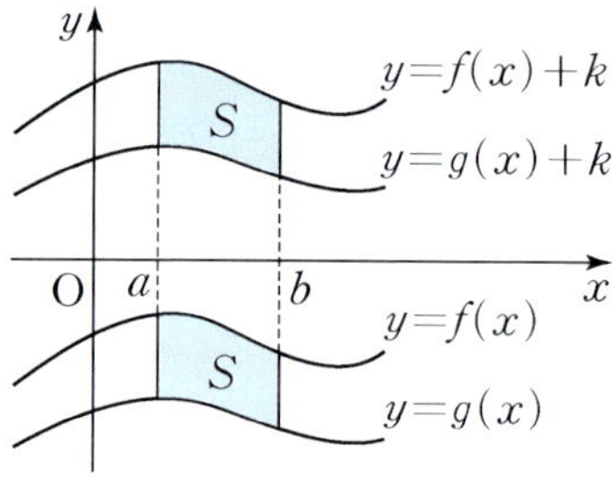

설명 (1) 닫힌구간 $[a, b]$에서 $f(x) \geq g(x) \geq 0$인 경우: 넓이 S는 곡선 $y = f(x)$와 x축 사이의 넓이에서 곡선 $y = g(x)$와 x축 사이의 넓이를 뺀 것과 같다.

$$\therefore S = \int_a^b \{f(x) - g(x)\}dx$$

(2) $f(x) \geq g(x)$이고 $f(x)$ 또는 $g(x)$가 음의 값을 가질 경우: 넓이 S는 두 그래프를 각각 y축의 양의 방향으로 k만큼 평행이동한 두 곡선 $y = f_1(x) = f(x) + k$과 $y = g_1(x) = f(x) + k$ 사이의 넓이와 같다. 적분구간 $[a, b]$에서 $f(x) + k \geq g(x) + k \geq 0$가 되게 k를 잡으면

$$\begin{aligned} S &= \int_a^b \{f(x) + k\}dx - \int_a^b \{g(x) + k\}dx \\ &= \int_a^b [\{f(x) + k\} - \{g(x) + k\}]dx \\ &= \int_a^b \{f(x) - g(x)\}dx \end{aligned}$$

이다. 마찬가지로 $f(x) \leq g(x)$인 경우 $S = \displaystyle\int_a^b \{g(x) - f(x)\}dx$가 된다.

$$\therefore S = \int_a^b |f(x) - g(x)|dx$$

예제 12.5.3 두 직선 $y = f(x) = \dfrac{1}{2}x + 1$, $y = g(x) = x$와 $x = 0$ 및 $x = 1$로 둘러싸인 도형의 넓이를 구하여라.

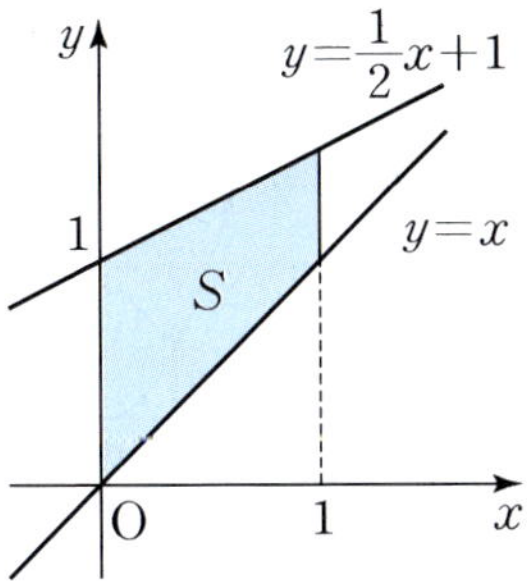

풀이 구간 $0 \leq x \leq 1$에서 $f(x) > g(x)$이다.

$$\therefore S = \int_0^1 |f(x) - g(x)|dx = \int_0^1 \left\{\left(\frac{1}{2}x+1\right) - x\right\}dx$$

$$= \int_0^1 \left(-\frac{1}{2}x+1\right)dx = \left[-\frac{1}{4}x^2 + x\right]_0^1 = -\frac{1}{4} + 1 = \frac{3}{4}$$

12.5.4 넓이 (4): 두 곡선 사이 넓이

두 함수 $x=f(y)$, $x=g(y)$가 닫힌구간 $[c, d]$에서 연속일 때 두 곡선 $x=f(y)$, $x=g(y)$ 및 두 직선 $y=c$, $y=d$로 둘러싸인 도형의 넓이(S)는 다음과 같다.

$$S = \int_c^d |f(y) - g(y)|dy$$

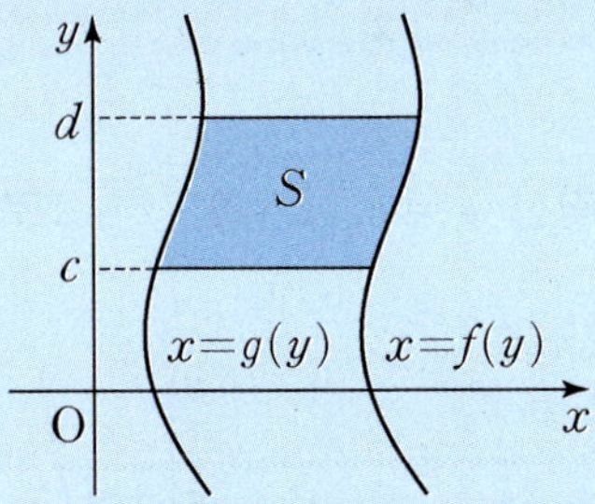

예제 12.5.4 곡선 $y=x^2$과 직선 $y=x+2$로 둘러싸인 부분의 넓이를 구하여라.

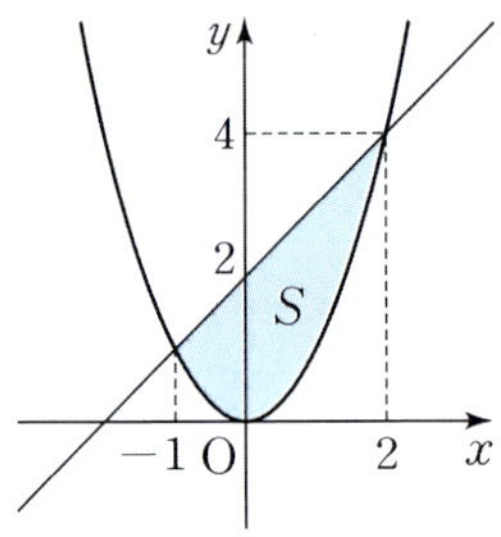

풀이 곡선 $y=x^2$과 직선 $y=x+2$가 만나는 점의 x좌표는

$$x^2 = x+2$$
$$x^2 - x - 2 = 0$$
$$(x+1)(x-2) = 0$$

에서 $x=-1,\ 2$이므로 도형의 넓이 $S=\int_{-1}^{2}\left|x^2-(x+2)\right|dx$ 이다.

적분구간 $[-1,\ 2]$에서 $(x+2) \geq x^2$이므로

$$\left|x^2-(x+2)\right| = (x+2)-x^2$$

$$\therefore S=\int_{-1}^{2}\{(x+2)-x^2\}dx = \left[\frac{1}{2}x^2+2x-\frac{1}{3}x^3\right]_{-1}^{2}$$
$$=\frac{1}{2}\times\{2^2-(-1)^2\}+2\times\{2-(-1)\}-\frac{1}{3}\times\{2^3-(-1)^3\}$$
$$=\frac{3}{2}+6-3=\frac{9}{2}$$

예제 12.5.5 곡선 $y=e^x$와 직선 $y=x$, $x=0$, $x=1$로 둘러싸인 부분의 넓이를 구하여라.

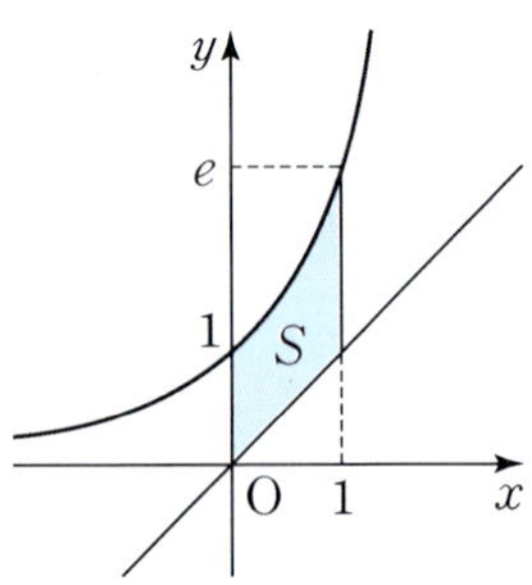

풀이 구간 $0 \leq x \leq 1$에서 $e^x \geq x$이므로

$$S=\int_{0}^{1}(e^{x}-x)dx=\left[e^{x}-\frac{1}{2}x^{2}\right]_{0}^{1}=\left(e-\frac{1}{2}\right)-(1-0)=e-\frac{3}{2}$$

예제 12.5.6 곡선 $x=-y^2+4$와 직선 $y=x-2$로 둘러싸인 부분의 넓이를 구하여라.

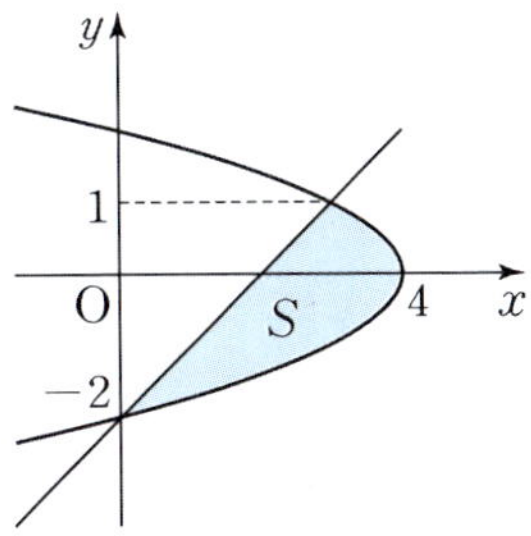

풀이 먼저 곡선 $x=-y^2+4$와 직선 $y=x-2$ (즉, $x=y+2$)가 만나는 점의 y좌표를 구한다.

$$-y^2+4=y+2$$
$$y^2+y-2=0$$
$$(y+2)(y-1)=0$$

에서 교점의 $y=-2,\ 1$이므로 도형의 넓이는

$$S=\int_{-2}^{1}\left|(-y^2+4)-(y+2)\right|dy$$

이다. 그리고 적분구간 $-2\le y\le 1$에서 $(-y^2+4)\ge y+2$이므로

$$S=\int_{-2}^{1}\left|(-y^2+4)-(y+2)\right|dy=\int_{-2}^{1}\{(-y^2+4)-(y+2)\}dy$$
$$=\int_{-2}^{1}(-y^2-y+2)dy=\left[-\frac{1}{3}y^3-\frac{1}{2}y^2+2y\right]_{-2}^{1}$$
$$=-\frac{1}{3}\times\{1^3-(-2)^3\}-\frac{1}{2}\times\{1^2-(-2)^2\}+2\times\{1-(-2)\}$$
$$=-3+\frac{3}{2}+6=\frac{9}{2}$$

12.5.5 포물선과 직선이 서로 다른 두 점에서 만날 때

포물선 $y=f(x)=ax^2+bx+c\ \ (a\neq 0)$와 직선 $y=g(x)=mx+n$이 서로 다른 두 점에서 만날 때 교점의 x좌표를 α, β라 하면 두 그래프로 둘러싸인 부분의 넓이(S)는 다음과 같다.

$$S=\left|\frac{a(\alpha-\beta)^3}{6}\right|$$

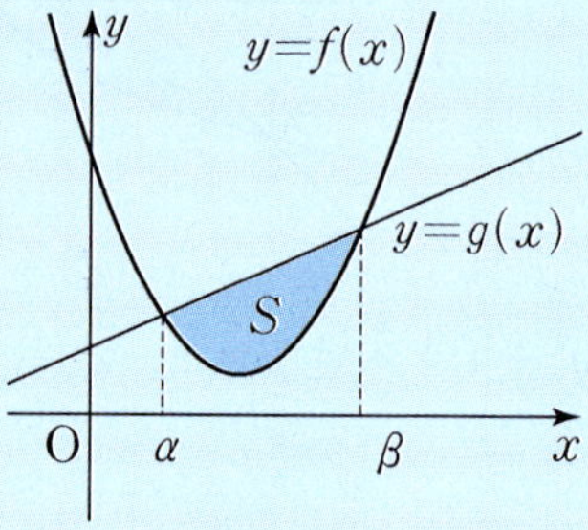

증명 $ax^2+bx+c=mx+n$의 두 실근을 α, β라 하면

$$(ax^2+bx+c)-(mx+n)=a(x-\alpha)(x-\beta)$$

$$\therefore\ S=\int_{\alpha}^{\beta}|(ax^2+bx+c)-(mx+n)|dx=\int_{\alpha}^{\beta}|a(x-\alpha)(x-\beta)|dx$$

$$I=\int_{\alpha}^{\beta}(x-\alpha)(x-\beta)dx=\int_{\alpha}^{\beta}\left\{\frac{1}{2}(x-\alpha)^2\right\}'(x-\beta)dx$$

$$=\left[\frac{1}{2}(x-\alpha)^2(x-\beta)\right]_{\alpha}^{\beta}-\int_{\alpha}^{\beta}\frac{1}{2}(x-\alpha)^2dx$$

$$=-\left[\frac{1}{6}(x-\alpha)^3\right]_{\alpha}^{\beta}=-\frac{(\beta-\alpha)^3}{6}$$

$$\therefore\ S=\left|\frac{a(\alpha-\beta)^3}{6}\right|$$

예제 12.5.7 곡선 $y=-x^2+x$와 직선 $y=-2x$로 둘러싸인 부분의 넓이를 구하여라.

풀이 먼저 곡선과 직선의 교점의 좌표를 구한다.

$$-x^2+x=-2x$$
$$-x^2+3x=0$$
$$-x(x-3)=0$$
$$\therefore x=0,\ 3$$

따라서 [12.5.5]에서 $a=-1$이고, $\alpha=0$, $\beta=3$이므로 주어진 곡선과 직선으로 둘러싸인 부분의 넓이(S)는 다음과 같다.

$$S=\left|\frac{a(\alpha-\beta)^3}{6}\right|=\left|\frac{-1\times(0-3)^3}{6}\right|=\frac{9}{2}$$

연습문제 12.5

1. 다음 곡선 혹은 직선으로 둘러싸인 도형의 넓이(S)를 구하여라.

(1) $y=2x+1$, x축, $x=1$, $x=2$

(2) $y=\frac{1}{4}x+1$, y축, $y=2$, $y=3$

(3) $y=x^2-4x+3$, $y=-x^2+6x-5$

(4) $y=-x^2+4$, $y=x-2$

(5) $y=x^2-4$, x축, $x=0$, $x=3$

(6) $y=4x-x^2$, $y=x^2$

(7) $y=x^2-4x+5$, $y=2$

(8) $y^2=4-x$, y축

(9) $y=x^2(1-x)$, x축

(10) $y=x^3-2x^2-3x$, x축

❖ 먼저 그래프를 그려서 도형의 모양을 살펴 본 후 넓이를 구한다.

2. 정적분을 이용하여 다음 직선으로 둘러싸인 도형의 넓이를 구하여라.

(1) $y=\frac{b}{a}x$, $y=0$, $x=a$ $(a>0, b>0)$

(2) $y=\frac{b-a}{h}x+a$, $y=0$, $x=0$, $x=h$ $(h>0,\ b>a>0)$

3. 곡선 $y=\sqrt{x}+1$과 x축, y축, $x=4$로 둘러싸인 도형의 넓이를 구하여라.

4. 곡선 $y=\cos x$와 x축, y축 및 $x=\pi$로 둘러싸인 도형의 넓이를 구하여라.

5. 곡선 $y=e^x-1$과 x축 및 $x=1$로 둘러싸인 도형의 넓이를 구하여라.

6. 곡선 $y=\ln x$와 y축 및 $y=1$, $y=2$로 둘러싸인 도형의 넓이를 구하여라.

7. 곡선 $y=\sqrt{4-x}$ 와 x축 및 y축으로 둘러싸인 도형의 넓이를 구하여라.

8. 곡선 $y=x(x-k)(x-1)$과 x축으로 둘러싸인 두 부분의 넓이가 같을 때 상수 k값을 구하여라. 단, $0<k<1$이다.

연습문제

풀이 및 정답

제1장 일차방정식

1.1 일차방정식 풀이

01 (1) $x = 3$ (2) $x = -1$ (3) $x = -\frac{1}{2}$

(4) $x = -1$ (5) $x = -\frac{1}{6}$ (6) $x = \frac{10}{9}$

02 (1) $x = \frac{26}{7}$ (2) $x = 1$ (3) $x = \frac{3}{2}$

03 (1) $x = -7$ (2) $x = 5$ (3) $x = -\frac{18}{19}$

04 (1) $x = \frac{11}{4}$ (2) $x = \frac{20}{13}$ (3) $x = \frac{16}{23}$

05 두 번째 식에서 x를 구하면 $x = 7$이고, 이것을 첫 번째 식에 대입하면

$$7k - 5 = 3 \times 7 + 2,\ 7k = 28 \quad \therefore k = 4$$

06 x를 포함하는 항을 좌변으로 이항하여 정리한다.

$$ax = 2x + 3$$
$$(a-2)x = 3$$

(i) $a \neq 2$이면 $x = \frac{3}{a-2}$

(ii) $a = 2$이면 해가 없다(불능).

$a = 2$이면 좌변은 언제나 0이다. 그런데 우변은 3이므로 식이 성립하지 않는다. 즉, 이때는 방정식을 만족하는 해(x)가 없다.

1.2 일차방정식 활용

01 12, 14, 16: $(x-2) + x + (x+2) = 42$

02 4m, 11m

03 넓이$= 12 \times 8 = 96\,(\mathrm{m}^2)$

04 $\frac{x}{60} = \frac{x}{70} + \frac{5}{60} \quad \therefore x = 35\,(\mathrm{km})$

05 소금의 양은 같다.

$$100 \times \frac{7}{100} = (100 + x) \times \frac{5}{100} \quad \therefore x = 40\,(\mathrm{g})$$

06 물이 증발한 후 남아있는 소금의 양은 처음과 같다.

$$400 \times \frac{8}{100} = (400 - x) \times \frac{10}{100} \quad \therefore x = 80(\mathrm{g})$$

07 12: 십의 자리 숫자를 x라 하면 두 자리 자연수는 $10x+2$이므로

$$10x + 2 = 4(x+2) \rightarrow 6x = 6 \quad \therefore x = 12$$

08 53: 십의 자리 숫자를 x라 하면 두 자리 자연수는 $10x+3$이므로

$$10x + 3 = 7(x+3) - 3 \rightarrow 3x = 5 \times 3 \quad \therefore x = 5$$

09 14: 연속한 세 자연수를 $x-1$, x, $x+1$로 하면

$$(x-1) + x + (x+1) = x + 26 \rightarrow 2x = 26 \quad \therefore x = 13, \ x+1 = 14$$

10 $\frac{(5+7)}{2} \times h = 30 \quad \therefore h = 5$

제2장 단항식 계산

2.1 지수법칙

01 (1) 4^8 (2) a^5b^5 (3) x^6 (4) $-x^7y^7$

02 (1) x^{14} (2) x^{20} (3) 2^{16} (4) $3^{12} \times 4^{10}$

03 (1) x^2 (2) $\frac{1}{x^5}$ (3) x^5 (4) 4

04 (1) x^6y^8 (2) $9x^8y^6$ (3) $-\frac{8x^{12}}{27y^6}$ (4) $\frac{9y^4}{4x^8}$

05 $3^{3x} \div 3^6 = 3^4$, $3x - 6 = 4 \quad \therefore x = \frac{10}{3}$

06 $(x^x)^{x^x} = (2^2)^{2^2} = (2^2)^4 = 2^8 = 2^k \quad \therefore k = 8$

07 $256 = 2^8$이므로 $3 + x = 8 \quad \therefore x = 5$

08 $4^7 + 4^7 + 4^7 + 4^7 = 4 \times 4^7 = 4^{1+7} = 4^8 = (2^2)^8 = 2^{16} \quad \therefore x = 16$

09 $(x^ay^2)^3 = x^{3a}y^6$, $(x^2y^b)^6 = x^{12}y^{6b}$이므로

$3a = 12$에서 $a = 4$이고, $6 = 6b$에서 $b = 1 \quad \therefore a + b = 5$

2.2 단항식의 곱셈과 나눗셈

01 (1) $-12a^3b^3$ (2) $-108a^6b^7$ (3) $-8a^7b^5$ (4) $4a^8b^{11}$

02 (1) $\frac{4}{3}x^2y$ (2) $-2x^4y$ (3) $\frac{8}{15}x^2y^2$ (4) $\frac{6}{xy}$

03 (1) $2x^4y^2$ (2) $10x^3y^5$ (3) $\frac{4}{27}x^5y^4$ (4) $-\frac{1}{3}x^4$

04 $\frac{1}{8^{15}}=\frac{1}{(2^3)^{15}}=\frac{1}{(2^5)^9}=\frac{1}{a^9}$

05 $3^{x+1}\times 3^{2x}=3^{4(x-1)}$, $3x+1=4x-4$ $\quad\therefore x=5$

06 $(2^3)^{2x-3}=(2^{-1})^{x+4}$, $2^{6x-9}=2^{-x-4}$, $6x-9=-x-4$ $\quad\therefore x=\frac{5}{7}$

07 $f(4x+3)=a^{4x+3}=a^{4x}\times a^3=(a^x)^4\times a^3=[f(x)]^4\times a^3=a^3[f(x)]^4$

08 삼각형 넓이$=\frac{1}{2}\times 2xy^2\times 3x^2y=3x^3y^3$

09 직육면체의 높이를 h[cm]라 하면

$$4x\times 2xy\times h=24x^4y^5 \quad \therefore h=3x^2y^4\text{[cm]}$$

10 $ab=2^{2x}\times 2^{4y}=2^{2x+4y}=2^{2(x+2y)}=2^{2\times 3}=2^6=64$

제3장 다항식 계산

3.1 다항식 계산

01 (1) $-x+4y-9$ (2) $3x^2+x-6$

(3) $2x^3-5x^2+12x$ (4) $6x-4y+2$

(5) $-2x+12xy$ (6) $4xy-3y^2$

(7) $7x-\frac{4}{3}$ (8) $x-1$

(9) $13x-13y$ (10) $-76x+34y+21$

02 $\frac{1}{5}xy=2$

03 $a+5b$

04 $3A-2B=4x+13y$

05 $2\times 5-3\times(-4)=22$

06 $\frac{1}{a}+\frac{1}{b}=\frac{a+b}{ab}=\frac{1}{4}\quad\therefore\ \frac{ab}{a+b}=4$

$\therefore\ \frac{a-ab+b}{a+b}=\frac{(a+b)-ab}{a+b}=\frac{(a+b)}{a+b}-\frac{ab}{a+b}=1-4=-3$

07 $(x-y):(x+y)=2:1$로부터 $2(x+y)=x-y$이므로 $x=-3y$이다.

$\therefore\ \frac{2x+3y}{x-y}=\frac{2(-3y)+3y}{(-3y)-y}=\frac{-3y}{-4y}=\frac{3}{4}$

3.2 곱셈공식

01 (1) $8x^2-2x-15$
(2) $-6x^2+11xy-4y^2$
(3) $x^2-4x-21$
(4) $8x^2-10x-3$
(5) $9x^2+30x+25$
(6) $16x^2-24x+9$
(7) $16x^2+40xy+25y^2$
(8) $x^2-14xy+49y^2$
(9) $9x^2+3x+\frac{1}{4}$
(10) $4x^2-\frac{4}{3}x+\frac{1}{9}$
(11) $9x^2-49y^2$
(12) $\frac{1}{4}x^2-\frac{9}{16}$

02 (1) $x^2+\frac{1}{x^2}=\left(x+\frac{1}{x}\right)^2-2=4^2-2=14$

(2) $x^4+\frac{1}{x^4}=\left(x^2+\frac{1}{x^2}\right)^2-2=14^2-2=194$

03 $\left(x-\frac{1}{x}\right)^2=x^2+\frac{1}{x^2}-2=3+\frac{1}{3}-2=\frac{4}{3}$

04 (1) $99^2=(100-1)^2=100^2-200+1=9801$

(2) $105^2=(100+5)^2=100^2+2\times100\times5+5^2=11025$

05 $x^2+y^2=(x+y)^2-2xy=(-1)^2-2\times(-5)=11$

06 $x^2+3xy+y^2=(x+y)^2+xy=4^2+(4-3)=17$

07 $\left(2x+\frac{1}{4}y\right)^2-\left(2x-\frac{1}{4}y\right)^2=\left(4x^2+xy+\frac{1}{16}y^2\right)-\left(4x^2-xy+\frac{1}{16}y^2\right)=2xy$

08 $a=1$: $(2+1)(2^2+1)(2^4+1)=(2-1)(2+1)(2^2+1)(2^4+1)$
$=(2^2-1)(2^2+1)(2^4+1)=(2^4-1)(2^4+1)=2^8-1$

제4장 연립방정식

4.1 연립방정식 풀이

01 (1) $x=3,\ y=0$ (2) $x=y=-2$
(3) $x=3,\ y=0$ (4) $x=3,\ y=-2$
(5) $x=2,\ y=-4$ (6) $x=-4,\ y=3$
(7) $x=2,\ y=4$ (8) $x=1,\ y=1$

02 $x=4,\ y=-3$

03 $x=-1,\ y=2,\ k=7$

04 $x=k,\ y=3k$로 하면 $4k-3k=2$ $\therefore k=2,\ x=2,\ y=6$이므로
$3\times2+2\times6=3a$ $\therefore a=6$

05 주어진 식에서 x, y를 구하면 $x=a-2,\ y=a-4$이다. 따라서 $x+y=4$이므로
$(a-2)+(a-4)=4$ $\therefore a=5$

06 $x=2y$를 첫 번째 식에 대입하면 $y=2$가 구해진다. 따라서 $x=2y=4$이고, 이 값들을 두 번째 식에 대입하면
$4-5\times2=5-a$ $\therefore a=11$

4.2 연립방정식 활용

01 볼트= 400원, 너트= 300원

02 2 km/hr: 2 km, 4 km/hr: 8 km

03 처음 자연수= 26

04 닭= 15, 토끼= 12

05 직사각형의 넓이= $10\times8=80$

06 5% 소금물= 100 (g), 8% 소금물= 50 (g)

07 $m+n=40,\ m=5n+4 \quad \therefore m=34,\ n=6$

08 가로와 세로를 각각 x(m), y(m)로 하면

$$2x+2y=16,\ 2(x-1)+2\times 2y=20$$

두 식을 연립하면 $x=5$(m), $y=3$(m)

09 현재 아버지 나이와 아들 나이를 각각 x, y라 하면

• 현재 나이: $x+y=70$

• 4년 후 나이: $x+4=2(y+4)$

$\therefore x=48,\ y=22$

제5장 인수분해

5.1 인수분해

01 (1) $3x(x+4y)$ (2) $xy(1-2xy+3y)$

(3) $(x-a)(x-1)$ (4) $4xy(x-2y)$

(5) $(x-7)^2$ (6) $3(x+2)^2$

(7) $(3x-4y)^2$ (8) $\left(\dfrac{x}{10}+\dfrac{5}{x}\right)^2$

(9) $3(x-4y)(x+4y)$ (10) $(6-x)(6+x)$

(11) $2(x-3)(x+3)$ (12) $(x-1)(x+1)(x^2+1)$

(13) $(x+2)(x-4)$ (14) $(x+3)(x+4)$

(15) $(6x+7)(2x-3)$ (16) $(2x-3y)(x+2y)$

02 $(2x+3)^2-(7x+15)=4x^2+5x-6=(4x-3)(x+2)$

$\therefore a+b=-3+2=-1$

03 $(3x\pm 4)^2=9x^2+(k-4)x+16 \quad \therefore k-4=\pm 24 \quad \therefore k=28,\ -20$

04 (1) $x^2(a-2b)+y^2(2b-a)=x^2(a-2b)-y^2(a-2b)=(a-2b)(x^2-y^2)$

$$=(a-2b)(x-y)(x+y)$$

(2) $4x^3y-10x^2y+6xy=2xy(2x^2-5x+3)=2xy(x-1)(2x-3)$

05 (1) $x^2+2ax+x-2a-2=2a(x-1)+(x^2+x-2)=2a(x-1)+(x-1)(x+2)$
$=(x-1)(x+2a+2)$

(2) $x^2+2y^2+3xy-x-2y=x^2+(3y-1)x+2y^2-2y=x^2+(3y-1)x+2y(y-1)$
$=(x+2y)(x+y-1)$

곱하여 $2y^2-2y$, 합하여 $3y-1$이 되는 두 인수 $2y$, $y-1$을 찾는다.

5.2 인수분해 활용

01 (1) $(a-2)(b-1)$ (2) $(a+1)(b-c)$
(3) $(a-b)(x-y)$ (4) $(x+1)^2(x-1)$
(5) $(x-a)(x-1)$ (6) $(x+y)(x-z)$
(7) $(x-2y+3)(x-2y+5)$ (8) $(x+1)(3x+5)$
(9) $(x-3y-1)(x+3y-1)$ (10) $(2x+3y+4)(2x+3y-4)$

02 $a^2+b^2-2ab-4a+4b=(a-b)^2-4(a-b)=9^2-4\times 9=45$

03 $(2\sqrt{3}-5\sqrt{2})(5\sqrt{2}+2\sqrt{3})=-(5\sqrt{2}-2\sqrt{3})(5\sqrt{2}+2\sqrt{3})$
$=-\{(5\sqrt{2})^2-(2\sqrt{3})^2\}=-(50-12)=-38$

04 $(x+3)^2-2(x+3)+1=(x+3-1)^2=(x+2)^2=(\sqrt{5})^2=5$

05 $x^2-5x+1=0$을 x로 나누면 $x+\dfrac{1}{x}=5$

$\therefore x^2+x+\dfrac{1}{x}+\dfrac{1}{x^2}=\left(x+\dfrac{1}{x}\right)^2-2+\left(x+\dfrac{1}{x}\right)=5^2-2+5=28$

06 (1) $(1005+995)(1005-995)=20,000$

(2) $\dfrac{(2013-1)(2013+1)}{2012}=2014$

07 $\dfrac{1}{2}\times\dfrac{21}{20}=\dfrac{21}{40}$

08 $3\times5\times17=1\times3\times5\times17=(2-1)(2+1)(2^2+1)(2^4+1)=2^8-1$
$(a-b)(a+b)=a^2-b^2$을 계속 사용한다.

09 $x=2\sqrt{5}=\sqrt{20}$이고, $4<\sqrt{20}<5$이므로 $4<x<5$이다. 따라서 x의 정수부분은 4이고, 소수부분은 $a=\sqrt{20}-4$이다.
$\therefore a^2+8a+16=(a+4)^2=(\sqrt{20}-4+4)^2=20$

제6장 이차방정식

6.1 실수와 허수

01 (1) $\sqrt{10}-3$ (2) 5 (3) a^2+3a+3 (4) $2-\sqrt{2}$

02 (1) $3\sqrt{3}-3$ (2) $\dfrac{\sqrt{2}}{2}$

03 (1) $-\sqrt{2}-\sqrt{7}$ (2) $\dfrac{2}{3}(4+\sqrt{10})$

04 (1) -13 (2) 4 (3) $5-5i$ (4) $-12+3i$

(5) 25 (6) $\dfrac{8}{5}$

05 $a=4,\ b=-1$

06 $33-9i$

07 $a=2,\ b=-3$

08 $a=10,\ b=-5$

09 $a=1,\ b=-1$ $(\leftarrow z^2=i)$

10 $2\sqrt{2}$

11 $-2+12i$

12 $3a+b=-2,\ -a+3b=4$ $\therefore a=-1,\ b=1$

13 $\alpha^2+\beta^2=(\alpha+\beta)^2-2\alpha\beta=2^2-2\times(1+2)=-2$

14 $\left(\dfrac{1+i}{\sqrt{2}}\right)^2=\dfrac{1+2i-1}{2}=i,\ \left(\dfrac{1-i}{\sqrt{2}}\right)^2=\dfrac{1-2i-1}{2}=-i$

$\therefore$ 준 식$=i^5+(-i)^5=i^5-i^5=0$

15 준 식$=3i-6-9i=-6-6i$ $\therefore a=b=-6$

16 (1) $z=\pm\sqrt{7}i$ (2) $z=\pm\dfrac{2}{3}i$

17 $z=\dfrac{1}{1-i}=\dfrac{(1+i)}{(1-i)(1+i)}=\dfrac{1+i}{2}$ $\rightarrow$ $2z=1+i$

$\therefore 2z^2-2z+1=2z(z-1)+1=(1+i)\left(\dfrac{1+i}{2}-1\right)+1=-1+1=0$

18 $z^2 = \left(\dfrac{1+i}{\sqrt{2}}\right)^2 = \dfrac{1+2i+i^2}{2} = \dfrac{1+2i-1}{2} = \dfrac{2i}{2} = i$이므로

$z^4 = (z^2)^2 = i^2 = -1,\ z^6 = z^4 \times z^2 = (-1)\times(i) = -i$

$\therefore z^6 + 2z^4 = -i - 2 = x + iy$

$\therefore x = -2,\ y = -1$

19 $x = 1+i$에서 $(x-1)^2 = i^2 = -1$이므로

$x^2 - 2x + 1 = -1$이고 $x^2 - 2x = -2$

$\therefore x^3 - 2x^2 + 2x + 3 = x(x^2 - 2x) + 2x + 3 = -2x + 2x + 3 = 3$

6.2 이차방정식

01 (1) $x = 3,\ 8$

(2) $x = -7$

(3) $x = 5,\ -\dfrac{3}{2}$

(4) $x = \dfrac{1}{6},\ -\dfrac{5}{2}$

(5) $x = \pm\dfrac{5}{2}$

(6) $x = \dfrac{5 \pm \sqrt{13}}{3}$

(7) $x = \dfrac{2 \pm \sqrt{14}}{5}$

(8) $x = 0,\ -1$

(9) $x = \dfrac{3 \pm \sqrt{41}}{4}$

(10) $x = 5 \pm \sqrt{23}$

02 $x = \dfrac{3 \pm \sqrt{7}}{2}$ $\quad\therefore A + B = 3 + 7 = 10$

03 $x = \pm\dfrac{\sqrt{10}}{2}i$

04 준 식$= (2x-3)(x-5)$ $\quad\therefore k = 15$

05 $x = \dfrac{6 \pm \sqrt{5}}{2}$

06 준 식은 $(x+2)^2 = \dfrac{9}{2}$ $\quad\therefore A + 2B = 2 + 2 \times \dfrac{9}{2} = 11$

07 $\alpha^2 - \sqrt{3}\alpha - 1 = 0$에서 $\alpha - \dfrac{1}{\alpha} = \sqrt{3}$

$\therefore \alpha^2 + \dfrac{1}{\alpha^2} = \left(\alpha - \dfrac{1}{\alpha}\right)^2 + 2 = (\sqrt{3})^2 + 2 = 5$

08 $x = 1$을 이차방정식에 대입하면

$$1-a+2a+1=0 \quad \therefore a=-2$$

이고, 이 값을 주어진 방정식에 대입하면

$$x^2+2x-3=0 \rightarrow (x-1)(x+3)=0 \quad \therefore x=1,\ -3$$

따라서 다른 한 근은 -3이다.

09 방정식 $\sqrt{x^2+2x+1}=|2x+5|$의 양변을 제곱하면

$$x^2+2x+1=(2x+5)^2$$
$$x^2+2x+1=4x^2+20x+25$$
$$3x^2+18x+24=0,\ x^2+6x+8=0$$
$$(x+2)(x+4)=0 \quad \therefore x=-2,\ -4$$

10 양변에 $-i$를 곱하면

$$-i^2x^2+5ix+6i^2=0 \rightarrow x^2+5ix+6i^2=0$$
$$(x+2i)(x+3i)=0 \quad \therefore x=-2i,\ -3i$$

6.3 이차방정식 활용

01 $k^2-4(2k+5)=0 \quad \therefore k=-2,\ 10$

02 $\alpha+\beta=-4,\ \alpha\beta=-1$

$$(\alpha-\beta)^2=(\alpha+\beta)^2-4\alpha\beta=16+4=20$$
$$\therefore \alpha-\beta=\sqrt{20}=2\sqrt{5}$$

03 (1) $\alpha^2+\beta^2=(\alpha+\beta)^2-2\alpha\beta=9-2=7$

(2) $\alpha^4+\beta^4=(\alpha^2+\beta^2)^2-2(\alpha\beta)^2=49-2=47$

04 $a=-4,\ b=1$

05 $a=-2,\ b=\dfrac{3}{2}$

06 $\dfrac{\alpha+\beta}{\alpha\beta}=7$

07 $n=6,\ 7$

08 $x(x-4)=21 \quad \therefore x=7\,\text{cm}$

09 $\dfrac{1}{2}x\{(x+3)+(x+1)\}=8 \quad \therefore x=2\,(\text{m})$

10 $x^2-4ax+4a^2=b^2,\ (x-2a)^2=b^2$

$x-2a=\pm b \quad \therefore x=2a\pm b$

11 $(x+2)(x+4)=3x^2 \quad \therefore x=4$

12 $x=5$를 이차방정식 $x^2-4x+a=0$에 대입하면

$25-20+a=0 \quad \therefore a=-5$

이고, 두 근의 합 $b+5=4$에서 $b=-1$이다. $\quad \therefore ab=5$

13 변화된 종이 넓이 $(5+x)(7-x)=27$

$35+2x-x^2=27,\ x^2-2x-8=0,\ (x-4)(x+2)=0 \quad \therefore x=-2, 4$

여기에서 $x>0$이므로 $x=4$이다.

14 처음 정사각형의 한 변의 길이를 $x$cm라고 하면

$$(x+2)(x+6)=2x^2,\ x^2-8x-12=0$$

$$\therefore x=4\pm\sqrt{16+12}=4\pm2\sqrt{7}$$

여기에서 $x>0$이므로 $x=4+2\sqrt{7}$(cm)이다.

15 $(7-x)(9-x)=35 \quad \therefore x=2\ (\because 0<x<7)$

16 처음 직각이등변삼각형의 한 변의 길이를 $x$cm라고 하면

$$\frac{1}{2}(x+2)(x+3)=2\times\frac{1}{2}x^2,\ x^2+5x+6=2x^2$$

$$x^2-5x-6=0,\ (x+1)(x-6)=0 \quad \therefore x=-1, 6$$

여기에서 $x>0$이므로 $x=6$(cm)이다. 따라서 처음 직각이등변삼각형의 넓이는

$$\frac{1}{2}x^2=\frac{1}{2}\times6^2=18(\text{cm}^2)$$

17 직사각형의 한 변의 길이를 x라 하면 둘레 길이가 28이므로 다른 한 변의 길이는 $14-x$이다. 직각삼각형 ABC에서 피타고라스 정리를 적용하면

$$x^2+(14-x)^2=10^2,\ x^2-14x+48=0$$

$$(x-6)(x-8)=0 \quad \therefore x=6, 8$$

따라서 두 변 중 짧은 변의 길이는 6이다.

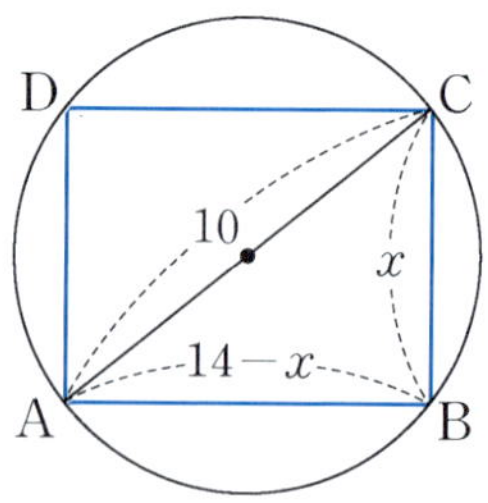

제7장 부등식

7.1 일차부등식

01 (1) $x \geq 2$ (2) $x \leq 0$ (3) $x \geq 9$ (4) $x \leq \frac{8}{3}$

(5) $x > 1$ (6) $x \leq -0.7$ (7) $x > \frac{1}{8}$ (8) $x \geq 5.2$

02 $x < a+2 \quad \therefore a=1$

03 $2x-(x-5) < 4x+2$의 해는 $x>1$이고,

$$4x+k > 3-2(x-1)\text{의 해는 } x > \frac{5-k}{6}$$

$$\therefore \frac{5-k}{6}=1 \quad \therefore k=-1$$

04 $(k-1)x < -3(k-1)$

여기에서 $k-1<0$이므로 $x>-3$

05 부등호의 방향이 바뀌었으므로 $a<3$이고 이때 $x<\frac{b}{a-3}$가 된다. 그런데 부등식의 해가 $x<\frac{1}{4}$이므로 $\frac{b}{a-3}=\frac{1}{4}$이다.

① $b=1$이면 $\frac{1}{a-3}=\frac{1}{4}$에서 $a=7$이 되는데 이것은 $a<3$을 만족하지 않으므로 해가 아니다.

② $b=-1$일 때 $\frac{-1}{a-3}=\frac{1}{4}$에서 $a=-1$이고, 이것은 $a<3$을 만족한다. 따라서 구하는 a의 값은 -1이다.

06 (1) $-4 \leq x \leq 1$ (2) $x<-5$

07 $ax-2>bx+3$에서

$$(a-b)x>5$$

$\therefore x<\frac{5}{a-b}$ ($\because a-b<0$이므로 부등호의 방향이 바뀐다.)

08 $38<(m-2)+m+(m+2)<46$, $38<3m<46$

$\therefore 12.66\cdots<m<15.33\cdots$

$\therefore m=14$ ($\because m$은 짝수)

따라서 구하는 세 짝수는 12, 14, 16이다.

09 올라갈 수 있는 거리를 $x$km라 하면

(올라갈 때 걸리는 시간)+(내려올 때 걸리는 시간)$\leq 2\frac{30}{60}$

$$\frac{x}{2}+\frac{x}{3}\leq 2\frac{30}{60}=2+\frac{1}{2}$$

양변에 6을 곱하면

$$3x+2x\leq 15 \quad \therefore x\leq 3$$

따라서 최대 3km까지 올라갔다 내려올 수 있다.

❖ (시간)$=\frac{(\text{거리})}{(\text{속력})}$, $t=\frac{s}{v}$, 1시간=60분

7.2 이차부등식

01 (1) $x>2$, $x<-2$ (2) $2\leq x\leq 4$

(3) $x=-2$ (4) 해가 없다. (불능)

02 $\alpha=-2$, $\beta=3$

03 $a=-2$, $b=-1$

04 ① $k>3$: $x>k$, $x<3$

② $k=3$: $x\neq 3$인 모든 수

③ $k<3$: $x>3$, $x<k$

05 $-4\leq k\leq 4$

06 $-1-\sqrt{5}<x<-1+\sqrt{5}$ $\quad\therefore x=-3,\ -2,\ -1,\ 0,\ 1$

07 $D/4=k^2+k(k-3)\geq 0$, $k(2k-3)\geq 0$ $\quad\therefore k\geq\frac{3}{2}$, $k\leq 0$

08 $f(x)=a(x-3)(x-7)$, $a>0$

$f(2x+1)=4a(x-1)(x-3)<0$ $\quad\therefore 1<x<3$

09 $D/4=(2k)^2-3\times 3<0$, $(2k-3)(2k+3)<0$

$\therefore -\frac{3}{2}<k<\frac{3}{2}$

따라서 정수 $k=-1, 0, 1$이다.

10 부등식 $ax^2+5x+b>0$의 해가 $-\frac{1}{3}<x<\frac{1}{2}$이므로 $a<0$이고,

$$ax^2+5x+b=a\left(x-\frac{1}{2}\right)\left(x+\frac{1}{3}\right)=ax^2-\frac{1}{6}ax-\frac{1}{6}a$$

이다. 여기에서 양변의 계수를 비교하면

$$5=-\frac{1}{6}a,\ b=-\frac{1}{6}a$$

이므로 $a=-30$, $b=5$이다.

7.3 절대부등식

01 $(\sqrt{2(a+b)})^2-(\sqrt{a}+\sqrt{b})^2=2(a+b)-(a+2\sqrt{a}\sqrt{b}+b)=a-2\sqrt{a}\sqrt{b}+b$
$=(\sqrt{a}-\sqrt{b})^2\geq 0$

$\therefore (\sqrt{2(a+b)})^2\geq(\sqrt{a}+\sqrt{b})^2$

여기에서 $\sqrt{2(a+b)}>0$, $\sqrt{a}+\sqrt{b}>0$

$\therefore \sqrt{2(a+b)}\geq\sqrt{a}+\sqrt{b}$ (단, 등호는 $a=b$일 때 성립한다.)

02 $3^x+3^{-x}\geq 2\sqrt{3^x\times 3^{-x}}=2 \quad \therefore y_{\min}=2$

03 $\frac{a+b}{2}\geq\sqrt{ab}$, $\frac{10}{2}\geq\sqrt{ab} \quad \therefore 25\geq ab$

따라서 ab의 최댓값은 25이다.

04 피타고라스 정리에 의해 $a^2+b^2=6^2=36$이므로

$a^2+b^2\geq 2\sqrt{a^2\times b^2}=2ab$

$36\geq 2ab$

$\therefore 18\geq ab$

$\therefore$ 넓이의 최댓값 $S_{\max}=\frac{1}{2}ab=\frac{1}{2}\times 18=9$.

05 (1) 최솟값 2: $a+\frac{1}{a}\geq 2\sqrt{a\times\frac{1}{a}}=2$

(2) 최솟값 12: $4a+\frac{9}{a}\geq 2\sqrt{(4a)\times\frac{9}{a}}=2\sqrt{4\times 9}=2\sqrt{36}=2\times 6=12$

(3) 최솟값 4: $(a+b)\left(\frac{1}{a}+\frac{1}{b}\right)=2+\frac{b}{a}+\frac{a}{b}$

$\frac{b}{a}+\frac{a}{b}\geq 2\sqrt{\frac{b}{a}\times\frac{a}{b}}=2$

(4) 최솟값 9: $\left(a+\frac{1}{b}\right)\left(b+\frac{4}{a}\right)=ab+\frac{4}{ab}+5$

$$ab+\frac{4}{ab}\geq 2\sqrt{ab\times\frac{4}{ab}}=2\sqrt{4}=2\times 2=4$$

06 최솟값 4: $a+\frac{1}{a-2}=a-2+\frac{1}{a-2}+2$

$$a-2+\frac{1}{a-2}\geq 2\sqrt{(a-2)\times\frac{1}{a-2}}=2$$

07 $x+\frac{1}{x}+\frac{3x}{x^2+1}=\frac{x^2+1}{x}+\frac{3x}{x^2+1}\geq 2\sqrt{\left(\frac{x^2+1}{x}\right)\times\left(\frac{3x}{x^2+1}\right)}\geq 2\sqrt{3}$

$\therefore$ 최솟값은 $2\sqrt{3}$

08 $-15\leq 3x+4y\leq 15$: $(3^2+4^2)(x^2+y^2)\geq(3x+4y)^2$

$25\times 9\geq(3x+4y)^2$

09 $\frac{b+c}{a}+\frac{c+a}{b}+\frac{a+b}{c}=\left(\frac{b}{a}+\frac{c}{a}\right)+\left(\frac{c}{b}+\frac{a}{b}\right)+\left(\frac{a}{c}+\frac{b}{c}\right)$

$$=\left(\frac{b}{a}+\frac{a}{b}\right)+\left(\frac{c}{b}+\frac{b}{c}\right)+\left(\frac{a}{c}+\frac{c}{a}\right)$$

$$\geq 2\sqrt{\frac{b}{a}\times\frac{a}{b}}+2\sqrt{\frac{c}{b}\times\frac{b}{c}}+2\sqrt{\frac{a}{c}\times\frac{c}{a}}=2+2+2=6$$

$\therefore\ \frac{b+c}{a}+\frac{c+a}{b}+\frac{a+b}{c}$의 최솟값은 6이다.

10 $4^{x+1}>0,\ 2^{-2(x-1)}>0$이므로 산술평균과 기하평균의 관계에서

$$y=4^{x+1}+2^{-2(x-1)}\geq 2\sqrt{4^{x+1}\times 2^{-2(x-1)}}=2\sqrt{2^{2(x+1)}\times 2^{-2(x-1)}}$$

$$=2\sqrt{2^{2x+2-2x+2}}=2\sqrt{2^4}=2\times 2^2=8$$

$\therefore\ y=4^{x+1}+2^{-2(x-1)}$의 최솟값은 8이다.

11 $(3a+b)\left(\frac{3}{a}+\frac{4}{b}\right)=3a\times\frac{3}{a}+b\times\frac{4}{b}+\frac{12a}{b}+\frac{3b}{a}=9+4+\frac{12a}{b}+\frac{3b}{a}$

$$\geq 13+2\sqrt{\frac{12a}{b}\times\frac{3b}{a}}=13+2\times 6=25$$

$\therefore$ 최솟값은 25이다.

제8장 함수와 그래프

8.1 일차함수와 이차함수

01 (1) $y=-2x+1$

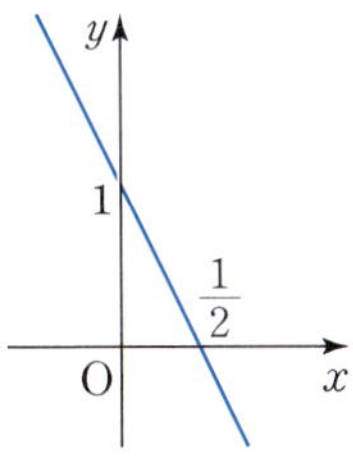

(2) $y=-\dfrac{3}{2}x+3$

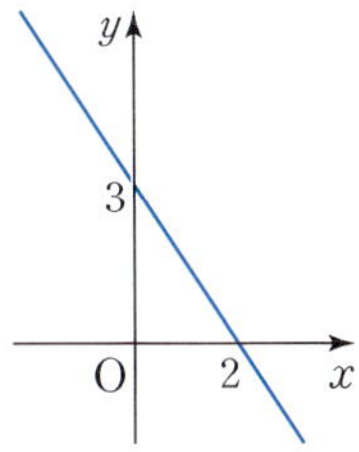

(3) $y=2x-1$

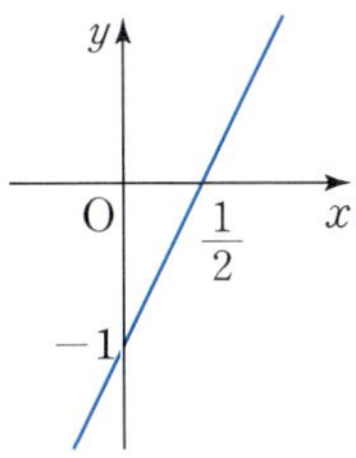

(4) $y=x+3$

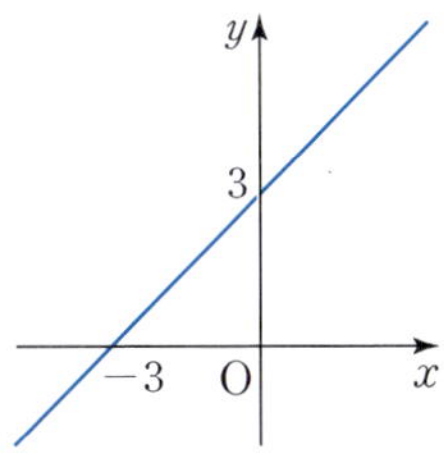

02 (1) 꼭짓점 $(0,-4)$, 대칭축 $x=0$

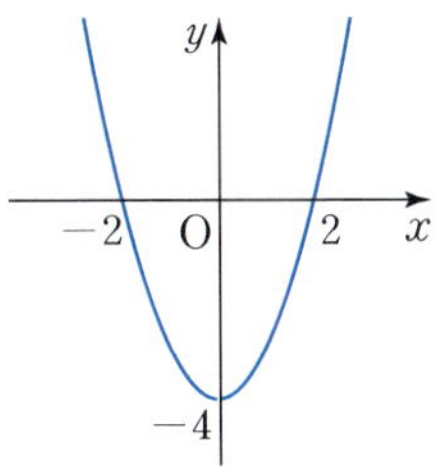

(2) 꼭짓점$(0, 9)$, 대칭축 $x=0$

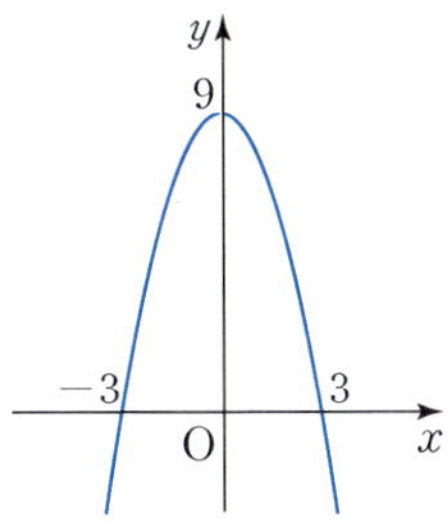

(3) $y=\left(x-\dfrac{3}{2}\right)^2+\dfrac{3}{4}$, 꼭짓점$\left(\dfrac{3}{2}, \dfrac{3}{4}\right)$, 대칭축 $x=\dfrac{3}{2}$

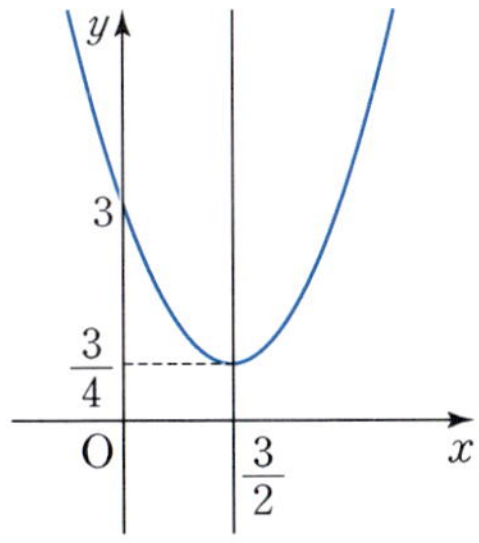

(4) $y=-(x-2)^2-1$, 꼭짓점$(2, -1)$, 대칭축 $x=2$

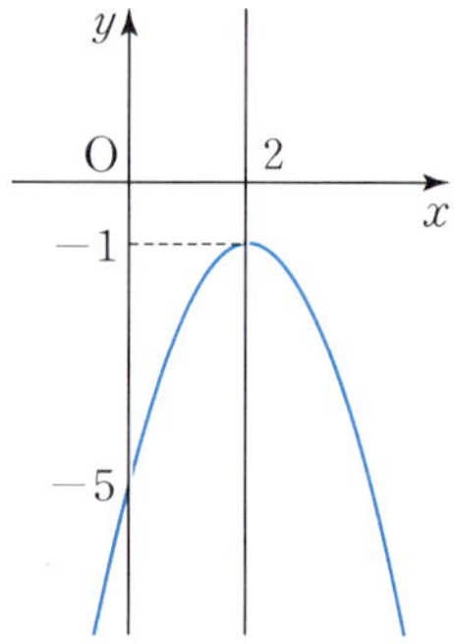

03 $a=\pm 2$

04 $a=2$

05 $n=4$

06 $a=3,\ b=5$

07 $a=4,\ b=36$

08 $y=2x^2 \quad \therefore k=2\times(-3)^2=18$

09 (1) 최댓값 4, 최솟값 0

(2) 최댓값 5, 최솟값 1

10 $b=6, c=5$

11 $k<0, k>4$

12 $2-2\sqrt{2}<k<2+2\sqrt{2}$

13 $a+m+n=-2+3+4=5$

14 세 점은 $A(-1,0)$, $B(3,0)$, $C(1,-4)$이므로 $\triangle ABC$의 넓이

$$S=\frac{1}{2}\times 4\times 4=8$$

15 먼저 $y=-x^2+8$과 $y=-x+6$의 교점을 구한다.

$$-x^2+8=-x+6,\ x^2-x-2=(x-2)(x+1)=0 \quad \therefore x=2, -1$$

$x=2$일 때 $y=4$, $x=-1$일 때 $y=7$이므로 $y=ax^2+bx+2$의 그래프는 교점 $(2,4)$, $(-1, 7)$을 지난다. 이 값을 대입하면

$$4a+2b+2=4,\ a-b+2=7 \quad \therefore a=2,\ b=-3$$

16 $y=-x^2+2(1-a)x+3=-[x-(1-a)]^2+(1-a)^2+3$이므로 $x=1-a$에서 최댓값 $(1-a)^2+3$을 갖는다. 따라서 주어진 조건에서 $x=1-a=2$이므로 최댓값은 $2^2+3=7$

이다.

17 $h=-5t^2+40t=-5(t^2-8t)=-5\left[(t-4)^2-16\right]=-5(t-4)^2+80$

$\therefore t=4$(초)에서 최고 높이 $h_{max}=80$(m)

18 $M(x)=\dfrac{3wL}{8}x-\dfrac{w}{2}x^2=-\dfrac{w}{2}\left(x^2-\dfrac{3L}{4}x\right)=-\dfrac{w}{2}\left[\left(x-\dfrac{3}{8}L\right)^2-\left(\dfrac{3}{8}L\right)^2\right]$

$$=-\frac{w}{2}\left(x-\frac{3}{8}L\right)^2+\frac{9wL^2}{128}$$

$\therefore x=\dfrac{3L}{8}$에서 최댓값 $M_{max}=\dfrac{9wL^2}{128}$

8.2 유리함수와 무리함수

01 (1) $y=\dfrac{1}{x+2}+1$, 점근선 $x=-2$, $y=1$

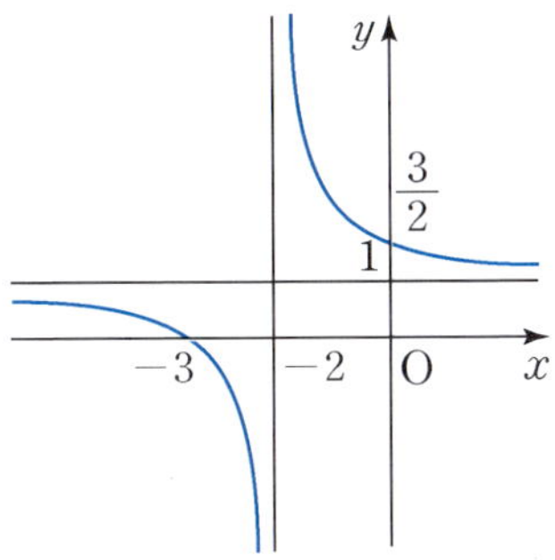

(2) $y=-\dfrac{1}{2x+3}+2$, 점근선 $x=-\dfrac{3}{2}$, $y=2$

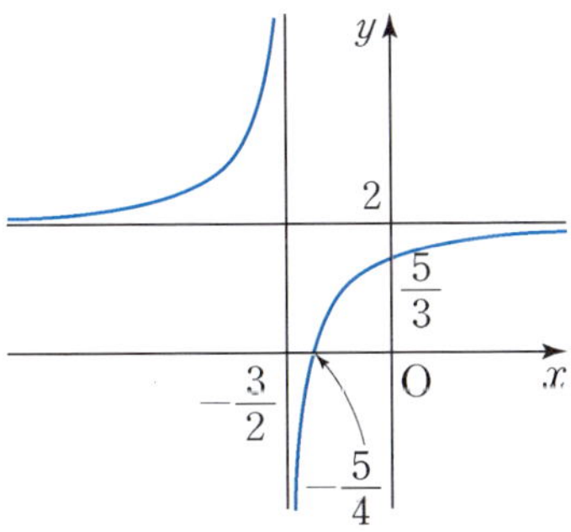

02 (1) $y=\dfrac{-x+4}{5x-3}$ (2) $y=\dfrac{-x+3}{2x-2}$

03 (1) $y=\sqrt{(x-3)}+2,\ x \geq 3, y \geq 2$

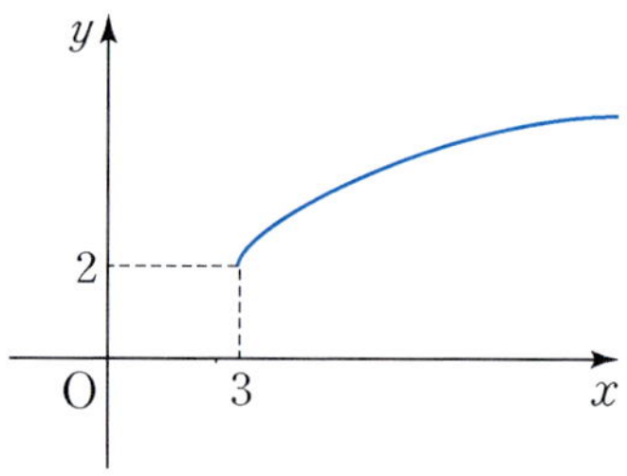

(2) $y=\sqrt{-(x-2)}+3,\ x \leq 2, y \geq 3$

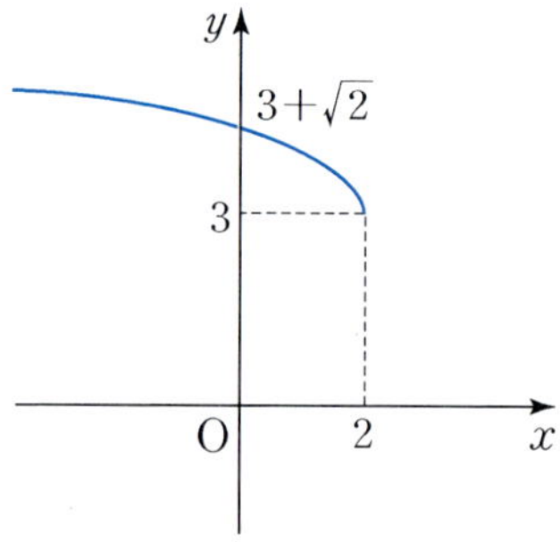

04 (1) $y=x^2+2,\ x \geq 0, y \geq 2$

(2) $y=x^2-2x-1,\ x \geq 1, y \geq -2$

05 $k=\frac{9}{4}$: $y=\sqrt{x+2}$와 $y=x+k$의 그래프를 그리고, $(\sqrt{x+2})^2=(x+k)^2$에서 판별식을 이용한다.)

06 $m=-2, n=3$

07 $y-3=\frac{(x+2)-2}{3(x+2)+4}$ $\quad \therefore y=\frac{x}{3x+10}+3$

08 점 $(1, 2)$에 대하여 대칭인 그래프의 방정식은 $y=\frac{k}{x-1}+2$이고, 이 그래프가 점 $(-1, 1)$을 지나므로 $1=\frac{k}{-1-1}+2$ $\quad \therefore k=2$. 따라서 주어진 함수의 식

$y=\frac{2}{x-1}+2=\frac{2x}{x-1}=\frac{cx+d}{x+b}$이므로 $b=-1,\ c=2,\ d=0$이다.

09 주어진 분수함수를 $y=\frac{k}{x-m}+n$의 꼴로 변형한다.

$$y=\frac{3x+a}{x+2}=\frac{3(x+2)-6+a}{x+2}=\frac{a-6}{x+2}+3$$

이 그래프를 평행이동하여 $y=-\frac{4}{x}=\frac{-4}{x}$의 그래프와 겹쳐지려면

$$a-6=-4 \quad \therefore a=2$$

❖ 두 분수함수 $y=\frac{k}{x}$와 $y=\frac{k}{x-m}+n$는 평행이동하여 서로 겹쳐질 수 있다.

8.3 원의 방정식

01 (1) $(x+2)^2+(y-3)^2=16$ (2) $x^2+y^2=r^2$

02 $(x-2)^2+(y-1)^2=1$

03 $(x-2)^2+(y-1)^2=2^2$

2, 3번 문제는 그래프를 그려보면 반지름을 알 수 있다.

04 $(x-2)^2+(y-3)^2=13$

05 (1) $(x-1)^2+(y+2)^2=5$

중심 $(1,\,-2)$, 반지름 $\sqrt{5}$

(2) $x^2+y^2+4x-2y+\dfrac{1}{2}=0$

$(x+2)^2+(y-1)^2=\dfrac{9}{2}$

중심 $(-2,1)$, 반지름 $\dfrac{3}{\sqrt{2}}$

06 주어진 원의 방정식은

$$(x-1)^2+(y+2)^2=4^2$$

이다. 이 식을 전개하여 계수를 비교하면

$$A=-2,\ B=4,\ C=-11$$

07 $(x+2)^2+(y-3)^2=10$

08 $(x-3)^2+(y-1)^2=5$

09 중심이 x축 위에 있는 원의 방정식은

$$(x-a)^2+y^2=r^2$$

으로 쓸 수 있다. 점 $(0,1)$, $(2,\,-3)$을 지나므로 대입하면

$$a^2+1=r^2\cdots①$$

$$(2-a)^2+9=r^2\cdots②$$

①-②에서 a를 구하고 다음에 r^2을 구한다.

$$a=3,\ r^2=10$$

이고, 구하는 원의 방정식은 다음과 같다.

$$(x-3)^2+y^2=10.$$

10 $x^2+y^2+Ax+By+C=0.$

세 점 $(1,0)$, $(1,1)$, $(2,\,-1)$을 지나므로 이 값들을 대입하면

$$1+A+C=0,\ 2+A+B+C=0,\ 5+2A-B+C=0$$

$$\therefore A=-5,\ B=-1,\ C=4$$

따라서 구하는 원의 방정식은 다음과 같다.

$$x^2+y^2-5x-y+4=0$$

11 $x^2+y^2-2x+4y=0 \rightarrow (x-1)^2+(y+2)^2=5$

원의 중심좌표는 $(1, -2)$이고 x축에 접하므로 반지름은 $r=|-2|=2$이다. 따라서 원의 넓이는 $\pi r^2=\pi\times 2^2=4\pi$이다.

제9장 삼각함수

9.1 피타고라스 정리

01 (1) $x=\sqrt{(6^2-4^2)+8^2}=2\sqrt{21}$

(2) $x=\sqrt{(2^2+3^2)+4^2}=\sqrt{29}$

(3) $(x+2)^2+x^2=4^2 \quad \therefore x=-1+\sqrt{7}$

(4) $x=\sqrt{5^2-4^2}=3 \quad \therefore y=\sqrt{7^2-3^2}=2\sqrt{10}$

02 $(x+4)^2=(x-5)^2+(x+2)^2 \quad \therefore x=13$, 세 변의 길이는 8, 15, 17

03 $x^2=\left(\frac{x}{2}\right)^2+(8\sqrt{3})^2 \quad \therefore x=16$

04 (한 변의 길이)$=8\,\text{cm}$, (높이)$=4\sqrt{3}\,\text{cm}$

- 높이 $h=\sqrt{a^2-\left(\frac{a}{2}\right)^2}=\frac{\sqrt{3}}{2}a$
- 넓이 $S=\frac{1}{2}ah=\frac{1}{2}a\times\frac{\sqrt{3}}{2}a=\frac{\sqrt{3}}{4}a^2=16\sqrt{3}$

$\therefore a=8,\ h=\frac{\sqrt{3}}{2}a=4\sqrt{3}$

05 $h=\sqrt{25^2-7^2}=\sqrt{576}=24\,(\text{cm}),\ V=\frac{1}{3}\pi R^2h=\frac{1}{3}\pi(7)^2\times 24=392\pi\,(\text{cm}^3)$

06 $\pi R^2=64\pi\,(\text{cm}^2) \quad \therefore R=8\,(\text{cm}) \quad \therefore$ 높이 $h=\sqrt{10^2-8^2}=6\,(\text{cm})$

부피 $V=\frac{1}{3}Sh=\frac{1}{3}(64\pi)\times 6=128\pi\,(\text{cm}^3)$

07 $a^2<5^2+12^2=13^2$에서 $a<13$이고 a가 최대이므로 $a>12$이다.

$\therefore 12 < a < 13$

08 정사각형의 한 변의 길이를 a(cm)라 하면 피타고라스 정리에 의해

$$a^2 + a^2 = 4^2 \rightarrow a = \sqrt{8} = 2\sqrt{2}\,(\text{cm})$$

이므로 정사각형의 둘레 길이는 $4a = 8\sqrt{2}\,(\text{cm})$

09 정삼각형의 한 변의 길이를 a(cm)라 하면

$$\sqrt{a^2 - \left(\frac{a}{2}\right)^2} = 3 \rightarrow \frac{\sqrt{3}}{2}a = 3 \quad \therefore a = 2\sqrt{3}\,(\text{cm})$$

이고, 정삼각형의 둘레길이는 $3a = 3 \times 2\sqrt{3} = 6\sqrt{3}\,(\text{cm})$

10 변의 길이 $a = 4$(cm)이다. 정삼각형의 높이를 h라 하면

$$h = \sqrt{a^2 - \left(\frac{a}{2}\right)^2} = \sqrt{4^2 - \left(\frac{4}{2}\right)^2} = \sqrt{12} = 2\sqrt{3}\,(\text{cm})$$

이고, 정삼각형의 넓이는

$$S = \frac{1}{2}(\text{밑변}) \times (\text{높이}) = \frac{1}{2}ah = \frac{1}{2}(4)(2\sqrt{3}) = 4\sqrt{3}\,(\text{cm}^2)$$

11 이등변삼각형의 밑변을 $a = 10$cm라 하면 높이 h(cm)는

$$h = \sqrt{13^2 - \left(\frac{a}{2}\right)^2} = \sqrt{13^2 - \left(\frac{10}{2}\right)^2} = 12(\text{cm})$$

$$\therefore S = \frac{1}{2}ah = \frac{1}{2}(10)(12) = 60(\text{cm}^2)$$

12 변 BC, AC, AB의 길이를 각각 a, b, c라고 하면

$$P = \frac{1}{2} \times \frac{1}{4}\pi b^2,\ Q = \frac{1}{2} \times \frac{1}{4}\pi a^2,\ R = \frac{1}{2} \times \frac{1}{4}\pi c^2$$

이고, 직각삼각형 ABC에서 $a^2 + b^2 = c^2$이므로

$$R = \frac{1}{8}\pi c^2 = \frac{1}{8}\pi(a^2 + b^2) = \frac{1}{8}\pi a^2 + \frac{1}{8}\pi b^2 = Q + P = 12\pi + 9\pi = 21\pi$$

13 $\angle A = 45°$이므로 $\angle C = 45°$이고 삼각형 ACD는 이등변삼각형이다. 여기에서 $\overline{AD} = \overline{CD} = x$(cm)로 하면 직각삼각형 ACD에서 피타고라스 정리에 의해

$$x^2 + x^2 = (3\sqrt{2})^2 \quad \therefore x = 3(\text{cm})$$

이고, 직각삼각형 BCD에서 $\overline{BD} = y$(cm)라 하면 피타고라스 정리에 의해

$$y = \sqrt{5^2 - x^2} = \sqrt{5^2 - 3^2} = 4(\text{cm})$$

이므로 삼각형 ABC의 넓이는

$$S = \frac{1}{2}(\text{밑변}) \times (\text{높이}) = \frac{1}{2}(\overline{AD} + \overline{BD}) \times \overline{CD} = \frac{1}{2}(x+y) \times x$$
$$= \frac{1}{2}(3+4) \times 3 = \frac{21}{2}(\text{cm}^2)$$

14 $\overline{AD} = x(\text{cm})$, $\overline{CD} = y(\text{cm})$라 하면 직각삼각형 ACD에서

$$y^2 = 13^2 - x^2 \quad \cdots ①$$

이고, 직각삼각형 BCD에서 $\overline{BD} = 14 - x(\text{cm})$이므로

$$y^2 = 15^2 - (14-x)^2 \quad \cdots ②$$

식 ①, ②로부터

$$y^2 = 13^2 - x^2 = 15^2 - (14-x)^2$$
$$28x = 13^2 - 15^2 + 14^2 = 140 \qquad \therefore x = 5(\text{cm})$$
$$y = \sqrt{13^2 - x^2} = \sqrt{13^2 - 5^2} = 12(\text{cm})$$

9.2 각과 삼각비

01 (1) Ⅱ (2) Ⅲ (3) Ⅰ (4) Ⅰ

02 (1) $\frac{3\pi}{4}$ (2) 3π (3) $210°$ (4) $300°$

03 $l = r\theta$, $S = \frac{1}{2}r^2\theta$, 여기에서 θ는 radian

(1) $l = 10\pi(\text{cm})$, $S = 60\pi(\text{cm}^2)$

(2) $l = 3\pi(\text{cm})$, $S = \frac{45}{2}\pi(\text{cm}^2)$: $\theta = 36° = \frac{\pi}{180} \times 36 = \frac{\pi}{5}$

04 $S = \frac{1}{2}rl = \frac{1}{2}(2)(5\pi) = 5\pi(\text{cm}^2)$

05 $S = \frac{1}{2}rl \quad \therefore r = \frac{2S}{l} = \frac{2(6\pi)}{4\pi} = 3(\text{cm})$

$l = r\theta \quad \therefore \theta = \frac{l}{r} = \frac{4\pi}{3}$

06 반지름과 호의 길이를 각각 r cm, l cm, 면적을 S cm^{2}라고 하면, 둘레의 길이 $5\text{cm} = (2r+l)\,\text{cm}$이므로

$$l = 5 - 2r$$
$$\therefore S = \frac{1}{2}rl = \frac{1}{2}r(5-2r) = \frac{5}{2}r - r^2 = -\left(r - \frac{5}{4}\right)^2 + \frac{25}{16}$$

따라서 $r=\frac{5}{4}$(cm)일 때 S는 최댓값 $\frac{25}{16}(\text{cm}^2)$을 갖는다.

이때 중심각을 θ라 하면

$$S=\frac{1}{2}r^2\theta \text{에서 } \theta=\frac{2S}{r^2}=\frac{2\times(25/16)}{(5/4)^2}=2\ (\text{rad})$$

07 $\sin60°=\frac{5}{a}\quad \therefore a=\frac{5}{\sin60°}=5\times\frac{2}{\sqrt{3}}=\frac{10\sqrt{3}}{3}$

08 $S=\frac{1}{2}a^2\sin60°=16\sqrt{3}$에서 $\frac{1}{2}a^2\times\frac{\sqrt{3}}{2}=16\sqrt{3}\quad \therefore a=8$

09 삼각형의 내각의 합은 180°이므로 $\angle C=45°$이다. 꼭짓점 B에서 $\overline{AC}$에 내린 수선과 $\overline{AC}$와의 교점을 D라고 하면 $\overline{BD}=\overline{CD}=6$이다. $\tan60°=\sqrt{3}=\frac{6}{\overline{AD}}$에서 $\overline{AD}=2\sqrt{3}$

$\therefore \overline{AC}=\overline{AD}+\overline{CD}=2\sqrt{3}+6$

10 $\overline{BC}=\overline{CD}=a$로 하면 $\triangle ABD$는 이등변삼각형이므로 $\overline{AD}=\overline{BD}=\sqrt{2}a$

$\therefore \tan22.5°=\frac{a}{\sqrt{2}a+a}=\frac{1}{\sqrt{2}+1}=\sqrt{2}-1$

11 $\triangle ABH$에서 $\tan45°=1=\frac{h}{\overline{AH}}\quad \therefore \overline{AH}=h$

$\triangle BCH$에서 $\tan30°=\frac{1}{\sqrt{3}}=\frac{h}{\overline{CH}}\quad \therefore \overline{CH}=\sqrt{3}h$

여기에서 $\overline{AC}=\overline{AH}+\overline{CH}=2$이므로

$h+\sqrt{3}h=2\quad \therefore h=\frac{2}{\sqrt{3}+1}=\frac{2(\sqrt{3}-1)}{(\sqrt{3}+1)(\sqrt{3}-1)}=\sqrt{3}-1$

12 $\overline{CH}=h,\ \tan30°=\frac{h}{2+h}=\frac{1}{\sqrt{3}}\quad \therefore h=\frac{2}{\sqrt{3}-1}=\sqrt{3}+1\ (\text{m})$

13 $\overline{BD}=\sqrt{3}x=20-x\quad \therefore x=\frac{20}{\sqrt{3}+1}=10(\sqrt{3}-1)$

$\therefore \overline{AB}=20(\sqrt{3}-1)$

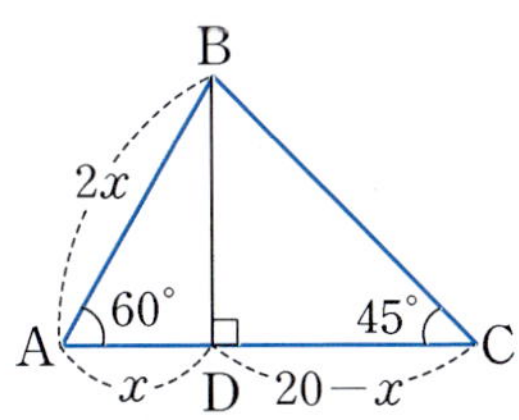

14 이차방정식의 계수가 유리수일 때 한 근

$$\alpha = \cos 45° + \tan 45° = \frac{1}{\sqrt{2}} + 1 = \frac{2+\sqrt{2}}{2}$$

이므로 다른 한 근 $\beta = \frac{2-\sqrt{2}}{2}$이다. 따라서 근과 계수의 관계로부터 다음과 같이 a, b가 구해진다.

$$\alpha + \beta = -\frac{a}{3} = \frac{2+\sqrt{2}}{2} + \frac{2-\sqrt{2}}{2} = 2 \quad \therefore a = -6$$

$$\alpha\beta = \frac{b}{3} = \left(\frac{2+\sqrt{2}}{2}\right) \times \left(\frac{2-\sqrt{2}}{2}\right) = \frac{1}{2} \quad \therefore b = \frac{3}{2}$$

9.3 삼각함수의 기본 성질

01 순서대로 $(\sin\theta, \cos\theta, \tan\theta)$

(1) $\left(\frac{2}{\sqrt{13}}, \frac{3}{\sqrt{13}}, \frac{2}{3}\right)$ (2) $\left(\frac{1}{\sqrt{5}}, -\frac{2}{\sqrt{5}}, -\frac{1}{2}\right)$

(3) $\left(-\frac{1}{\sqrt{5}}, -\frac{2}{\sqrt{5}}, \frac{1}{2}\right)$ (4) $\left(-\frac{3}{\sqrt{13}}, \frac{2}{\sqrt{13}}, -\frac{3}{2}\right)$

02 순서대로 $(\sin\theta, \cos\theta, \tan\theta)$

(1) $\left(\frac{1}{2}, -\frac{\sqrt{3}}{2}, -\frac{1}{\sqrt{3}}\right)$ (2) $\left(\frac{1}{\sqrt{2}}, \frac{1}{\sqrt{2}}, 1\right)$

(3) $\left(-\frac{\sqrt{3}}{2}, -\frac{1}{2}, \sqrt{3}\right)$ (4) $\left(-\frac{1}{2}, -\frac{\sqrt{3}}{2}, \frac{1}{\sqrt{3}}\right)$

03 $\pi < \theta < 3\pi/2$이므로 점 P의 좌표는 $(-3, -2)$이고

$$r = \sqrt{(-3)^2 + (-2)^2} = \sqrt{13}$$

$$\therefore \sin\theta = \frac{y}{r} = -\frac{2}{\sqrt{13}}, \quad \cos\theta = \frac{x}{r} = -\frac{3}{\sqrt{13}}$$

04 θ가 제3 사분면의 각이므로 $\sin\theta < 0$, $\cos\theta < 0$이고, $\sin\theta + \cos\theta < 0$이다.

$$(\sin\theta + \cos\theta)^2 = \sin^2\theta + \cos^2\theta + 2\sin\theta\cos\theta = 1 + 2 \times \frac{3}{10} = \frac{8}{5}$$

$$\therefore \sin\theta + \cos\theta = -\sqrt{\frac{8}{5}} = -\frac{2\sqrt{10}}{5}$$

05 $(\tan^2\theta - \sec^2\theta)(\tan^2\theta + \sec^2\theta) = -(\tan^2\theta + \sec^2\theta) = (1 - \sec^2\theta) - \sec^2\theta$

$$= 1 - 2\sec^2\theta$$

06 (1) $\tan\theta = x$로 하면 $\cot\theta = \dfrac{1}{x}$이다. $\tan\theta + \cot\theta = 3$로부터 $x + \dfrac{1}{x} = 3$

$$(\tan\theta - \cot\theta)^2 = \left(x - \frac{1}{x}\right)^2 = \left(x + \frac{1}{x}\right)^2 - 4 = 3^2 - 4 = 5$$

$\therefore \tan\theta - \cot\theta = \pm\sqrt{5}$

(2) $\tan^2\theta + \cot^2\theta = x^2 + \dfrac{1}{x^2} = \left(x + \dfrac{1}{x}\right)^2 - 2 = 3^2 - 2 = 7$

07 (1) $\tan\theta + \dfrac{1}{\tan\theta} = -\dfrac{9}{4}$에서 $\tan\theta = \dfrac{\sin\theta}{\cos\theta}$이므로

$$\frac{\sin\theta}{\cos\theta} + \frac{\cos\theta}{\sin\theta} = \frac{\sin^2\theta + \cos^2\theta}{\cos\theta\sin\theta} = \frac{1}{\cos\theta\sin\theta} = -\frac{9}{4} \quad \therefore \sin\theta\cos\theta = -\frac{4}{9}$$

(2) $(\sin\theta + \cos\theta)^2 = \sin^2\theta + \cos^2\theta + 2\sin\theta\cos\theta = 1 + 2\times\left(-\dfrac{4}{9}\right) = \dfrac{1}{9}$

$\therefore \sin\theta + \cos\theta = \pm\sqrt{\dfrac{1}{9}} = \pm\dfrac{1}{3}$

08 $1 + \tan^2\theta = \sec^2\theta = \dfrac{1}{\cos^2\theta} \quad \therefore \dfrac{1}{\cos^2\theta} = 1 + \tan^2\theta = 1 + 4^2 = 17$

09 (1) $(\sin\theta + \cos\theta)^2 = \sin^2\theta + \cos^2\theta + 2\sin\theta\cos\theta = 1 + 2\sin\theta\cos\theta = \dfrac{1}{9}$

$\therefore \sin\theta\cos\theta = -\dfrac{4}{9}$

(2) $\csc\theta + \sec\theta = \dfrac{1}{\sin\theta} + \dfrac{1}{\cos\theta} = \dfrac{\cos\theta + \sin\theta}{\sin\theta\cos\theta} = \dfrac{1/3}{-4/9} = -\dfrac{3}{4}$

10 $\sin^2\theta + \cos^2\theta = 1$이므로

$\cos^2\theta = 1 - \sin^2\theta = 1 - \left(\dfrac{4}{5}\right)^2 = \dfrac{9}{25}$

$\therefore \cos\theta = -\dfrac{3}{5}$, $\tan\theta = \dfrac{\sin\theta}{\cos\theta} = \dfrac{4/5}{-3/5} = -\dfrac{4}{3}$

여기에서 θ가 제2사분면 각이므로 $\cos\theta < 0$이다.

11 $1 + \tan^2\theta = \dfrac{1}{\cos^2\theta}$

$\therefore \cos^2\theta = \dfrac{1}{1 + \tan^2\theta} = \dfrac{1}{1 + (-5/12)^2} = \dfrac{144}{169}$

$\sin^2\theta + \cos^2\theta = 1$에서

$$\sin\theta = -\sqrt{1-\cos^2\theta} = -\sqrt{1-\frac{144}{169}} = -\frac{5}{13}$$

여기에서 θ가 제4사분면 각이므로 $\sin\theta < 0$이다.

12 $(\sin\theta+\cos\theta)^2 = \sin^2\theta+\cos^2\theta+2\sin\theta\cos\theta = 1+2\sin\theta\cos\theta = \frac{1}{4}$

$\therefore \sin\theta\cos\theta = -\frac{3}{8}$

$\therefore \sin^3\theta+\cos^3\theta = (\sin\theta+\cos\theta)(\sin^2\theta-\sin\theta\cos\theta+\cos^2\theta) = \frac{1}{2}\left(1+\frac{3}{8}\right) = \frac{11}{16}$

13 $\frac{1+\tan\theta}{1-\tan\theta} = 2-\sqrt{3}$ 로부터

$$1+\tan\theta = (2-\sqrt{3})(1-\tan\theta)$$

$$(3-\sqrt{3})\tan\theta = 1-\sqrt{3}$$

$$\therefore \tan\theta = \frac{1-\sqrt{3}}{3-\sqrt{3}} = \frac{1-\sqrt{3}}{\sqrt{3}(\sqrt{3}-1)} = -\frac{1}{\sqrt{3}}$$

$1+\tan^2\theta = \sec^2\theta = \frac{1}{\cos^2\theta}$

$\therefore \cos\theta = -\sqrt{\frac{1}{1+\tan^2\theta}} = -\sqrt{\frac{1}{1+(-1/\sqrt{3})^2}} = -\sqrt{\frac{3}{4}} = -\frac{\sqrt{3}}{2}$

여기에서 $\pi/2 < \theta < \pi$이므로 $\cos\theta < 0$이다.

14 $2\sin^2\theta - 2\cos^2\theta - 3\sin\theta\cos\theta = 0$의 양변을 $\cos^2\theta$로 나누면

$$2\left(\frac{\sin\theta}{\cos\theta}\right)^2 - 2 - 3\left(\frac{\sin\theta}{\cos\theta}\right) = 0$$

$$2\tan^2\theta - 3\tan\theta - 2 = 0$$

$$(2\tan\theta+1)(\tan\theta-2) = 0$$

$$\therefore \tan\theta = -\frac{1}{2}$$

여기에서 θ가 제4사분면 각이므로 $\tan\theta < 0$이다.

15 (1) $(\sin\theta+\cos\theta)^2 = \sin^2\theta+\cos^2\theta+2\sin\theta\cos\theta = 1+2\sin\theta\cos\theta = \frac{1}{25}$

$\therefore \sin\theta\cos\theta = -\frac{12}{25}$

(2) 이차방정식 $12x^2+ax+b$의 두 근이 $\tan\theta$, $\cot\theta$이므로 근과 계수와의 관계로부터

$$\tan\theta + \cot\theta = -\frac{a}{12} \quad \cdots ①$$

$$\tan\theta \times \cot\theta = \frac{b}{12} \qquad \therefore b = 12 \quad \cdots ②$$

식 ①에서

$$\tan\theta + \cot\theta = \frac{\sin\theta}{\cos\theta} + \frac{\cos\theta}{\sin\theta} = \frac{\sin^2\theta + \cos^2\theta}{\sin\theta\cos\theta} = \frac{1}{(-12/25)} = -\frac{25}{12} = -\frac{a}{12}$$

$\therefore a = 25$

이상으로부터 $a + b = 25 + 12 = 37$

16 $\tan^2\theta - \sin^2\theta = \dfrac{\sin^2\theta}{\cos^2\theta} - \sin^2\theta = \sin^2\theta\left(\dfrac{1}{\cos^2\theta} - 1\right)$

$$= \sin^2\theta\left(\frac{1-\cos^2\theta}{\cos^2\theta}\right) = \frac{\sin^2\theta}{\cos^2\theta}(1-\cos^2\theta) = \tan^2\theta\sin^2\theta$$

$$= (\sin\theta\tan\theta)^2 = k^2$$

17 (1) $\dfrac{\pi}{4}$ $\quad \because \sin\dfrac{\pi}{4} = \dfrac{1}{\sqrt{2}}$ (2) 0 $\quad \because \sin 0 = 0$

(3) $\dfrac{\pi}{3}$ $\quad \because \cos\dfrac{\pi}{3} = \dfrac{1}{2}$ (4) $\dfrac{\pi}{3}$ $\quad \because \tan\dfrac{\pi}{3} = \sqrt{3}$

18 (1) $\theta = \sin^{-1}\left(\dfrac{3}{4}\right) \approx 48.59°$ (2) $\theta = \cos^{-1}\left(\dfrac{2}{5}\right) \approx 66.42°$

(3) $\theta = \tan^{-1}\left(\dfrac{4}{7}\right) \approx 29.74°$

9.4 삼각함수 그래프

01 (1) 주기 $\dfrac{2\pi}{2} = \pi$, 최댓값 $3+1=4$, 최솟값 $-3+1=-2$

$$y = 3\sin(2x - \pi) + 1 = 3\sin\left\{2\left(x - \frac{\pi}{2}\right)\right\} + 1$$

$y = 3\sin(2x)$의 그래프를 x축의 양의 방향으로 $\dfrac{\pi}{2}$, y축의 양의 방향으로 1만큼 평행이동한 그래프.

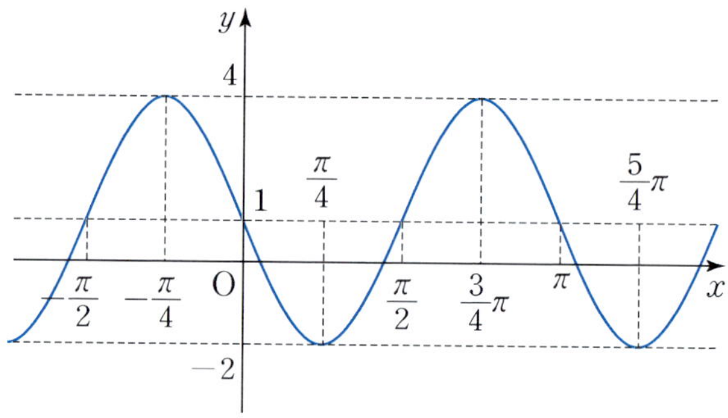

❖ $\sin(\theta-\pi)=-\sin\theta$ ∴ $y=3\sin(2x-\pi)+1=-3\sin 2x+1$의 그래프와 같다.

(2) 주기 $\dfrac{2\pi}{1/2}=4\pi$, 최댓값 $2-1=1$, 최솟값 $-2-1=-3$

$$y=2\cos\left(\frac{1}{2}x+\pi\right)-1=2\cos\left\{\frac{1}{2}(x+2\pi)\right\}-1$$

$y=2\cos\left(\dfrac{1}{2}x\right)$의 그래프를 x축의 음의 방향으로 2π, y축의 음의 방향으로 1만큼 평행이동한 그래프.

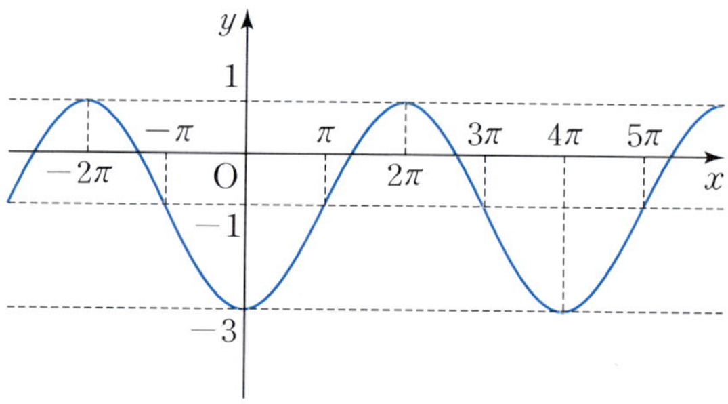

❖ $\cos(\theta+\pi)=-\cos\theta$ ∴ $y=2\cos\left(\dfrac{1}{2}x+\pi\right)-1=-2\cos\left(\dfrac{1}{2}x\right)-1$의 그래프와 같다.

02 주기 $\dfrac{\pi}{|\omega|}=\dfrac{\pi}{2}$, $y=\tan(2x-\pi)=\tan\left\{2\left(x-\dfrac{\pi}{2}\right)\right\}$

$y=\tan(2x)$의 그래프를 x축의 양의 방향으로 $\dfrac{\pi}{2}$만큼 평행이동한 그래프.

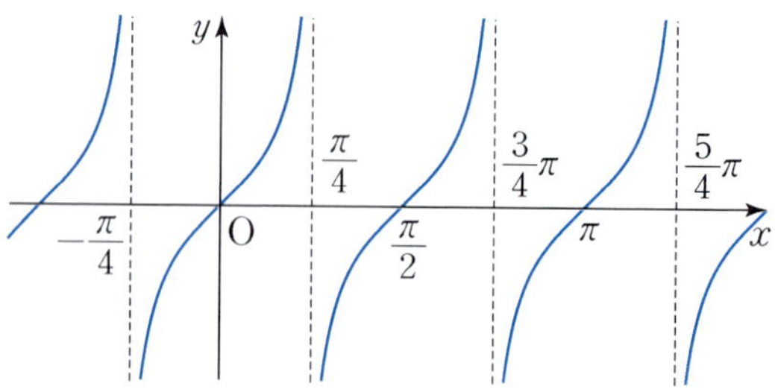

❖ $\tan(\theta-\pi)=\tan\theta \quad \therefore y=\tan(2x-\pi)=\tan 2x$의 그래프와 같다.

03 주기 2, 최댓값 3, 최솟값 -1, $y=2\sin\left(\pi x-\dfrac{\pi}{2}\right)+1=2\sin\left\{\pi\left(x-\dfrac{1}{2}\right)\right\}+1$

$y=2\sin(\pi x)$의 그래프를 x축의 양의 방향으로 $\dfrac{1}{2}$, y축의 양의 방향으로 1만큼 평행이동한 그래프.

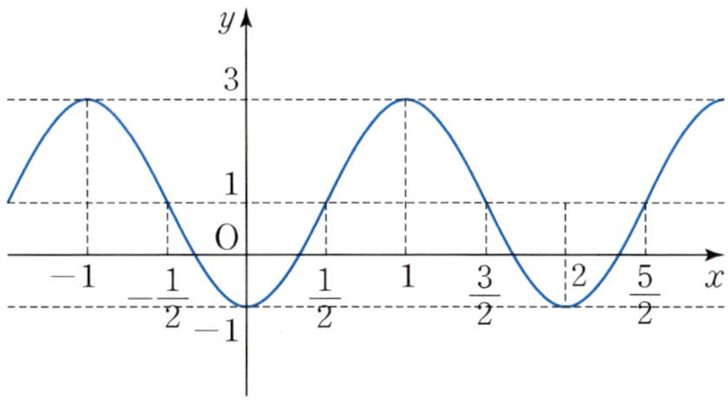

❖ $\sin\left(\theta-\dfrac{\pi}{2}\right)=-\cos\theta \quad \therefore y=2\sin\left(\pi x-\dfrac{\pi}{2}\right)+1=-2\cos\pi x+1$의 그래프와 같다.

04 (1) $\sin(\theta-\pi)=-\sin\theta$이므로 $y=2\sin(3x-\pi)+4=-2\sin(3x)+4$이고, 이 함수의 그래프를 x축의 양의 방향으로 π만큼, y축의 양의 방향으로 1만큼 평행이동한 그래프의 식은

$$y=-2\sin\{3(x-\pi)\}+4+1=-2\sin(3x-3\pi)+5=2\sin(3x)+5$$

(2) $\cos(\theta+\pi)=-\cos\theta$이므로 $y=3\cos\left(\dfrac{1}{4}x+\pi\right)+2=-3\cos\left(\dfrac{1}{4}x\right)+2$이고, 이 함수의 그래프를 x축의 양의 방향으로 π만큼, y축의 양의 방향으로 1만큼 평행이동한 그래프의 식은

$$y=-3\cos\left\{\frac{1}{4}(x-\pi)\right\}+2+1=-3\cos\left(\frac{1}{4}x-\frac{\pi}{4}\right)+3$$

05 주기 $\dfrac{2\pi}{\omega}=2\pi \quad \therefore \omega=1$

최댓값 $A+C=4$, 최솟값 $-A+C=0 \quad \therefore A=2,\ C=2$

$y=A\sin x\omega x=2\sin x$의 그래프를 x축 방향으로 $\dfrac{\pi}{2}$ 평행이동 $\quad \therefore \alpha=-\dfrac{\pi}{2}$

06 최댓값 $\dfrac{7}{2}=A+C$, 최솟값 $\dfrac{5}{2}=-A+C$이므로 $A=\dfrac{1}{2},\ C=3$

주기 $2=\dfrac{2\pi}{\omega} \quad \therefore \omega=\pi$

07 주기 $2=\dfrac{\pi}{\omega}$ $\quad\therefore \omega=\dfrac{\pi}{2}$

$y=\tan(\omega x)$의 그래프를 x축의 양의 방향으로 4만큼 평행이동시킨 함수는

$$y=\tan\{\omega(x-4)\}=\tan(\omega x+\alpha) \quad \therefore \alpha=-4\omega=-4\times\frac{\pi}{2}=-2\pi$$

08 $\sin x$와 $\cos x$의 주기가 2π이므로 $f(x)$의 주기 $P=2\pi$이다.

$\therefore f(P)=2+\sin 2\pi+\sqrt{2+\cos 2\pi}=2+0+\sqrt{2+1}=2+\sqrt{3}$

09 $\cos x=t\ (-1\le t\le 1)$로 치환하면

$$\begin{aligned} y&=-2\sin^2 x+\cos^2 x+2\cos x+3=-2(1-\cos^2 x)+\cos^2 x+2\cos x+3\\ &=3t^2+2t+1=3\left(t+\frac{1}{3}\right)^2+\frac{2}{3}\end{aligned}$$

$t=-\dfrac{1}{3}$에서 최솟값 $\dfrac{2}{3}$, $t=1$에서 최댓값 6

10 $\cos x=t\ (-1\le t\le 1)$로 치환하면

$$y=3\sin^2 x-4\cos^2 x=3(1-\cos^2 x)-4\cos^2 x=-7t^2+3$$

$t=0$에서 최댓값 3, $t=\pm 1$에서 최솟값 -4

11 $-1\le \cos x\le 1$이므로

- $\cos x=-1$에서 최댓값 $|-1-2|-3=0$
- $\cos x=1$에서 최솟값 $|1-2|-3=-2$

12 $\sin x=t\ (-1\le t\le 1)$로 치환하면

$$\begin{aligned} y&=\sin^2 x-\cos^2 x-4\sin x=\sin^2 x-(1-\sin^2 x)-4\sin x\\ &=2t^2-4t-1=2(t-1)^2-3\end{aligned}$$

$t=1$에서 최솟값 -3, $t=-1$에서 최댓값 5

13 $\tan x=t\ (-1\le t\le 1)$로 치환하면

$$y=\tan^2 x-\tan x+2=t^2-t+2=\left(t-\frac{1}{2}\right)^2+\frac{7}{4}$$

$t=\dfrac{1}{2}$에서 최솟값 $\dfrac{7}{4}$, $t=-1$에서 최댓값 4

14 $\cos x=t\ (-1\le t\le 1)$로 하면

$$y=\frac{3\cos x+7}{\cos x+2}=\frac{3t+7}{t+2}=\frac{3(t+2)+1}{t+2}=3+\frac{1}{t+2}$$

$\therefore t=-1$일 때 최댓값 $3+1=4$, $t=1$일 때 최솟값 $3+\dfrac{1}{3}=\dfrac{10}{3}$

15 $\cos\left(\dfrac{\pi}{2}-x\right)=\sin x$, $\cos(\pi+x)=-\cos x$이다. $\cos x=t\ (-1\le t\le 1)$로 하면

$y=2\cos^2\left(\dfrac{\pi}{2}-x\right)-2\cos(\pi+x)+3=2\sin^2 x+2\cos x+3=2(1-\cos^2 x)+2\cos x+3$

$=2(1-t^2)+2t+3=-2t^2+2t+5=-2\left(t-\dfrac{1}{2}\right)^2+\dfrac{11}{2}$

$t=\dfrac{1}{2}$에서 최댓값 $\dfrac{11}{2}$, $t=-1$에서 최솟값 1을 가진다.

16 $\tan^2 x+\dfrac{1}{\tan^2 x}=\left(\tan x+\dfrac{1}{\tan x}\right)^2-2$이다. $t=\tan x+\dfrac{1}{\tan x}$로 하면

$0\le x\le\pi/2$에서 $\tan x>0$이므로 산술평균과 기하평균의 관계에서

$$t=\tan x+\frac{1}{\tan x}\ge 2\sqrt{\tan x\times\frac{1}{\tan x}}=2$$

따라서 $y=(t^2-2)-6t+7=(t-3)^2-4\ (t\ge 2)$는 $t=3$에서 최솟값 -4를 가진다.

17 $y=4\sin(\pi x-\pi)-3=4\sin\{\pi(x-1)\}-3 \quad \therefore m=1,\ n=-3,\ m+n=-2$

9.5 사인법칙과 코사인법칙

❖ 삼각형 문제를 풀 때는 먼저 주어진 조건에 따라 삼각형을 그린 후 사인법칙 또는 코사인법칙을 적용하는 것이 좋다. 사인법칙과 코사인법칙에서 $\triangle ABC$의 변의 길이(a, b, c)와 각(A, B, C)은 다음과 같이 정의된다.

공식에서 $a=\overline{BC}$, $b=\overline{AC}$, $c=\overline{AB}$이다.

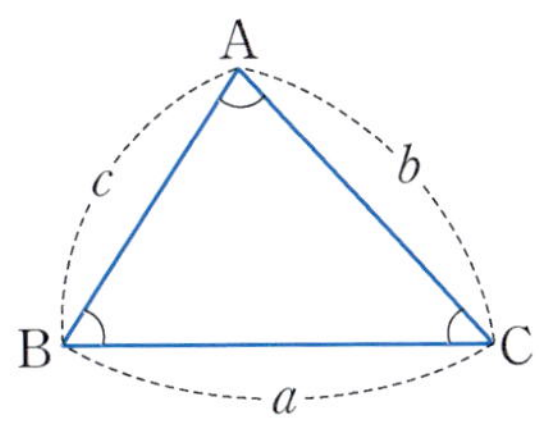

01 $\overline{AC}=b=6$이다. 사인법칙 $\dfrac{a}{\sin A}=\dfrac{b}{\sin B}$를 적용하면

$$\frac{a}{\sin 45°}=\frac{6}{\sin 60°} \quad \therefore a=\frac{\sin 45°}{\sin 60°}\times 6=\frac{1/\sqrt{2}}{\sqrt{3}/2}\times 6=2\sqrt{6}$$

02 $\overline{BC}=a=5$이다. $\triangle ABC$의 외접원의 반지름을 R이라 하면

$$\frac{a}{\sin A} = 2R \quad \therefore R = \frac{5}{2\sin 30°} = \frac{5}{2\times(1/2)} = 5$$

$$S = \pi R^2 = \pi \times (5)^2 = 25\pi$$

03 $\overline{AC} = b = 3\sqrt{3}$, $\overline{AB} = c = 4$이다. $\overline{BC} = a$는 다음과 같다.

$$a^2 = b^2 + c^2 - 2bc\cos A = (3\sqrt{3})^2 + 4^2 - 2\times 3\sqrt{3}\times 4\cos 30°$$
$$= 27 + 16 - 2\times 3\sqrt{3}\times 4\times \frac{\sqrt{3}}{2} = 7$$
$$\therefore \overline{BC} = a = \sqrt{7}$$

04 $a = \sqrt{7}$, $b = 2$, $c = 3$이다.

$$\cos A = \frac{b^2 + c^2 - a^2}{2bc} = \frac{2^2 + 3^2 - (\sqrt{7})^2}{2\times 2\times 3} = \frac{6}{2\times 2\times 3} = \frac{1}{2}$$

삼각형에서 $0° < A < 180°$이므로 $A = 60°$이다.

05 $b = 5$, $c = 4$, $\angle A = 60°$이다.

$$S = \frac{1}{2}bc\sin A = \frac{1}{2}\times 5\times 4\times \sin 60° = \frac{1}{2}\times 5\times 4\times \frac{\sqrt{3}}{2} = 5\sqrt{3}$$

06 $R = 3$, $\overline{BC} = a$이다.

$$\frac{a}{\sin A} = 2R \quad \therefore \overline{BC} = a = 2R\sin A = 2\times 3\sin 45° = 2\times 3\times \frac{1}{\sqrt{2}} = 3\sqrt{2}$$

07 $\angle B = 75°$, $\angle C = 60°$, $\overline{BC} = a = 6$. 삼각형의 세 각의 합은 180°이므로

$$\angle A = 180° - 75° - 60° = 45°$$

(1) $R = \dfrac{a}{2\sin A} = \dfrac{6}{2\sin 45°} = \dfrac{6}{2(1/\sqrt{2})} = 3\sqrt{2}$

(2) $\overline{AB} = c = 2R\sin C = 2\times 3\sqrt{2}\sin 60° = 2\times 3\sqrt{2}\times \dfrac{\sqrt{3}}{2} = 3\sqrt{6}$

(3) $\overline{AC} = b = c\cos A + a\cos C = 3\sqrt{6}\cos 45° + 6\cos 60° = 3\sqrt{3} + 3$

(4) $\dfrac{b}{\sin B} = 2R \quad \therefore \sin B = \dfrac{b}{2R} = \dfrac{3\sqrt{3}+3}{2\times 3\sqrt{2}} = \dfrac{\sqrt{3}+1}{2\sqrt{2}} = \dfrac{\sqrt{6}+\sqrt{2}}{4}$

여기에서 $\angle B = 75°$이므로 $\sin 75° = \dfrac{\sqrt{6}+\sqrt{2}}{4}$

08 $R = 2$이다.

$a = 2R\sin A = 2\times 2\sin 45° = 2\sqrt{2}$, $b = 2R\sin B = 2\times 2\sin 60° = 2\sqrt{3}$

$\overline{AB} = c = a\cos B + b\cos A = 2\sqrt{2}\cos 60° + 2\sqrt{3}\cos 45° = \sqrt{2} + \sqrt{6}$

09 $\overline{AB} = c = 2$, $\angle C = 180° - 45° - 105° = 30°$

$$\frac{a}{\sin A} = \frac{c}{\sin C} \quad \therefore \overline{BC} = a = \frac{\sin A}{\sin C} \times c = \frac{\sin 45°}{\sin 30°} \times 2 = \frac{1/\sqrt{2}}{1/2} \times 2 = 2\sqrt{2}$$

10 $\angle A = 30°$, $\overline{AB} = c = \sqrt{6} - \sqrt{2}$, $\overline{AC} = b = 2\sqrt{2}$

$$a^2 = b^2 + c^2 - 2bc\cos A = (2\sqrt{2})^2 + (\sqrt{6} - \sqrt{2})^2 - 2(2\sqrt{2})(\sqrt{6} - \sqrt{2})\cos 30°$$

$$= 16 - 4\sqrt{3} - 12 + 4\sqrt{3} = 4$$

$$\therefore \overline{BC} = a = \sqrt{4} = 2$$

11 $\overline{AB} = c = 2$, $\overline{AC} = b = 4$

$$S = \frac{1}{2}bc\sin A \quad \therefore \sin A = \frac{2S}{bc} = \frac{2 \times 2}{4 \times 2} = \frac{1}{2} \quad \therefore \angle A = 30°, 150°$$

12 $\overline{BC} = a = 3$, $\overline{AC} = b = \sqrt{6}$

$$\frac{a}{\sin A} = \frac{b}{\sin B} \quad \therefore \sin B = \frac{b}{a}\sin A = \frac{\sqrt{6}}{3}\sin 60° = \frac{\sqrt{6}}{3} \times \frac{\sqrt{3}}{2} = \frac{\sqrt{2}}{2}$$

$\therefore \angle B = 45°$ (삼각형의 세 각의 합은 $180°$이므로 $\angle B$는 $135°$가 될 수 없다.)

13 $\angle B = 30°$, $\angle C = 45°$로 하면

$$b = 2R\sin B = 2 \times 2 \times \sin 30° = 2,\ c = 2R\sin C = 2 \times 2 \times \sin 45° = 2\sqrt{2}$$

삼각형을 그린 후 A에서 변 BC에 수선을 내려 면적을 구한다.

$$\overline{BC} = a = b\cos C + c\cos B = 2\cos 45° + 2\sqrt{2}\cos 30° = \sqrt{2} + \sqrt{6}$$

$$S = \frac{1}{2}ab\sin C = \frac{1}{2}(\sqrt{2} + \sqrt{6})(2)\sin 45° = 1 + \sqrt{3}$$

14 $\angle C = 90°$이므로 $a^2 + b^2 = c^2$, $\sin C = 1$

$$\therefore \sin^2 A + \sin^2 B = \left(\frac{a}{c}\right)^2 + \left(\frac{b}{c}\right)^2 = \frac{a^2 + b^2}{c^2} = \frac{c^2}{c^2} = 1$$

$$\therefore \sin^2 A + \sin^2 B = \sin^2 C$$

15 사인법칙으로부터 $\sin A + \sin B - \sin C = \frac{a}{2R} + \frac{b}{2R} - \frac{c}{2R} = \frac{a+b-c}{2R} > 0$

$$\therefore \sin A + \sin B > \sin C$$

(삼각형에서 두 변의 길이의 합은 나머지 한 변의 길이보다 크다.)

16 사인법칙에 의해 주어진 조건은 $a \times \left(\frac{a}{2R}\right)^2 = b \times \left(\frac{b}{2R}\right)^2$이므로

$$a^3 - b^3 = 0$$

$$(a-b)(a^2+ab+b^2) = 0$$

여기에서 $a^2+ab+b^2 = (a+\frac{1}{2}b)^2 + \frac{3}{4}b^2 > 0$

$\therefore a = b$인 이등변 삼각형.

17 $a=13$, $b=8$, $c=7$로 하면 제2코사인법칙에서

$$\cos A = \frac{b^2+c^2-a^2}{2bc} = \frac{8^2+7^2-13^2}{2\times8\times7} = -\frac{1}{2}$$

$$\therefore A = 120°$$

18 제2코사인법칙에 의해 $a\times\frac{b^2+c^2-a^2}{2bc} = b\times\frac{c^2+a^2-b^2}{2ca}$이다. 양변에 $2abc$를 곱하면

$$a^2(b^2+c^2-a^2) = b^2(c^2+a^2-b^2)$$

$$c^2a^2 - a^4 - b^2c^2 + b^4 = 0$$

$$c^2(a^2-b^2) - (a^4-b^4) = 0$$

$$c^2(a^2-b^2) - (a^2-b^2)(a^2+b^2) = 0$$

$$(a^2-b^2)(c^2-a^2-b^2) = 0$$

$\therefore a = b$ 또는 $c^2 = a^2+b^2$

$\therefore a = b$인 이등변삼각형 또는$\angle C = 90°$인 직각삼각형.

19 $S=$ 밑변 $\times$ 높이 $= 5\times(4\sin30°) = 5\times4\times\frac{1}{2} = 10$

20 $s = \frac{a+b+c}{2} = \frac{5+6+7}{2} = 9$

$$\therefore S = \sqrt{s(s-a)(s-b)(s-c)} = \sqrt{9(9-5)(9-6)(9-7)} = 6\sqrt{6}$$

21 $y = 3\sin x - 4\cos x = \sqrt{3^2+(-4)^2}\,sin(x-\alpha) = 5\sin(x-\alpha)$,

단, $\cos\alpha = \frac{3}{4}$, $\sin\alpha = \frac{4}{5}$ $\quad\therefore -5 \le y \le 5$

22 $y = \sin x + \cos x = \sqrt{2}\left(\sin x\times\frac{1}{\sqrt{2}} + \cos x\times\frac{1}{\sqrt{2}}\right)$

$= \sqrt{2}\left(\sin x\times\cos\frac{\pi}{4} + \cos x\times\sin\frac{\pi}{4}\right) = \sqrt{2}\sin\left(x+\frac{\pi}{4}\right)$

$\therefore x+\frac{\pi}{4} = \frac{\pi}{2}$인 $x = \frac{\pi}{4}$에서 최댓값 $\sqrt{2}$,

$x+\frac{\pi}{4} = \frac{3\pi}{2}$인 $x = \frac{5\pi}{4}$에서 최솟값 $-\sqrt{2}$를 가진다.

제10장 지수와 로그

10.1 지수

01 (1) $\frac{1}{\sqrt[6]{2}}$ (2) $2\sqrt{2}$ (3) $a^{\frac{17}{24}}$ (4) $a^{\frac{15}{8}}$

(5) $\sqrt{2}\,a^{\frac{5}{4}}b^{\frac{5}{6}}$ (6) $a^{\frac{7}{6}}b^{\frac{1}{4}}$

02 $a=\frac{19}{12},\ b=\frac{9}{8}$

03 $k=\frac{9}{8}$

04 (1) $\left(\sqrt{a}+\sqrt{a^{-1}}\right)^2=(\sqrt{a})^2+\left(\sqrt{a^{-1}}\right)^2+2\sqrt{a}\sqrt{a^{-1}}=a+a^{-1}+2=5+2=7$

$\therefore \sqrt{a}+\sqrt{a^{-1}}=\sqrt{7}\ (\because \sqrt{a}>0)$

(2) $(a+a^{-1})^2=a^2+a^{-2}+2=5^2$

$\therefore a^2+a^{-2}=5^2-2=23$

05 $\sqrt{2\sqrt[3]{4\sqrt[4]{8}}}=2^{\frac{1}{2}+\frac{1}{2}\times\frac{2}{3}+\frac{1}{2}\times\frac{1}{3}\times\frac{3}{4}}=2^{\frac{23}{24}}\quad \therefore k=\frac{23}{24}$

06 준 식의 좌변에서 분모와 분자에 3^x를 곱하면

$$\frac{3^{2x}+1}{3^{2x}-1}=3$$

이고, 여기에서 $3^{2x}=A$로 놓고 A를 구하면

$$\frac{A+1}{A-1}=3$$

$$(A+1)=3(A-1)$$

$$2A=4\quad \therefore A=2$$

이다. 따라서 $3^{2x}=2$이므로 이 값을 주어진 식에 대입하면

$$(3^x+3^{-x})(3^x-3^{-x})=3^{2x}-3^{-2x}=3^{2x}-\frac{1}{3^{2x}}=2-\frac{1}{2}=\frac{3}{2}$$

07 밑을 2로 통일하여 양변의 지수를 비교한다.

(1) 우변은 $\frac{\sqrt{8}}{4^3}=\frac{2^{\frac{3}{2}}}{2^6}=2^{\frac{3}{2}-6}=2^{-\frac{9}{2}}$이므로 양변의 지수를 같게 하면

$$4x+1=-\frac{9}{2} \qquad \therefore x=-\frac{11}{8}$$

(2) 준 식은 $2^x=8\times\sqrt[3]{2}$ 이다.

$$8\times\sqrt[3]{2}=2^{3+\frac{1}{3}}=2^{\frac{10}{3}} \qquad \therefore x=\frac{10}{3}$$

10.2 로그

01 (1) 12 (2) $\frac{19}{6}$ (3) $\frac{1}{3}$ (4) $\frac{5}{2}$

(5) $\frac{1}{2}$ (6) $\frac{7}{2}$ (7) 4 (8) $\frac{5}{2}$

(9) $\frac{1}{2}$ (10) $\frac{16}{15}$

02 $\log_{18}\sqrt[3]{12}=\frac{1}{3}\log_{18}12=\frac{1}{3}\frac{\log_2 12}{\log_2 18}=\frac{1}{3}\frac{\log_2 4+\log_2 3}{\log_2 2+\log_2 9}=\frac{2+a}{3(1+2a)}$

03 $\log_{10}0.12=\log_{10}\left(\frac{12}{100}\right)=\log_{10}12-2=\log_{10}2^2+\log_{10}3-2=2a+b-2$

04 $\log_{\sqrt{a}}(x^2\sqrt[3]{y})=\log_{\sqrt{a}}(x^2)+\log_{\sqrt{a}}(\sqrt[3]{y})=2\log_{\sqrt{a}}(x)+\frac{1}{3}\log_{\sqrt{a}}y$

$$=2\times4+\frac{1}{3}\times3=9$$

이상에서 $\log_{\sqrt{a}}x=\frac{\log_a x}{\log_a\sqrt{a}}=\frac{2}{\frac{1}{2}\log_a a}=4$

05 지수를 계산하면 $2\log_2\sqrt{2}-3\log_2 3+\log_2 9=\log_2\left(\frac{2\times9}{3^3}\right)=\log_2\left(\frac{2}{3}\right)$

$\therefore 2^{2\log_2\sqrt{2}-3\log_2 3+\log_2 9}=\frac{2}{3}$

06 각 항을 모두 상용로그로 변환한다.

$\log_{\sqrt{2}}27\times\log_{\sqrt{3}}\sqrt[8]{25}\times\log_{\sqrt{5}}\sqrt[3]{32}=\frac{\log27}{\log\sqrt{2}}\times\log\sqrt[8]{25}\,\mathit{over}\log\sqrt{3}\times\frac{\log\sqrt[3]{32}}{\log\sqrt{5}}$

$$=\frac{3\log3}{\frac{1}{2}\log2}\times\frac{\frac{2}{8}\log5}{\frac{1}{2}\log3}\times\frac{\frac{5}{3}\log2}{\frac{1}{2}\log5}=10$$

07 $\log 5=\log\left(\frac{10}{2}\right)=\log 10-\log 2=1-\log 2=1-0.301=0.699$

08 $\log 1995=\log(19.95\times 100)=\log 19.95+\log 100=\log 19.95+2=1.3+2=3.3$

$\therefore \log\frac{1}{1995}=\log 1-\log 1995=-\log 1995=-3.3$

09 $a=\log_3\sqrt{2}=\frac{1}{2}\log_3 2$이고, $\log_b\sqrt{3}=4$으로부터 $\sqrt{3}=b^4$이므로 $b=3^{\frac{1}{8}}$이다.

$$b^a=\left(3^{\frac{1}{8}}\right)^{\frac{1}{2}\log_3 2}=3^{\frac{1}{16}\log_3 2}=3^{\log_3 2^{\frac{1}{16}}}=2^{\frac{1}{16}}$$

10 밑을 2로 통일한다. $\log_2\alpha=X$, $\log_2\beta=Y$로 하면 근과 계수와의 관계에서

$$X+Y=6,\ XY=2$$

이다.

$$\therefore \log_\alpha\beta+\log_\beta\alpha=\frac{\log_2\beta}{\log_2\alpha}+\frac{\log_2\alpha}{\log_2\beta}=\frac{Y}{X}+\frac{X}{Y}=\frac{X^2+Y^2}{XY}$$

$$=\frac{(X+Y)^2-2XY}{XY}=\frac{6^2-2\times 2}{2}=16$$

11 $\log_2 10=\frac{1}{\log_{10}2}$이므로 $\log_{10}2=\frac{1}{a}$이고, 마찬가지로 $\log_{10}3=\frac{1}{b}$이다.

$12^x=18$에서 로그의 정의에 의해

$$x=\log_{12}18=\frac{\log_{10}18}{\log_{10}12}=\frac{\log_{10}(2\times 3^2)}{\log_{10}(2^2\times 3)}=\frac{\log_{10}2+2\log_{10}3}{2\log_{10}2+\log_{10}3}=\frac{\frac{1}{a}+2\frac{1}{b}}{2\frac{1}{a}+\frac{1}{b}}$$

$$=\frac{b+2a}{2b+a}=\frac{2a+b}{a+2b}$$

12 $m^a=n^b=k$의 양변에 상용로그를 잡으면 $a\log m=b\log n=\log k=C$이므로

$\log m=\frac{C}{a}$, $\log n=\frac{C}{b}$ (C는 상수)이다.

$$\therefore \log_{mn}\sqrt{m}=\frac{\log\sqrt{m}}{\log mn}=\frac{\frac{1}{2}\log m}{\log m+\log n}=\frac{\frac{C}{a}}{2\left(\frac{C}{a}+\frac{C}{b}\right)}=\frac{b}{2(a+b)}$$

13 $y=\log_3 27+\log_3(-x+1)-2=3+\log_3(-x+1)-2=\log_3(-x+1)+1$

정의역 $\{x|x<1\}$, 치역은 실수 전체의 집합, 점근선 $x=1$

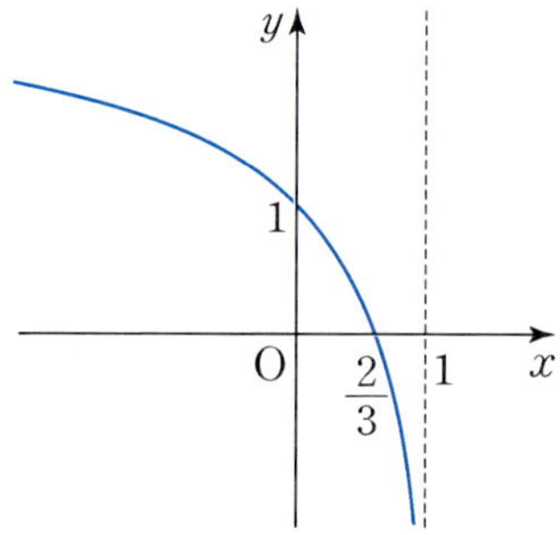

14 로그의 정의에 의해 $a=\log_2 x$, $b=\log_2 y$, $c=\log_2 z$

$$\therefore \log_2\left(\frac{x^2y^3}{z^4}\right)=2\log_2 x+3\log_2 y-4\log_2 z=2a+3b-4c$$

15 $\log_a k=2$에서 $\frac{1}{\log_k a}=2 \quad \therefore \log_k a=\frac{1}{2}$

$\log_b k=3$에서 $\frac{1}{\log_k b}=3 \quad \therefore \log_k b=\frac{1}{3}$

$$\therefore \log_{ab}k=\frac{1}{\log_k ab}=\frac{1}{\log_k a+\log_k b}=\frac{1}{\frac{1}{2}+\frac{1}{3}}=\frac{6}{5}$$

16 $\log_6 12=\frac{\log_5 12}{\log_5 6}=\frac{\log_5(2^2\times 3)}{\log_5(2\times 3)}=\frac{2\log_5 2+\log_5 3}{\log_5 2+\log_5 3}=\frac{2a+b}{a+b}$

17 $10^a=2$, $10^b=3$에서 $a=\log 2$, $b=\log 3$이므로

$$\log_{12}18=\frac{\log 18}{\log 12}=\frac{\log(2\times 3^2)}{\log(2^2\times 3)}=\frac{\log 2+2\log 3}{2\log 2+\log 3}=\frac{a+2b}{2a+b}$$

18 준 식은 $4\times 3^{x+2}=5\times 2^{2x+3}$이고, 이 식의 양변에 상용로그를 잡으면

$\log(4\times 3^{x+2})=\log(5\times 2^{2x+3})$

$\log 4+\log(3^{x+2})=\log 5+\log(2^{2x+3})$

$2\log 2+(x+2)\log 3=1-\log 2+(2x+3)\log 2$

$$(\leftarrow \log 5=\log\frac{10}{2}=\log 10-\log 2=1-\log 2)$$

$(2\log 2-\log 3)x=2\log 3-1$

$$\therefore x=\frac{2\log 3-1}{2\log 2-\log 3}$$

19 밑을 2로 하는 로그로 바꿔준다. $1=\log_2 2$이다. 준 식은

$$\log_2(x+1)=\log_2(x-2)+\log_2 2=\log_2 2(x-2)=\log_2(2x-4)$$

이므로 $x+1=2x-4 \quad \therefore\ x=5$

20 $\log x=X$로 치환하면 주어진 방정식은

$$X^2-3X+2=0,\ (X-1)(X-2)=0$$

이므로 $X=1, 2$이다. 따라서

$$\log x=1,\ 2$$
$$\therefore x=10,\ 100$$

21 $\log_a 1=0$ 이므로

$\log_2(\log_3 x)=0$에서 $\log_3 x=1 \quad \therefore x=3^1=3$

$\log_5(\log_7 y)=0$에서 $\log_7 y=1 \quad \therefore y=7^1=7$

$\therefore x+2y=3+2\times 7=17$

제11장 미분

11.1 기본 미분공식

01 (1) $y'=12x^2+10x$

(2) $y'=-\dfrac{1}{2x\sqrt{x}}$

(3) $y'=\dfrac{1}{4\sqrt[4]{x^3}}$

(4) $y'=\dfrac{3}{2}\sqrt{x}$

(5) $y'=4x^3+3x^2+4x+1$

(6) $y'=\dfrac{3}{(x+1)^2}$

(7) $y'=4x^3+3x^2+4x+2$

(8) $y'=\dfrac{-2(x+1)}{(x^2+2x+3)^2}$

(9) $y'=\dfrac{-x^2+1}{(x^2+1)^2}$

(10) $y'=-\dfrac{4}{x^3}-\dfrac{9}{x^4}$

(11) $y'=\dfrac{6x}{(x^2+1)^2}$

(12) $y'=\dfrac{2x+1}{(x^2+x+1)^2}$

02 $y=(fgh)'=(fg)'h+(fg)h'=(f'g+fg')h+fgh'=f'gh+fg'h+fgh'$

03 (1) $f'=15x^4+\dfrac{1}{\sqrt{x}}-\dfrac{1}{x^2}$

(2) $f'=2-\dfrac{2}{x\sqrt{x}}$

04 $v(t)=8t+\dfrac{1}{2\sqrt{t}}$, $a(t)=8-\dfrac{1}{4t\sqrt{t}}$

05 $f'=12x^3-4$ $\therefore$ $f'(1)=12-4=8$

06 $f'(x)=(x^2-1)'(x^3-2x-3)+(x^2-1)(x^3-2x-3)'$

$=2x(x^3-2x-3)+(x^2-1)(3x^2-2)$

$\therefore f'(2)=4(8-4-3)+(4-1)(12-2)=4+30=34$

07 $y'=-\dfrac{3}{x^2}$이므로 $x=3$에서의 접선의 기울기 $y'=-\dfrac{1}{3}$

$\therefore$ 접선의 방정식은 $y=-\dfrac{1}{3}(x-3)+1=-\dfrac{1}{3}x+2$

08 $y'=-2-\dfrac{1}{x^2}$이므로 $x=1$에서의 접선의 기울기 $y'=-2-1=-3$이고 $x=1$일 때 $y=1$이므로 접선은 점 $(1,1)$을 지난다.

$\therefore$ 접선의 방정식은 $y=-3(x-1)+1=-3x+4$

09 $y'=\dfrac{1}{2\sqrt{x}}$이므로 $x=9$에서의 접선의 기울기는 $y'=\dfrac{1}{2\sqrt{9}}=\dfrac{1}{6}$이다. 따라서 법선의 기울기는 -6이고, $x=9$일 때 $y=\sqrt{9}=3$이므로 법선은 점 $(9,3)$을 지난다.

$\therefore$ 법선의 방정식은 $y=-6(x-9)+3=-6x+57$

❖ 곡선 $y=f(x)$ 위의 점 $(a, f(a))$에서 접선에 수직인 직선을 법선이라 하고, 그 방정식은 $y=-\dfrac{1}{f'(a)}(x-a)+f(a)$이다.

10 점 $(1,-1)$을 지나므로 $a+b=-1$. $x=1$에서의 접선의 기울기가 2이므로 $y'=2ax+b$에서 $2a+b=2$ $\therefore a=3$, $b=-4$.

11 점 $(1,0)$을 지나므로 $y=x^2+ax+b$에 $x=1$, $y=0$을 대입하면

$$0=1+a+b \quad \cdots ①$$

이고, $y'=(x^2)'+a(x)'+(b)'=2x+a$이므로 $x=1$에서 기울기는

$$y'=2+a=4 \quad \cdots ②$$

이다. 식 ①, ②로부터 $a=2$, $b=-3$이다.

12 (1) $(2f+g)'(1)=2f'(1)+g'(1)=2\cdot 4+5=13$

(2) $4f'(1)-2g'(1)=4\cdot 4-2\cdot 5=6$

(3) $3f(1)g'(1)=3\cdot 2\cdot 5=30$

(4) $(fg)' = f'g + fg'$

$\therefore\ (fg)'(1) = f'(1)g(1) + f(1)g'(1) = 4 \cdot 3 + 2 \cdot 5 = 22$

13 곱의 미분 공식에 의해 $f'(x) = (x^2)'g(x) + x^2 g'(x) = 2xg(x) + x^2 g'(x)$

$\therefore\ f'(1) = 2 \cdot 1 \cdot g(1) + 1^2 \cdot g'(1) = 2g(1) + g'(1) = 2 \cdot 1 + 2 = 4$

14 $y' = 3x^2 - 1$에 $x = 1$을 대입하면 접선의 기울기 2가 구해진다. 따라서 접선에 수직인 직선의 기울기는 $-\frac{1}{2}$이다. 이 직선이 점 $(1, 3)$를 지나므로 구하는 직선의 방정식은 다음과 같다.

$$y = -\frac{1}{2}(x-1) + 3 = -\frac{1}{2} + \frac{7}{2}$$

15 직선 $y = 2x + 1$에 평행하므로 구하는 직선의 기울기는 2이다. 따라서 기울기는

$$y' = 2x - 4 = 2\text{에서 } x = 3$$

이고, 이때

$$y = x^2 - 4x + 5 = 2$$

이므로 구하는 직선은 기울기가 2이고 점 $(3, 2)$를 지난다. 이 조건을 만족하는 직선의 방정식은 다음과 같다.

$$y = 2(x-3) + 2 = 2x - 4$$

16 기울기: $f'(1) = 3 + a = 5 \quad \therefore a = 2$

$x = 1$에서 함숫값: $1 + a + b = 5 \times 1 - 7 \quad \therefore b = -3 - a = -3 - 2 = -5$

17 $f(x) = \dfrac{x^2 + x + 1}{\sqrt{x}} = x^{\frac{3}{2}} + x^{\frac{1}{2}} + x^{-\frac{1}{2}}$

$f'(x) = \dfrac{3}{2}\sqrt{x} + \dfrac{1}{2\sqrt{x}} - \dfrac{1}{2x\sqrt{x}}$

18 (1) $y' = -\dfrac{2}{x^3},\ y'' = \dfrac{6}{x^4}$ (2) $y' = \dfrac{3}{2}\sqrt{x},\ y'' = \dfrac{3}{4\sqrt{x}}$

19 $f(x) = ax^3 + bx^2 + cx + d,\ f' = 3ax^2 + 2bx + c,\ f'' = 6ax + 2b,\ f''' = 6a$이므로

$6a = 6,\ 2b = 4,\ c = -3,\ d = 1 \quad \therefore\ a = 1,\ b = 2,\ c = -3,\ d = 1$

11.2 여러 가지 미분법

01 (1) $y' = 3(x^2 + x + 1)^2(2x + 1)$ (2) $y' = \dfrac{1}{\sqrt{2x + 5}}$

(3) $y' = -\dfrac{x}{(x^2+1)\sqrt{x^2+1}}$ (4) $y' = \dfrac{2x+1}{4\sqrt[4]{(x^2+x+5)^3}}$

(5) $y' = \dfrac{-20(2x^3+x)}{(x^4+x^2+1)^{11}}$

(6) $y' = [(x^2+x+2)^{5/2}]' = \dfrac{5}{2}(x^2+x+2)^{3/2}(2x+1)$

(7) $y' = 2x\sqrt{x+1} + x^2 \times \dfrac{1}{2\sqrt{x+1}} = \dfrac{5x^2+4x}{2\sqrt{x+1}}$

(8) $y' = [(\sqrt{x}+1)^{-10}]' = -10(\sqrt{x}+1)^{-11} \times \dfrac{1}{2\sqrt{x}} = \dfrac{-5}{\sqrt{x}(\sqrt{x}+1)^{11}}$

(9) $y' = \dfrac{(x^2+1)^2 - x \times 2(x^2+1) \times 2x}{(x^2+1)^4} = \dfrac{-3x^2+1}{(x^2+1)^3}$

(10) $y' = 2(\sqrt{x^2+1}+x) \times \left(\dfrac{x}{\sqrt{x^2+1}}+1\right) = \dfrac{2(\sqrt{x^2+1}+x)^2}{\sqrt{x^2+1}}$

(11) $y' = 10(\sqrt{x}+1)^9 \times \dfrac{1}{2\sqrt{x}} = \dfrac{5(\sqrt{x}+1)^9}{\sqrt{x}}$

(12) $y' = \dfrac{\sqrt{2x+1} - x \times \dfrac{1}{\sqrt{2x+1}}}{2x+1} = \dfrac{x+1}{(2x+1)\sqrt{2x+1}}$

(13) $y' = 3\left(1 - \dfrac{1}{x^2}\right)\left(x + \dfrac{1}{x}\right)^2$

(14) $y' = \dfrac{\dfrac{x}{2\sqrt{x+1}} - \sqrt{x+1}}{x^2} = \dfrac{-x-2}{2x^2\sqrt{x+1}}$

02 (1)에서 $t = \sqrt{x}$, (2)에서 $t = x^2$으로 치환한다.

(1) $\dfrac{f'(\sqrt{x})}{2\sqrt{x}}$ (2) $2xf'(x^2)$

03 $h'(x) = f'[g(x)]g'(x)$ $\therefore h'(1) = f'[g(1)]g'(1) = f'(2)g'(1) = 3 \times 5 = 15$

04 $f'(x) = g'\{2x+g(x)\}[2+g'(x)]$

$\therefore f'(1) = g'\{2+g(1)\}[2+g'(1)] = g'(2-1)[2+g'(1)]$

$= g'(1)[2+g'(1)] = 2 \times (2+2) = 8$

05 $y' = \dfrac{-x}{\sqrt{25-x^2}}$, $x=3$일 때 기울기 $y' = -\dfrac{3}{4}$

$\therefore$ 접선의 방정식은 $y=-\dfrac{3}{4}(x-3)+4=-\dfrac{3}{4}x+\dfrac{25}{4}$

06 $v(t)=\dfrac{\sqrt{t^2+1}-t\times\dfrac{t}{\sqrt{t^2+1}}}{(t^2+1)}$ $\quad\therefore v(1)=\dfrac{\sqrt{2}-\dfrac{1}{\sqrt{2}}}{2}=\dfrac{1}{2\sqrt{2}}$

07 (1) $\dfrac{dx}{dt}=4t^3+3,\ \dfrac{dy}{dt}=\dfrac{t}{\sqrt{t^2+1}}$ $\quad\therefore \dfrac{dy}{dx}=\dfrac{t}{(4t^3+3)\sqrt{t^2+1}}$

(2) $\dfrac{dx}{dt}=1-\dfrac{1}{t^2}=\dfrac{t^2-1}{t^2}=\dfrac{(t-1)(t+1)}{t^2},\ \dfrac{dy}{dt}=\dfrac{1}{2\sqrt{t}}-\dfrac{1}{2t\sqrt{t}}=\dfrac{t-1}{2t\sqrt{t}}$

$\therefore \dfrac{dy}{dx}=\dfrac{dy/dt}{dx/dt}=\dfrac{\sqrt{t}}{2(t+1)}$

(3) $\dfrac{dx}{dt}=\dfrac{1-2t^3}{(1+t^3)^2},\ \dfrac{dy}{dt}=\dfrac{2t-t^4}{(1+t^3)^2}$ $\quad\therefore \dfrac{dy}{dx}=\dfrac{2t-t^4}{1-2t^3}$

(4) $\dfrac{dx}{dt}=\dfrac{-4t}{(1+t^2)^2},\ \dfrac{dy}{dt}=\dfrac{1-t^2}{(1+t^2)^2}$ $\quad\therefore \dfrac{dy}{dx}=\dfrac{t^2-1}{4t}$

08 $\dfrac{dy}{dx}=\dfrac{4t^3-2t}{3t^2-2}$ $\quad\therefore \left[\dfrac{dy}{dx}\right]_{t=1}=2$

09 (1) $\dfrac{2-2x}{2y-3}$ (2) $-\dfrac{\sqrt{y}}{\sqrt{x}}$ (3) $\dfrac{y-2x}{2y-x}$

(4) $x^2+y^2=xy$ $\quad\therefore \dfrac{dy}{dx}=\dfrac{y-2x}{2y-x}$ (5) $\dfrac{3-2xy^2}{2x^2y-5}$ (6) $\dfrac{xy^2-x}{y-x^2y}$

10 $\dfrac{dy}{dx}=\dfrac{2x}{3y}$이므로 $x=3,\ y=2$일 때 기울기 $y'=1$

$\therefore$ 접선의 방정식은 $y=(x-3)+2=x-1$

11 $\dfrac{dy}{dx}=\dfrac{-3x^2+4y}{3y^2-4x}$이므로 $x=2,\ y=2$일 때 기울기 $y'=-1$

$\therefore$ 접선의 방정식은 $y=-(x-2)+2=-x+4$

12 $x^2+y^2=R^2$의 양변을 x에 대해 미분하면 $2x+2y\dfrac{dy}{dx}=0$ $\quad\therefore \dfrac{dy}{dx}=-\dfrac{x}{y}$

이므로 점 (x_1, y_1)을 지나는 접선의 기울기는 $a=\left[\dfrac{dy}{dx}\right]_{x_1, y_1}=-\dfrac{x_1}{y_1}$이다. 따라서 접선의 방정식은 다음과 같다.

$$y = a(x - x_1) + y_1 = -\frac{x_1}{y_1}(x - x_1) + y_1$$

위 식의 양변에 y_1을 곱하여 정리하면

$$y_1 y = -x_1(x - x_1) + y_1^2 = -x_1 x + (x_1^2 + y_1^2) = -x_1 x + R^2$$

$$\therefore x_1 x + y_1 y = R^2$$

이상에서 점 (x_1, y_1)이 원주상에 있으므로 $x_1^2 + y_1^2 = R^2$이다.

13 $f(x) = \sqrt{x\sqrt{x\sqrt{x}}} = x^{\frac{1}{2}+\frac{1}{4}+\frac{1}{8}} = x^{\frac{7}{8}} \quad \therefore f'(x) = \frac{7}{8}x^{\frac{7}{8}-1} = \frac{7}{8}x^{-\frac{1}{8}}$

이므로 $f'(1) = \frac{7}{8}$이고 $m = 8,\ n = 7 \quad \therefore m + n = 8 + 7 = 15$

14 $y' = (x^2)'\sqrt{f(x)} + x^2(\sqrt{f(x)})' = 2x\sqrt{f(x)} + x^2 \times \frac{f'(x)}{2\sqrt{f(x)}}$

$\therefore y'_{x=2} = 2 \times 2\sqrt{f(2)} + 2^2 \times \frac{f'(2)}{2\sqrt{f(2)}} = 4 \times 1 + 4\left(\frac{3}{2 \times 1}\right) = 10$

15 $\frac{dy}{dx} = \frac{1}{\frac{dx}{dy}} = \frac{1}{\frac{2y}{2\sqrt{y^2 + a^2}}} = \frac{\sqrt{y^2 + a^2}}{y}$

$x = \sqrt{2}a$일 때 $\sqrt{2}a = \sqrt{y^2 + a^2}$에서 양변을 제곱하면

$2a^2 = y^2 + a^2 \quad \therefore y = \pm a$

$\therefore$ 기울기 $\left[\frac{dy}{dx}\right]_{x=\sqrt{2}a} = \frac{\sqrt{a^2 + a^2}}{\pm a} = \pm\sqrt{2}$

11.3 삼각함수의 도함수

01 (1) $y' = -3\sin(3x + 5)$

(2) $y' = (2x + 3)\sec^2(x^2 + 3x + 5)$

(3) $y' = 3\cos 3x \cos 5x - 5\sin 3x \sin 5x$

(4) $y' = -\frac{4}{x^2}\cos\frac{4}{x}$

(5) $y' = k - k\sec^2 x = k(1 - \sec^2 x) = -k\tan^2 x$

(6) $y' = 2\sin x \cos x - 2\sin x = 2\sin x(\cos x - 1)$

(7) $y' = 20\sin^3 5x \cos 5x$

(8) $y' = 4(\sin 2x + \cos 3x)^3(2\cos 2x - 3\sin 3x)$

(9) $y' = 3(-x+\tan)^2(-1+\sec^2 x) = 3\tan^2 x(-x+\tan x)^2$

(10) $y' = \dfrac{\cos x(1-\cos x)-\sin x(\sin x)}{(1-\cos x)^2} = \dfrac{\cos x - 1}{(1-\cos x)^2} = \dfrac{1}{\cos x - 1}$

(11) $y' = -\dfrac{1}{(x+1)^2}\sin\left(\dfrac{x}{x+1}\right)$

(12) $y' = 4x^3\cos x - x^4\sin x$

(13) $y' = \cos(\cos 2x)\times(-2\sin 2x) = -2\sin 2x\cos(\cos 2x)$

(14) $y' = \dfrac{1+\cos x}{2\sqrt{x+\sin x}}$

02 $f'(x) = 4\cos(4x)$, $g'(x) = 4x^3\cos(x^4)$, $h'(x) = 4\sin^3 x\cos x$

03 $y' = \cos\pi x - \pi\sin\pi x$이므로 $x=1$일 때 $y' = -1$

$\therefore$ 직선의 방정식은 $y = -(x-1)-1 = -x$

04 $y = \sin x$의 $4n$계 도함수 $y^{(4n)} = \sin x$이므로 $y^{(40)} = \sin x$이다.

$\therefore y^{(41)} = (\sin x)' = \cos x$

05 $y = \cos 2x$의 $4n$계 도함수 $y^{(4n)} = 2^{4n}\cos 2x$이므로 $y^{(4)} = 2^4\cos 2x$이다.

$\therefore y^{(5)} = (2^4\cos 2x)' = -2^5\sin 2x = -32\sin 2x$

06 $\dfrac{dy}{dx} = \dfrac{dy/d\theta}{dx/d\theta} = \dfrac{2a\sin 2\theta}{a(2-2\cos 2\theta)} = \dfrac{\sin 2\theta}{1-\cos 2\theta} = \dfrac{2\sin\theta\cos\theta}{2\sin^2\theta} = \dfrac{\cos\theta}{\sin\theta} = \cot\theta$

07 $v(t) = \dfrac{ds(t)}{dt} = 2t + 2\cos 2t$ $\quad\therefore t=0$에서 속도 $v(0) = 2$

08 $v(t) = \dfrac{ds(t)}{dt} = 6\cos 3t$ $\quad\therefore$ 최대속력 $v_{max} = 6$

09 $\dfrac{dy}{dx} = \dfrac{dy/dt}{dx/dt} = \dfrac{\pi\cos\pi t + (-\pi\cos\pi t + \pi^2 t\sin\pi t)}{-\pi\sin\pi t + (\pi\sin\pi t + \pi^2 t\cos\pi t)} = \dfrac{\sin\pi t}{\cos\pi t} = \tan\pi t$

$\therefore t = 1/3$일 때 $\dfrac{dy}{dx} = \tan\dfrac{\pi}{3} = \sqrt{3}$

10 $I(t) = Q'(t) = \omega(a\cos\omega t - b\sin\omega t)$

11 $y' = -\sin x + \cos x$이므로 기울기 $a = -\sin 0 + \cos 0 = 1$이고 접선의 방정식은

$y = a(x-0)+1 = x+1$ $\quad\therefore S = \dfrac{1}{2}\times(1\times 1) = \dfrac{1}{2}$

12 $f'(x) = (\cos 2x)'\sin^2 x + \cos 2x(\sin^2 x)'$

$= -\sin 2x \cdot (2x)' \cdot \sin^2 x + \cos 2x \cdot 2\sin x \cdot (\sin x)'$

$$= -2\sin 2x \sin^2 x + 2\cos 2x \sin x \cos x = 2\sin x(-\sin 2x \sin x + \cos 2x \cos x)$$
$$= 2\sin x \cos 3x$$
$$\therefore f'\left(\frac{\pi}{3}\right) = 2\sin\frac{\pi}{3}\cos\pi = 2 \times \frac{\sqrt{3}}{2} \times (-1) = -\sqrt{3}$$

13 $f(x) = \dfrac{\cos^2 x}{1-\sin x} = \dfrac{1-\sin^2 x}{1-\sin x} = \dfrac{(1-\sin x)(1+\sin x)}{1-\sin x} = 1 + \sin x$

$\therefore f'(x) = \cos x,\ f'\left(\dfrac{\pi}{6}\right) = \cos\dfrac{\pi}{6} = \dfrac{\sqrt{3}}{2}$

14 $y' = \dfrac{1}{1+x^2}$이므로 접선의 기울기 $a = \dfrac{1}{1+1^2} = \dfrac{1}{2}$이다. $y = \tan^{-1}1 = \dfrac{\pi}{4}$이므로 곡선상의 접점은 $(1, \pi/4)$이다. 따라서 점 $(1, \pi/4)$를 지나고 기울기가 $\dfrac{1}{2}$인 접선의 방정식은 다음과 같다.

$$y = a(x - x_1) + y_1 = \frac{1}{2}(x-1) + \frac{\pi}{4} = \frac{1}{2}x - \frac{1}{2} + \frac{\pi}{4}$$

15 $\dfrac{dx}{d\theta} = 2 \times (3\cos^2\theta)(\cos\theta)' = 6\cos^2\theta)(-\sin\theta)$

$\dfrac{dy}{d\theta} = 3 \times (3\sin^2\theta)(\sin\theta)' = 9\sin^2\theta(\cos\theta)$

$\therefore \dfrac{dy}{dx} = \dfrac{dy/d\theta}{dx/d\theta} = \dfrac{9\sin^2\theta\cos\theta}{-6\cos^2\theta\sin\theta} = -\dfrac{3}{2}\dfrac{\sin\theta}{\cos\theta} = -\dfrac{3}{2}\tan\theta$

$\left[\dfrac{dy}{d\theta}\right]_{\theta=\pi/3} = -\dfrac{3}{2}\tan\dfrac{\pi}{3} = -\dfrac{3\sqrt{3}}{2}$

11.4 지수함수와 로그함수의 도함수

01 (1) $y' = 4e^{4x+1}$ (2) $y' = 2xe^{x^2}$

(3) $y' = e^{4/x}\left(1 - \dfrac{4}{x}\right)$ (4) $y' = 2x3^{x^2}\ln 3$

(5) $y' = x^2e^x(3+x)$ (6) $y' = e^{4x}(4\sin 5x + 5\cos 5x)$

(7) $y' = -e^{-x}$ (8) $y' = 4\cos 4x\, e^{\sin 4x}$

(9) $y' = -2^{-x}\ln 2$ (10) $y' = \dfrac{e^{2x}(2x-1)}{x^2}$

(11) $y' = e^x3^{-x}(1-\ln 3)$ (12) $y' = \dfrac{4k}{(e^{kx}+e^{-kx})^2}$

02 (1) $y' = \ln x + 1$

(2) $y' = \dfrac{2}{x}$

(3) $y' = \dfrac{2x}{x^2+3}$

(4) $y' = \dfrac{1}{x \ln x \ln 2}$

(5) $y' = \dfrac{1}{2x}$

(6) $y' = \dfrac{1-\ln x^2}{x^2\sqrt{\ln x^2}}$

(7) $y' = \dfrac{\cos x + \sec^2 x}{\sin x + \tan x}$

(8) $y' = e^{2x}\left(2\ln x + \dfrac{1}{x}\right)$

(9) $y' = \dfrac{\cos(\ln x)}{x}$

(10) $y' = -\sin[\ln(\sin^2 x)] \cdot \dfrac{2\sin x \cos x}{\sin^2 x} = -2\sin[\ln(\sin^2 x)]\cot x$

03 (1) $e^x + e^y y' = e^{x+y}(1+y')$, $y' = \dfrac{e^x - e^{x+y}}{e^{x+y} - e^y}$

(2) $e^{xy}(y + xy') + e^y y' = 1$, $y' = \dfrac{1 - ye^{xy}}{e^y + xe^{xy}}$

(3) $e^{x^2 y}(2xy + x^2 y') - e^y y' = 1$, $y' = \dfrac{1 - 2xye^{x^2 y}}{x^2 e^{x^2 y} - e^y}$

(4) $4e^{4y}y' - \dfrac{y'}{y} = 1$, $y' = \dfrac{y}{4ye^{4y} - 1}$

(5) $e^{xy}(y + xy') - 2yy' = -\sin x$, $y' = \dfrac{\sin x + ye^{xy}}{2y - xe^{xy}}$

(6) $2yy' + e^{-xy}(y + xy') = 0$, $y' = \dfrac{-ye^{-xy}}{2y + xe^{-xy}}$

(7) $e^{xy}(y + xy') + 3 - 5y' = -\sin y \cdot y'$, $y' = \dfrac{3 + ye^{xy}}{5 - \sin y - xe^{xy}}$

(8) $2xy + x^2 y' - 2e^{2x} = \cos y \cdot y'$, $y' = \dfrac{2xy - 2e^{2x}}{\cos y - x^2}$

04 $y = a^x$의 양변에 자연로그를 잡으면 $\ln y = \ln a^x = x\ln a$이고, 이 식의 양변을 x에 대해 미분하면 $\dfrac{1}{y}y' = \ln a \quad \therefore y' = y\ln a = a^x \ln a$

05 $y = \dfrac{\sqrt{x}}{\sqrt[4]{x+2}}$의 양변에 자연로그를 잡으면

$$\ln y = \ln\left(\frac{\sqrt{x}}{\sqrt[4]{x+2}}\right) = \ln\sqrt{x} - \ln\sqrt[4]{x+2} = \frac{1}{2}\ln x - \frac{1}{4}\ln(x+2)$$

이고, 이 식의 양변을 x에 대해 미분하면

$$\frac{1}{y}y' = \frac{1}{2x} - \frac{1}{4(x+2)} = \frac{x+4}{4x(x+2)}$$

$$\therefore y' = y \times \frac{x+4}{4x(x+2)} = \frac{\sqrt{x}}{\sqrt[4]{x+2}} \times \frac{x+4}{4x(x+2)} = \frac{x+4}{4\sqrt{x}(x+2)\sqrt[4]{x+2}}$$

❖ $\ln A^m = m\ln A$, $\ln(A/B) = \ln A - \ln B$

06 $$y' = \frac{1+\dfrac{x}{\sqrt{1+x^2}}}{x+\sqrt{1+x^2}} = \frac{\dfrac{\sqrt{1+x^2}+x}{\sqrt{1+x^2}}}{x+\sqrt{1+x^2}} = \frac{1}{\sqrt{1+x^2}}$$

07 $y' = 2^x\ln 2$이므로 $x=1$일 때 기울기는 $2\ln 2$이고, 점 $(1, 2)$를 지나므로 직선의 방정식은 $y = 2\ln 2(x-1)+2$이다.

08 $y_1' = e^x(\cos x - \sin x)$, $y_1'' = -2e^x\sin x$

$$\therefore y_1'' - 2y_1' + 2y_1 = -2e^x\sin x - 2e^x(\cos x - \sin x) + 2e^x\cos x = 0$$

$y_2' = e^x(\sin x + \cos x)$, $y_2'' = 2e^x\cos x$

$$\therefore y_2'' - 2y_2' + 2y_2 = 2e^x\cos x - 2e^x(\sin x + \cos x) + 2e^x\sin x = 0$$

09 $f'(x) = (x)'e^{kx+2} + x(e^{kx+2})' = e^{kx+2} + kxe^{kx+2} = e^{kx+2}(1+kx)$

$$f''(x) = (e^{kx+2})'(1+kx) + e^{kx+2}(1+kx)' = ke^{kx+2}(1+kx) + ke^{kx+2}$$
$$= ke^{kx+2}(2+kx)$$

$\therefore f''(0) = 2ke^2$

여기에서 $f''(0) = 6e^2$이므로 $2k = 6$이고, $k = 3$이다.

10 $v(t) = \dfrac{ds(t)}{dt} = \dfrac{d}{dt}(e^{-t/4}\cos 2t) = -\dfrac{1}{4}e^{-t/4}\cos 2t - 2e^{-t/4}\sin 2t$

초기속도 $v(0) = -\dfrac{1}{4}$

11 $y' = (e^{2x})'\sin x + e^{2x}(\sin x)' = 2e^{2x}\sin x + e^{2x}\cos x = e^{2x}(2\sin x + \cos x)$

$$y'' = (e^{2x})'(2\sin x + \cos x) + e^{2x}(2\sin x + \cos x)'$$
$$= 2e^{2x}(2\sin x + \cos x) + e^{2x}(2\cos x - \sin x) = e^{2x}(3\sin x + 4\cos x)$$

y, y', y''을 식 $y'' - 4y' + ky = 0$에 대입하여 정리하면

$$e^{2x}(3\sin x+4\cos x)-4e^{2x}(2\sin x+\cos x)+ke^{2x}\sin x=0$$

$$e^{2x}(3\sin x+4\cos x)-4e^{2x}(2\sin x+\cos x)+ke^{2x}\sin x=0$$

$$-5e^{2x}\sin x+ke^{2x}\sin x=0$$

$$(-5+k)e^{2x}\sin x=0$$

$\therefore k=5$

12 $y'=3^x\ln 3$이므로 점 $(1,5)$에서 접선의 기울기 $a=3\ln 3=\ln 3^3=\ln 27$

$\therefore e^a=e^{\ln 27}=27$

13 $f'(x)=e^{ax}(a\sin bx+b\cos bx)$

$f'(0)=b=3$

$f''(x)=e^{ax}\left[(a^2-b^2)\sin bx+2ab\cos bx\right]$

$f''(0)=2ab=12 \quad \therefore a=\dfrac{12}{2b}=\dfrac{12}{2\times 3}=2$

14 $f=x^{\sin x}$의 양변에 자연로그를 잡으면

$$\ln f=\ln\left(x^{\sin x}\right)=\sin x\ln x$$

양변을 x에 대해 미분하면

$$\frac{1}{f}\cdot f'=(\sin x)'\ln x+\sin x(\ln x)'=\cos x\ln x+\frac{\sin x}{x}$$

$$\therefore f'=f\left(\cos x\ln x+\frac{\sin x}{x}\right)=x^{\sin x}\left(\cos x\ln x+\frac{\sin x}{x}\right)$$

$$f'\left(\frac{\pi}{2}\right)=\frac{\pi}{2}\left(0+\frac{1}{\pi/2}\right)=1$$

여기에서 $\sin\left(\dfrac{\pi}{2}\right)=1$, $\cos\left(\dfrac{\pi}{2}\right)=0$이다.

15 $f'(x)=\dfrac{(\ln x)'}{\ln x}=\dfrac{1}{x\ln x}$

$$f''(x)=\frac{-(x\ln x)'}{(x\ln x)^2}=-\frac{(x)'\ln x+x(\ln x)'}{(x\ln x)^2}=-\frac{1\cdot\ln x+x\times\frac{1}{x}}{(x\ln x)^2}=-\frac{\ln x+1}{(x\ln x)^2}$$

$f''(x)=0$에서 $\ln x+1=0 \quad \therefore x=e^{-1}$

16 $f(x)=\ln(\cos^3 2x)=3\ln(\cos 2x)$

$$f'(x)=\frac{3}{\cos 2x}\cdot(\cos 2x)'=\frac{3}{\cos 2x}\cdot(-2\sin 2x)=-6\left(\frac{\sin 2x}{\cos 2x}\right)=-6\tan 2x$$

$\therefore f'\left(\frac{\pi}{8}\right) = -6\tan\frac{\pi}{4} = -6 \times 1 = -6$

17 $f(e^x) = x^2 + 5x + 4$의 양변을 x에 대해 미분하면

$$f'(e^x) \cdot (e^x)' = 2x+5 \rightarrow f'(e^x) \cdot e^x = 2x+5$$

$\therefore f'(e^x) = \dfrac{2x+5}{e^x}$

이 식의 양변에 $x = -1$을 대입하면

$$f'(e^{-1}) = f'\left(\frac{1}{e}\right) = \frac{2 \cdot (-1) + 5}{e^{-1}} = 3e$$

❖ 합성함수 미분법: $\frac{d}{dx}[f(g(x))] = f'[g(x)] \cdot g'(x)$

11.5 함수의 증가와 감소

01 (1) $x < 2$에서 증가, $x > 2$에서 감소

(2) $x < 1$, $x > 3$에서 증가, $1 < x < 3$에서 감소

(3) $-1 < x < 1$에서 증가, $x < -1$, $x > 1$에서 감소

(4) $x < -3$, $x > 5$에서 증가, $-3 < x < 5$에서 감소

02 $f'(x) = -x^2 + ax + b = -(x-3)(x-4)$

$\therefore a = 7,\ b = -12$

03 $f'(x) = 6x^2 + 6ax + 6b = 6(x^2 + ax + 6) = 6(x-2)(x-3)$

$\therefore a = -5,\ b = 6$

04 증가상태에서 $f'(x) = -6x^2 + a > 0$이다.

$\therefore f'(1) = -6 + a > 0 \quad \therefore a > 6$

05 (1) 극솟값 $f(-3) = -12$

(2) 극댓값 $f(1) = 2 - 9 + 12 - 2 = 3$, 극솟값 $f(2) = 16 - 36 + 24 - 2 = 2$

(3) 극솟값 $f(-1) = 1 + 3 - 9 + 4 = -1$, 극댓값 $f(3) = -27 + 27 + 27 + 4 = 31$

(4) 극댓값 $f(1) = 1 - 6 + 9 = 4$, 극솟값 $f(3) = 27 - 54 + 27 = 0$

06 $f'(x) = 6x^2 - 12x = 6x(x-2) = 0$에서 $x = 0, 2$.

$\therefore f(x)$는 $x = 0$에서 극댓값, $x = 2$에서 극솟값 4를 갖는다.

따라서 $b = 2$이고 $f(2) = 16 - 24 + a = 4$에서 $a = 12$이다.

$\therefore$ 극댓값 $f(0)=a=12$

07 $f'(x)=6x^2-30x+6ax=6(x^2-5x+a)<0$을 만족하는 x의 범위가
$2<x<3$이므로 $x^2-5x+a=(x-2)(x-3)$ $\quad\therefore a=6$

08 $f'(x)=3x^2-3a^2=3(x-a)(x+a)=0$에서 $x=a,\ -a$
$\therefore f(-a)-f(a)=2a^3-(-2a^3)=32$ $\quad\therefore a=2$

09 $f'(x)=3x^2+2ax+a=0$
$D/4=a^2-3a\le 0,\ a(a-3)\le 0$ $\quad\therefore 0\le a\le 3$

❖ 삼차함수 $f(x)$에 대해 이차방정식 $f'(x)=0$가 중근 또는 허근을 가지면 극값을 갖지 않는다.

10 $f'(x)=3x^2-6x=3x(x-2)$
$f'(x)=0$에서 $x=0, 2$이고 함수 $f(x)$의 증감표는 다음과 같다.
$f(0)=a,\ f(2)=(2)^3-3(2)^2+a=-4+a$

x	$\cdots$	0	$\cdots$	2	$\cdots$
$f'(x)$	$+$	0	$-$	0	$+$
$f(x)$	↗	(극대) a	↘	(극소) $a-4$	↗

$x=0$에서 극댓값 5이므로 $a=5$이고, 극솟값 $b=a-4=5-4=1$
$\therefore a+b=5+1=6$

11.6 함수의 최댓값과 최솟값

01 (1) $f'(x)=3x^2-6x-9=3(x-3)(x+1)$
극댓값 $f(-1)=12$, 극솟값 $f(3)=-20$

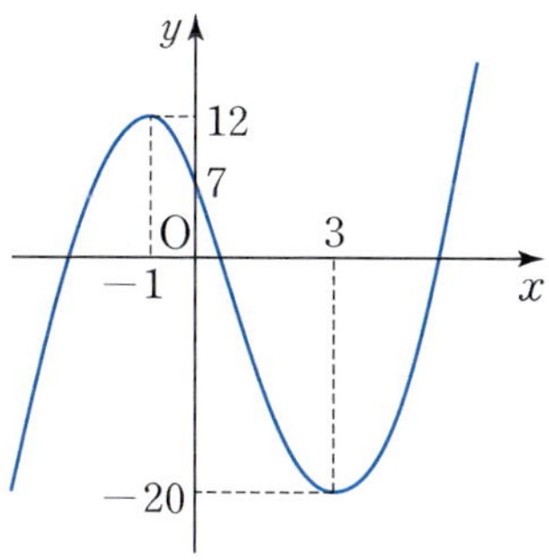

(2) $f'(x)=12x^3-24x^2-12x+24=12(x-1)(x+1)(x-2)$

극댓값 $f(1)=17$, 극솟값 $f(-1)=-15$, 극솟값 $f(2)=12$

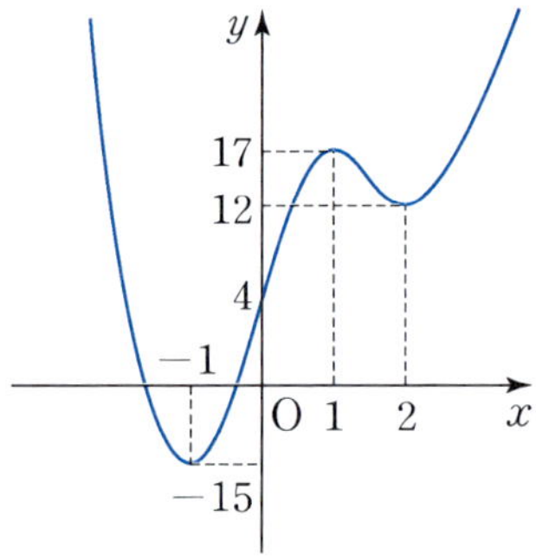

02 (1) 최댓값 4, 최솟값 0 (2) 최댓값 12, 최솟값 −15

(3) 최댓값 33, 최솟값 −31 (4) 최댓값 64, 최솟값 0

03 내접하는 원기둥의 밑면 반지름을 x라고 하면 원기둥의 높이는

$$H=h-\frac{h}{R}x=\frac{h}{R}(R-x)$$

이고, 원기둥의 부피는

$$V=\pi x^2 H=\frac{\pi h}{R}x^2(R-x)$$

이다. $0 \le x \le R$에서 V의 최댓값을 구하면 최대 부피 $V_{\max}=\dfrac{4\pi R^2 h}{27}$.

04 $v(t)=\dfrac{dh}{dt}=9.8-9.8t$

초기속도 $v(0)=9.8$(m/s)이고, 최대 높이는

$$\frac{dh}{dt}=9.8-9.8t=9.8(1-t)=0$$

에서 $t=1$일 때 높이이다.

$\therefore h_{\max}=h(1)=9.8\times 1-4.9\times 1^2=4.9$(m)

05 $\cos^2 x=1-\sin^2 x$이므로

$f(x)=-2\sin x(1-\sin^2 x)-3\sin^2 x+2\sin x=2\sin^3 x-3\sin^2 x$

$\sin x=t\ (-1\le t\le 1)$로 치환하면 $g(t)=2t^3-3t^2$

$g'(t)=6t^2-6t=6t(t-1)$

$g'(t)=0$에서 $t=0,\ 1$

t	-1	$\cdots$	0	$\cdots$	1
$g'(t)$	$+$	$+$	0	$-$	0
$g(t)=f(x)$	-5	↗	0	↘	-1

$\therefore$ 최솟값 -5, 최댓값 0

06 $\log x=t$ $(0 \le t \le 2)$로 하면 $y=t^3+3t^2-9t$

$$y'=3t^2+6t-9=3(t^2+2t-3)=3(t+3)(t-1)$$

$t=1$에서 $y_{min}=-5$, $t=2$에서 $y_{max}=2$

07 $t=2^x(t>0)$로 하면 $y=2t^3-3t^2-12t+10$이다.

$$y'=6t^2-6t-12=6(t-2)(t+1)$$

$t>0$이므로 $t=2$에서 최솟값 $y_{min}=2 \cdot 2^3-3 \cdot 2^2-12 \cdot 2+10=-10$이고 최댓값은 없다. ($t\to\infty$, $y\to\infty$ 이다.)

08 $S=2x(-x^2+3)$, $0 \le x \le \sqrt{3}$, 최대 넓이 $S_{max}=4$

09 $y'=3x^2-12=3(x-2)(x+2)=0$에서 $x=-2, 2$. 구간이 $1 \le x \le 3$이므로

$x=1, 2, 3$의 y값 중에서 최댓값과 최솟값을 가진다.

$x=1$일 때 $y=-11+a$

$x=2$일 때 $y=-16+a$

$x=3$일 때 $y=-9+a$

$\therefore$ 최솟값 $-12=-16+a$에서 $a=4$

$\therefore$ 최댓값 $y_{max}=-9+a=-5$

10 $f'(x)=3x^2-6x=3x(x-2)=0$에서 $x=0, 2$이고

구간 $1 \le x \le 4$에서 증감표는 다음과 같다.

x	1	$\cdots$	2	$\cdots$	4
$f'(x)$	$-$	$-$	0	$+$	$-$
$f(x)$	$a-2$	↘	$a-4$	↗	$a+16$

표로부터 $1 \le x \le 4$에서 최솟값 $N=a-4$이고 최댓값 $M=a+16$이므로

$$M+N=(a+16)+(a-4)=2a+12=2$$

$$\therefore a=-5$$

제12장 적분

12.1 부정적분

01 (적분상수는 생략함)

(1) $2x^{21}$

(2) $-\dfrac{9}{x^9}+3\sqrt[3]{x^2}$

(3) $4x^2\sqrt{x}$

(4) $-\dfrac{4}{\sqrt{x}}+3x\sqrt[3]{x}$

(5) $\dfrac{2}{3}x\sqrt{x}+\dfrac{3}{4}x\sqrt[3]{x}$

(6) $2e^x+\dfrac{5^{x+1}}{\ln 5}+3\ln x$

(7) $2T^3+T^2+T$

(8) $mRT\ln V$

(9) $\dfrac{1}{3}\{(x+2)\sqrt{x+2}-x\sqrt{x}\}$

(10) $\dfrac{1}{3}x^6$

02 적분의 정의에 의해

$$f(x)=\int(3x^2-2x+1)dx=x^3-x^2+x+C \ (C\text{는 상수})$$

$f(1)=4$이므로 $1-1+1+C=4$에서 $C=3$

$\therefore f(x)=x^3-x^2+x+3$

03 준 식 $\displaystyle\int(x^2+1)f(x)dx=4x^5-10x^2+8x+C$의 양변을 미분하면 적분의 정의에 의해

$$(x^2+1)f(x)=20x^4-20x+8$$

이다. 위 식에 $x=1$을 대입하면

$$(1^2+1)f(1)=20\times1^4-20\times1+8$$
$$2f(1)=8 \quad \therefore f(1)=4$$

04 $f(x)=(x^3+2x^2+5x)'=3x^2+4x+5 \quad \therefore f(-1)=3-4+5=4$

05 $f(x)=\displaystyle\int\left[\frac{d}{dx}(3x^2-4x+5)\right]dx=(3x^2-4x+5)+C$

$f(0)=5$이므로 $C=0 \quad \therefore f(2)=12-8+5=9$

06 $f(x)=\displaystyle\int(x+1)^3dx-\int x^2(x+1)dx=\int\left[(x+1)^3-x^2(x+1)\right]dx$

$\displaystyle=\int\left[(x^3+3x^2+3x+1)-(x^3+x^2)\right]dx$

$$= \int (2x^2 + 3x + 1)dx = \frac{2}{3}x^3 + \frac{3}{2}x^2 + x + C$$

$f(0) = -1$이므로 $C = -1$ $\quad \therefore f(1) = \frac{2}{3} + \frac{3}{2} - 1 = \frac{7}{6}$

07 준 식의 양변을 미분하면

$$f(x) = \left[(x+1)\{f(x)+1\} + \frac{1}{2}x^2\right]' = f(x) + 1 + (x+1)f'(x) + x$$

$$\therefore f'(x) = -1$$

로부터

$$f(x) = \int (-1)dx = -x + C$$

이고, $f(0) = 2$이므로 $C = 2$이다.

$$\therefore f(x) = -x + 2$$

08 준 식 $= \int [(\sin\theta + \cos\theta)^2 + (\sin\theta - \cos\theta)^2]\, d\theta$

$$= \int [2(\sin^2\theta + \cos^2\theta)]\, d\theta = \int 2d\theta = 2\theta + C$$

12.2 치환적분

01 (적분상수는 생략함)

(1) $3(2x+3)^5$

(2) $-4e^{-5x+2}$

(3) $2\ln(3x-7)$

(4) $-3\sin(-4x+7)$

(5) $\frac{1}{8}(x^2+1)^4$

(6) $2\ln(x^2+x+1)$

(7) $\frac{1}{24}(x^4+1)^6$

(8) $\frac{1}{3}(x^2+1)\sqrt{x^2+1}$

(9) $2(3x+2)(x-1)\sqrt{x-1}$

(10) $2(x-2)\sqrt{x+1}$

02 $t = e^x + 1$로 치환하면 $dt = (e^x+1)'dx = e^x dx$

(1) $\int e^x(e^x+1)^4 dx = \int t^4 dt = \frac{1}{5}t^5 + C - \frac{1}{5}(e^x + 1)^5 + C$

(2) $\int \frac{e^x}{e^x+1}dx = \int \frac{1}{t}dt = \ln t + C = \ln(e^x+1) + C$

03 $t = e^x + x$로 하면 $dt = (e^x + x)'dx = (e^x + 1)dx$

$$\therefore I=\int \frac{e^x+1}{(e^x+x)^2}dx=\int \frac{1}{t^2}dt=-\frac{1}{t}=-\frac{1}{e^x+x}+C$$

04 (1) $t=ax+b$로 치환하면 $dx=\frac{1}{a}dt$

$$\int \frac{1}{\sqrt[n]{ax+b}}dx=\int (ax+b)^{-\frac{1}{n}}dx=\frac{1}{a}\int t^{-\frac{1}{n}}dt$$

$$=\frac{1}{a\left(-\frac{1}{n}+1\right)}t^{-\frac{1}{n}+1}+C=\frac{1}{a\left(-\frac{1}{n}+1\right)}(ax+b)^{-\frac{1}{n}+1}+C$$

$$=\frac{n}{a(-1+n)}\times\frac{(ax+b)}{(ax+b)^{1/n}}+C=\frac{n(ax+b)}{a(n-1)\sqrt[n]{ax+b}}+C$$

(2) $\int \cos^2(ax+b)dx=\int \frac{1+\cos 2(ax+b)}{2}dx=\frac{1}{2}\left[x+\int \cos 2(ax+b)dx\right]$

$t=2(ax+b)$로 치환하면 $dx=\frac{1}{2a}dt$이고

$$\int \cos 2(ax+b)dx=\int \frac{1}{2a}\cos t\,dt=\frac{1}{2a}\sin t=\frac{1}{2a}\sin 2(ax+b)$$

$$\therefore \int \cos^2(ax+b)dx=\frac{1}{2}\left[x+\frac{1}{2a}\sin 2(ax+b)\right]+C$$

05 $\int f(x)dx=xf(x)+f(x)-4(x+1)^3+C,\ f(0)=0$

준 식의 양변을 미분하면

$$f=xf'+f+f'-12(x+1)^2$$

$$(x+1)f'=12(x+1)^2$$

$$\therefore f'=12(x+1)$$

이 식을 적분하면 $f=6x^2+12x+C$이다. $f(0)=0$이므로 $C=0$

$$\therefore f(x)=6x^2+12x$$

06 $\int f(x)dx=(x^2-1)^5+C$에서 $x=2t+1$로 치환하면 $dx=2dt$이므로

$$\int f(2t+1)\cdot 2dt=\{(2t+1)^2-1\}^5+C$$

$$2\int f(2t+1)dt=(4t^2+4t)^5+C$$

$$\therefore \int f(2t+1)dt=\frac{1}{2}(4t^2+4t)^5+\frac{C}{2}$$

로부터

$$g(x) = \int f(2x+1)dx = \frac{1}{2}(4x^2+4x)^5 + \frac{C}{2}$$

이다. $g(0)=0$이므로 $C=0$ $\quad \therefore g\left(\frac{1}{2}\right) = \frac{1}{2}(1+2)^5 = \frac{3^5}{2}$

12.3 부분적분

01 (적분상수는 생략함)

(1) $e^{2x}\left(x-\frac{1}{2}\right)$

(2) $(x+3)\ln(x+3)-x$

(3) $\frac{1}{2}x\sin 2x + \frac{1}{4}\cos 2x$

(4) $-(x+1)e^{-x}$

(5) $\frac{1}{2}\sin(2x+1) - x\cos(2x+1)$

(6) $\frac{e^{2x}}{13}(2\sin 3x - 3\cos 3x)$

(7) $\frac{1}{2}\cos 2x + (x+1)\sin 2x$

(8) $(x+1)e^x$

(9) $-\frac{\ln x + 1}{x}$

(10) $e^{2x}\left(3x-\frac{1}{2}\right)$

02 $F' = f$이므로 준 식 $F(x) = xf(x) - x^2e^x$을 미분하면

$$F' = f + xf' - 2xe^x - x^2e^x$$

$$xf' = 2xe^x + x^2e^x$$

$$\therefore f'(x) = e^x(x+2)$$

이 식을 적분하면 $f(0)=0$이므로 $f(x) = e^x(x+1)-1$ $\quad \therefore f(1) = 2e-1$

03 적분의 정의에 의해 $f(x) = \int(\sin x + x\cos x)dx$, $f(0)=0$

$\therefore f(x) = -(x+1)\cos x + \sin x + 1$ $\quad \therefore f(\pi) = \pi + 2$

04 $I = \int e^{ax}\sin bx dx$, $J = \int e^{ax}\cos bx dx$ 로 하면,

$$I = \int e^{ax}\sin bx dx = \int\left(\frac{e^{ax}}{a}\right)'\sin bx dx = \frac{e^{ax}}{a}\sin bx - \frac{b}{a}\int e^{ax}\cos bx dx$$

$$= \frac{e^{ax}}{a}\sin bx - \frac{b}{a}J \quad \cdots\cdots ①$$

$$J=\int e^{ax}\cos bx\,dx=\int\left(\frac{e^{ax}}{a}\right)'\cos bx\,dx=\frac{e^{ax}}{a}\cos bx+\frac{b}{a}\int e^{ax}\sin bx\,dx$$

$$=\frac{e^{ax}}{a}\cos bx+\frac{b}{a}I\ \cdots\cdots\ ②$$

①, ②에서

$$aI+bJ=e^{ax}\sin bx$$

$$-bI+aJ=e^{ax}\cos bx$$

이므로 두 식을 연립하여 푼 후 적분상수를 더하면,

$$I=\frac{e^{ax}}{a^2+b^2}(a\sin bx-b\cos bx)+C$$

$$J=\frac{e^{ax}}{a^2+b^2}(a\cos bx+b\sin bx)+C$$

05 $\sqrt{x}=t$로 하여 양변을 미분하면 $\frac{1}{2\sqrt{x}}dx=dt$이므로

$$dx=2\sqrt{x}\,dt=2t\,dt$$

$$\therefore\int\frac{\cos\sqrt{x}}{2}dx=\int\frac{\cos t}{2}\cdot(2tdt)=\int\cos t\cdot t\,dt=\int(\sin t)'t\,dt$$

$$=t\sin t-\int\sin t\,(t)'dt=t\sin t-\int\sin t\,dt=t\sin t+\cos t+C$$

$$=\sqrt{x}\sin\sqrt{x}+\cos\sqrt{x}+C$$

12.4 정적분

01 (1) 4 (2) 9 (3) 20 (4) 2 (5) 기함수이므로 0 (6) 기함수이므로 0 (7) $\frac{2}{\pi}$ (8) $e-1$ (9) 0 (10) $\frac{16}{3}$

02 (1) $\frac{32}{3}$ (2) $\frac{14}{9}$ (3) $\frac{2}{5}$ (4) $\frac{32}{5}$

03 (1) $\frac{1}{4}(e^2+1)$ (2) $\frac{7\ln 2}{2}-\frac{3}{4}$ (3) $9\ln 3-\frac{26}{9}$ (4) $\frac{\pi}{2}-1$

04 주어진 식의 양변에 $x=a$를 대입하면

$$\int_a^a f(t)dt = a^2 - a - 12 = 0$$

$$(a-4)(a+3)=0 \quad \therefore a=-3, 4$$

05 (1) 우함수: $f(-x)=f(x)$

$$\int_{-a}^a f(x)dx = \int_{-a}^0 f(x)dx + \int_0^a f(x)dx$$

$x=-t$로 하면, $dx=-dt$이므로

$$\int_{-a}^0 f(x)dx = \int_a^0 f(-t)(-dt) = -\int_a^0 f(t)dt = \int_0^a f(t)dt$$

$$\therefore \int_{-a}^a f(x)dx = 2\int_0^a f(x)dx$$

(2) 기함수: $f(-x)=-f(x)$

$$\int_{-a}^a f(x)dx = \int_{-a}^0 f(x)dx + \int_0^a f(x)dx$$

$x=-t$로 하면, $dx=-dt$

$$\int_{-a}^0 f(x)dx = \int_a^0 f(-t)(-dt) = \int_a^0 \{-f(t)\}(-dt) = \int_a^0 f(t)dt = -\int_0^a f(t)dt$$

$$\therefore \int_{-a}^a f(x)dx = 0$$

(3) $a-x=t$로 하면, $dx=-dt$

$$\therefore \int_0^a f(a-x)dx = \int_a^0 f(t)(-dt) = \int_0^a f(t)dt$$

(4) $x-m=t$로 하면, $dx=dt$

$$\therefore \int_{a+m}^{b+m} f(x-m)dx = \int_a^b f(t)dt$$

06 $\int_0^2 f(t)dt = a$라 하면 $f(x)=3x^2-2x+a$이고

$$\int_0^2 f(t)dt = \int_0^2 (3t^2-2t+a)dt = \left[t^3-t^2+at\right]_0^2 = (8-4+2a) = a$$

$\therefore a=-4 \rightarrow f(x)=3x^2-2x+a=3x^2-2x-4$

$\therefore f(1)=3-2-4=-3$

07 $\int_{-1}^{1} x^7(x+4)^2dx = \int_{-1}^{1} x^7(x^2+8x+16)dx = \int_{-1}^{1} 8x^8dx = 2\int_{0}^{1} 8x^8dx = \frac{16}{9}$

08 $\int_{0}^{\pi}(\sin\theta+\cos\theta)^2d\theta - \int_{\pi}^{0}(\sin x-\cos x)^2dx$

$$= \int_{0}^{\pi}(\sin x+\cos x)^2dx + \int_{0}^{\pi}(\sin x-\cos x)^2dx$$

$$= \int_{0}^{\pi}[(\sin x+\cos x)^2+(\sin x-\cos x)^2]dx$$

$$= 2\int_{0}^{\pi}[\sin^2 x+\cos^2 x]dx = 2\int_{0}^{\pi}1 \cdot dx = 2[x]_0^{\pi} = 2(\pi-0) = 2\pi$$

09 $f(x) = \frac{d}{dx}\int_{2}^{x}(3t-7)^4dt = (3x-7)^4 \quad \therefore f(3) = (9-7)^4 = 16$

10 $\int_{1}^{1} f(t)dt = 1+7+k = 0 \quad \therefore k = -8$

$f(x) = \frac{d}{dx}\int_{1}^{x} f(t)dt = (x^2+7x+k)' = 2x+7$

$\therefore f(5)+k = (2\times 5+7)-8 = 9$

12.5 적분과 넓이

01 (1) $S = \int_{1}^{2}(2x+1)dx = 4$

(2) $S = \int_{2}^{3}(4y-4)dy = 6$

(3) 두 그래프 교점: $x^2-4x+3 = -x^2+6x-5$

$2x^2-10x+8 = 0 \rightarrow 2(x-1)(x-4) = 0 \quad \therefore x = 1, 4$

$S = \int_{1}^{4}[(-x^2+6x-5)-(x^2-4x+3)]dx = 9$

(4) 두 그래프 교점: $-x^2+4 = x-2$

$x^2+x-6 = 0 \rightarrow (x+3)(x-2) = 0 \quad \therefore x = -3, 2$

$S = \int_{-3}^{2}[(-x^2+4)-(x-2)]dx = \frac{125}{6}$

(5) $y = f(x) = x^2-4 = 0$에서 $x = -2, 2$

$0 \le x \le 2$에서 $f(x) \le 0$, $2 \le x \le 3$에서 $f(x) \ge 0$

$$S=\int_0^3 |f(x)|\,dx=-\int_0^2 (x^2-4)dx+\int_2^3 (x^2-4)dx$$

$$=-\left[\frac{1}{3}x^3-4x\right]_0^2+\left[\frac{1}{3}x^3-4x\right]_2^3=-\left(\frac{8}{3}-8\right)+(9-12)-\left(\frac{8}{3}-8\right)=\frac{23}{3}$$

(6) 두 그래프 교점: $4x-x^2=x^2$에서 $x=0,2$

$$S=\int_0^2 [(4x-x^2)-x^2]\,dx=\frac{8}{3}$$

(7) 두 그래프 교점: $x^2-4x+5=2$

$$x^2-4x+3=0 \rightarrow (x-1)(x-3)=0 \quad \therefore x=1,3$$

$$S=\int_{-1}^2 [2-(x^2-4x+5)]\,dx=\frac{4}{3}$$

(8) $y^2=4-x$에서 $x=g(y)=4-y^2$이고 y축과 교점은 $4-y^2=0$에서 $y=-2,2$

$$S=\int_{-2}^2 g(y)dy=\int_{-2}^2 (4-y^2)dy=2\int_0^2 (4-y^2)dy$$

$$=2\left[4y-\frac{1}{3}y^3\right]_0^2=2\left(8-\frac{8}{3}\right)=\frac{32}{3}$$

(9) 곡선이 x축과 만나는 점: $y=x^2(1-x)=0$에서 $x=0,1$

$0\le x\le 1$에서 $y=f(x)=x^2(1-x)\ge 0$이므로

$$S=\int_0^1 |f(x)|\,dx=\int_0^1 [x^2(1-x)]\,dx=\int_0^1 (x^2-x^3)dx$$

$$=\left[\frac{1}{3}x^3-\frac{1}{4}x^4\right]_0^1=\frac{1}{3}-\frac{1}{4}=\frac{1}{12}$$

(10) $y=f(x)=x^3-2x^2-3x=x(x-3)(x+1)=0$에서 $x=-1,0,3$

$-1\le x\le 0$에서 $f(x)\ge 0$, $0\le x\le 3$에서 $f(x)\le 0$

$$\therefore S=\int_{-1}^3 |f(x)|\,dx=\int_{-1}^0 (x^3-2x^2-3x)dx-\int_0^3 (x^3-2x^2-3x)dx$$

$$=\left[\frac{1}{4}x^4-\frac{2}{3}x^3-\frac{3}{2}x^2\right]_{-1}^0-\left[\frac{1}{4}x^4-\frac{2}{3}x^3-\frac{3}{2}x^2\right]_0^3$$

$$=0-\left(\frac{1}{4}+\frac{2}{3}-\frac{3}{2}\right)-\left(\frac{81}{4}-18-\frac{27}{2}\right)=\frac{71}{6}$$

02 (1) $S=\int_0^a\left(\frac{b}{a}x\right)dx=\left[\frac{b}{2a}x^2\right]_0^a=\frac{1}{2}ab$

(2) $S=\int_0^h\left(\frac{b-a}{h}x+a\right)dx=\left[\frac{b-a}{2h}x^2+ax\right]_0^h=\frac{(b-a)}{2}h+ah=\frac{1}{2}(a+b)h$

03 $S=\int_0^4(\sqrt{x}+1)dx=\left[\frac{2}{3}x\sqrt{x}+x\right]_0^4=\left(\frac{2}{3}\times4\sqrt{4}+4\right)-0=\frac{28}{3}$

04 $S=2\int_0^{\pi/2}\cos x\,dx=2\left[\sin x\right]_0^{\pi/2}=2(1-0)=2$

05 $S=\int_0^1(e^x-1)dx=\left[e^x-x\right]_0^1=(e-1)-(1-0)=e-2$

06 $S=\int_1^2 xdy=\int_1^2 e^y\,dy=\left[e^y\right]_1^2=e^2-e$

07 $y=\sqrt{4-x}$ 에서 $x=g(y)=-y^2+4$이고, $x=0$일 때 $y=2$

$$\therefore S=\int_0^2 g(y)dy=\int_0^2(-y^2+4)dx=\left[-\frac{1}{3}y^3+4y\right]_0^2=-\frac{8}{3}+8=\frac{16}{3}$$

[다른 방법]

$$\int\sqrt{4-x}\,dx=\int(4-x)^{\frac{1}{2}}dx=-\frac{1}{\frac{1}{2}+1}(4-x)^{\frac{1}{2}+1}+C=-\frac{2}{3}(4-x)^{\frac{3}{2}}+C$$

$$\therefore S=\int_0^4\sqrt{4-x}\,dx=-\frac{2}{3}\left[(4-x)^{\frac{3}{2}}\right]_0^4=0+\frac{2}{3}(4)^{\frac{3}{2}}=\frac{2}{3}\times2^3=\frac{16}{3}$$

08 x축과 교점은 $y=f(x)=x(x-k)(x-1)=0$에서 $x=0, k, 1$이다.
그림에서 $0\le x\le k$에서 $f(x)\ge0$, $k\le x\le1$에서 $f(x)\le0$이므로 x축 위와 아래 면적은 각각

$$S_1=\int_0^k|f(x)|dx=\int_0^k f(x)dx,\ S_2=\int_k^1|f(x)|dx=-\int_k^1 f(x)dx$$

이다. 여기에서 $S_1=S_2$이므로

$$\int_0^k f(x)dx=-\int_k^1 f(x)dx\ \rightarrow\ \int_0^k f(x)dx+\int_k^1 f(x)dx=0$$

$$\therefore\int_0^1 f(x)dx=0$$

가 된다. 이 조건을 적용하면 다음과 같이 상수 k 값이 구해진다.

$$\int_0^1 f(x)dx = \int_0^1 [x^3 - (k+1)x^2 + kx]\,dx = \left[\frac{1}{4}x^4 - \frac{(k+1)}{3}x^3 + \frac{k}{2}x^2\right]_0^1$$

$$= \frac{1}{4} - \frac{(k+1)}{3} + \frac{k}{2} = -\frac{1}{12} + \frac{1}{6}k = 0$$

$$\therefore k = \frac{1}{2}$$

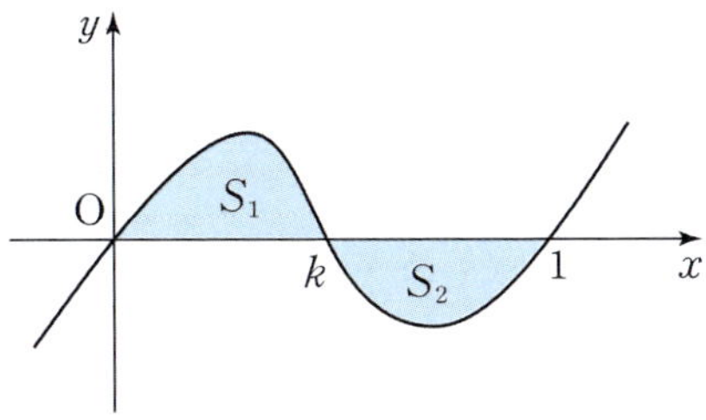

찾아보기

ㅅ

ㅇ

ㅈ

저자와의
합의하에
인지를
생략합니다

공학도를 위한 기초수학 제2판

지은이 유주식
펴낸이 조경희
펴낸곳 경문사
펴낸날 2012년 12월 20일 1판 1쇄
2024년 3월 5일 2판 2쇄
등 록 1979년 11월 9일 제1979-000023호
주 소 04057, 서울특별시 마포구 와우산로 174
전 화 (02)332-2004 팩스 (02)336-5193
이메일 kyungmoon@kyungmoon.com

값 25,000원

ISBN 979-11-6073-497-3